U0291461

国家出版基金项目
国家出版基金项目
NATIONAL PUBLICATION FOUNDATION

"十三五"国家重点图书出版规划项目

中国水电关键技术丛书

大型水电 EPC 项目
建设管理创新与实践

陈云华　唐文哲　王继敏　等 著

中国水利水电出版社
www.waterpub.com.cn
·北京·

内 容 提 要

  本书系国家出版基金项目《中国水电关键技术丛书》之一，根据水电工程特点，结合 EPC 项目管理理论和杨房沟项目实践，系统分析总结了杨房沟项目采用 EPC 模式的优势和管理创新，包括设计、采购、合同、风险、安全、环保水保、质量、进度、投资、业务流程和人力资源管理等方面的内容。本书凸显了杨房沟项目作为国内首个采用 EPC 模式的百万千瓦级水电工程在我国水电开发历程中的里程碑意义，可为后续大型水电项目采用 EPC 模式起到引领和示范作用。

  本书可供运用 EPC 模式进行水电项目开发的业主、监理、设计、施工、供应商和监管机构从业人员及科研院校师生参考。

图书在版编目（ＣＩＰ）数据

大型水电EPC项目建设管理创新与实践 / 陈云华等著
. -- 北京 ： 中国水利水电出版社，2020.2
 （中国水电关键技术丛书）
 ISBN 978-7-5170-8530-0

 Ⅰ．①大… Ⅱ．①陈… Ⅲ．①水利水电工程－工程项目管理－研究 Ⅳ．①F407.963

中国版本图书馆CIP数据核字(2020)第069085号

书　　名	中国水电关键技术丛书 **大型水电 EPC 项目建设管理创新与实践** DAXING SHUIDIAN EPC XIANGMU JIANSHE GUANLI CHUANGXIN YU SHIJIAN
作　　者	陈云华　唐文哲　王继敏　等 著
出版发行	中国水利水电出版社 （北京市海淀区玉渊潭南路 1 号 D 座　100038） 网址：www.waterpub.com.cn E-mail：sales@waterpub.com.cn 电话：(010) 68367658（营销中心）
经　　售	北京科水图书销售中心（零售） 电话：(010) 88383994、63202643、68545874 全国各地新华书店和相关出版物销售网点
排　　版	中国水利水电出版社微机排版中心
印　　刷	北京印匠彩色印刷有限公司
规　　格	184mm×260mm　16 开本　16 印张　393 千字
版　　次	2020 年 2 月第 1 版　2020 年 2 月第 1 次印刷
定　　价	**145.00 元**

《中国水电关键技术丛书》组织单位

中国大坝工程学会
中国水力发电工程学会
水电水利规划设计总院
中国水利水电出版社

《大型水电 EPC 项目建设管理创新与实践》
编写人员名单

主　　编　陈云华　唐文哲　王继敏

副主编　郭绪元　曾新华　张　鹏　刘健华

编写人员

雅砻江流域水电开发有限公司：

阳恩国	王兴华	胡应德	鄢江平	李现臣
李锦成	谢军兵	谢国权	张锦春	周　永
杜　娟	曹志宇	李丹锋	邹锡武	马中景
杨　弘	王红梅	陈　晣	刘正国	宋志伟
苟开海	李　俊	章环境	翟海峰	

清华大学：

沈文欣	王腾飞	孙洪昕	尤日淳	尹远钟
张旭腾	王运宏	康延领	李　浩	闫封任
刘　扬	张亚坤	王超君	张清振	黄煜蕾
娄长圣	张惠聪	雷　振		

审稿人　祁宁春　吴世勇　艾永平

　　历经 70 年发展，特别是改革开放 40 年，中国水电建设取得了举世瞩目的伟大成就，一批世界级的高坝大库在中国建成投产，水电工程技术取得新的突破和进展。在推动世界水电工程技术发展的历程中，世界各国都作出了自己的贡献，而中国，成为继欧美发达国家之后，21 世纪世界水电工程技术的主要推动者和引领者。

　　截至 2018 年年底，中国水库大坝总数达 9.8 万座，水库总库容约 9000 亿 m^3，水电装机容量达 350GW。中国是世界上大坝数量最多、也是高坝数量最多的国家：60m 以上的高坝近 1000 座，100m 以上的高坝 223 座，200m 以上的特高坝 23 座；千万千瓦级的特大型水电站 4 座，其中，三峡水电站装机容量 22500MW，为世界第一大水电站。中国水电开发始终以促进国民经济发展和满足社会需求为动力，以战略规划和科技创新为引领，以科技成果工程化促进工程建设，突破了工程建设与管理中的一系列难题，实现了安全发展和绿色发展。中国水电工程在大江大河治理、防洪减灾、兴利惠民、促进国家经济社会发展方面发挥了不可替代的重要作用。

　　总结中国水电发展的成功经验，我认为，最为重要也是特别值得借鉴的有以下几个方面：一是需求导向与目标导向相结合，始终服务国家和区域经济社会的发展；二是科学规划河流梯级格局，合理利用水资源和水能资源；三是建立健全水电投资开发和建设管理体制，加快水电开发进程；四是依托重大工程，持续开展科学技术攻关，破解工程建设难题，降低工程风险；五是在妥善安置移民和保护生态的前提下，统筹兼顾各方利益，实现共商共建共享。

　　在水利部原任领导汪恕诚、张基尧的关心支持下，2016 年，中国大坝工程学会、中国水力发电工程学会、水电水利规划设计总院、中国水利水电出版社联合发起编撰出版《中国水电关键技术丛书》，得到水电行业的积极响应，数百位工程实践经验丰富的学科带头人和专业技术负责人等水电科技工作者，基于自身专业研究成果和工程实践经验，精心选题，着手编撰水电工程技术成果总结。为高质量地完成编撰任务，参加丛书编撰的作者，投入极大热情，倾注大量心血，反复推敲打磨，精益求精，终使丛书各卷得以陆续出版，实属不易，难能可贵。

　　21 世纪初叶，中国的水电开发成为推动世界水电快速发展的重要力量，形成了中国特色的水电工程技术，这是编撰丛书的缘由。丛书回顾了中国水电工程建设近30年所取得的成就，总结了大量科学研究成果和工程实践经验，基本概括了当前水电工程建设的最新技术发展。丛书具有以下特点：一是技术总结系统，既有历史视角的比较，又有国际视野的检视，体现了科学知识体系化的特征；二是内容丰富、翔实、实用，涉及专业多，原理、方法、技术路径和工程措施一应俱全；三是富于创新引导，对同一重大关键技术难题，存在多种可能的解决方案，并非唯一，要依据具体工程情况和面临的条件进行技术路径选择，深入论证，择优取舍；四是工程案例丰富，结合中国大型水电工程设计建设，给出了详细的技术参数，具有很强的参考价值；五是中国特色突出，贯彻科学发展观和新发展理念，总结了中国水电工程技术的最新理论和工程实践成果。

与世界上大多数发展中国家一样，中国面临着人口持续增长、经济社会发展不平衡和人民追求美好生活的迫切要求，而受全球气候变化和极端天气的影响，水资源短缺、自然灾害频发和能源电力供需的矛盾还将加剧。面对这一严峻形势，无论是从中国的发展来看，还是从全球的发展来看，修坝筑库、开发水电都将不可或缺，这是实现经济社会可持续发展的必然选择。

中国水电工程技术既是中国的，也是世界的。我相信，丛书的出版，为中国水电工作者，也为世界上的专家同仁，开启了一扇深入了解中国水电工程技术发展的窗口；通过分享工程技术与管理的先进成果，后发国家借鉴和吸取先行国家的经验与教训，可避免少走弯路，加快水电开发进程，降低开发成本，实现战略赶超。从这个意义上讲，丛书的出版不仅能为当前和未来中国水电工程建设提供非常有价值的参考，也将为世界上发展中国家的河流开发建设提供重要启示和借鉴。

作为中国水电事业的建设者、奋斗者，见证了中国水电事业的蓬勃发展，我为中国水电工程的技术进步而骄傲，也为丛书的出版而高兴。希望丛书的出版还能够为加强工程技术国际交流与合作，推动"一带一路"沿线国家基础设施建设，促进水电工程技术取得新进展发挥积极作用。衷心感谢为此作出贡献的中国水电科技工作者，以及丛书的撰稿、审稿和编辑人员。

中国工程院院士

2019 年 10 月

　　水电是全球公认并为世界大多数国家大力开发利用的清洁能源。水库大坝和水电开发在防范洪涝干旱灾害、开发利用水资源和水能资源、保护生态环境、促进人类文明进步和经济社会发展等方面起到了无可替代的重要作用。在中国，发展水电是调整能源结构、优化资源配置、发展低碳经济、节能减排和保护生态的关键措施。新中国成立后，特别是改革开放以来，中国水电建设迅猛发展，技术日新月异，已从水电小国、弱国，发展成为世界水电大国和强国，中国水电已经完成从"融入"到"引领"的历史性转变。

　　迄今，中国水电事业走过了70年的艰辛和辉煌历程，水电工程建设从"独立自主、自力更生"到"改革开放、引进吸收"，从"计划经济、国家投资"到"市场经济、企业投资"，从"水电安置性移民"到"水电开发性移民"，一系列改革开放政策和科学技术创新，极大地促进了中国水电事业的发展。不仅在高坝大库建设、大型水电站开发，而且在水电站运行管理、流域梯级联合调度等方面都取得了突破性进展，这些进步使中国水电工程建设和运行管理技术水平达到了一个新的高度。有鉴于此，中国大坝工程学会、中国水力发电工程学会、水电水利规划设计总院和中国水利水电出版社联合组织策划出版了《中国水电关键技术丛书》，力图总结提炼中国水电建设的先进技术、原创成果，打造立足水电科技前沿、传播水电高端知识、反映水电科技实力的精品力作，为开发建设和谐水电、助力推进中国水电"走出去"提供支撑和保障。

　　为切实做好丛书的编撰工作，2015年9月，四家组织策划单位成立了"丛书编撰工作启动筹备组"，经反复讨论与修改，征求行业各方面意见，草拟了丛书编撰工作大纲。2016年2月，《中国水电关键技术丛书》编撰委员会成立，水利部原部长、时任中国大坝协会（现为中国大坝工程学会）理事长汪恕诚，国务院南水北调工程建设委员会办公室原主任、时任中国水力发电工程学会理事长张基尧担任编委会主任，中国电力建设集团有限公司总工程师周建平、水电水利规划设计总院院长郑声安担任丛书主编。各分册编撰工作实行分册主编负责制。来自水电行业100余家企业、科研院所及高等院校等单位的500多位专家学者参与了丛书的编撰和审阅工作，丛书作者队伍和校审专家聚集了国内水电及相关专业最强撰稿阵容。这是当今新时代赋予水电工作者的一项重要历史使命，功在当代、利惠千秋。

丛书紧扣大坝建设和水电开发实际，以全新角度总结了中国水电工程技术及其管理创新的最新研究和实践成果。工程技术方面的内容涵盖河流开发规划，水库泥沙治理，工程地质勘测，高心墙土石坝、高面板堆石坝、混凝土重力坝、碾压混凝土坝建设，高坝水力学及泄洪消能，滑坡及高边坡治理，地质灾害防治，水工隧洞及大型地下洞室施工，深厚覆盖层地基处理，水电工程安全高效绿色施工，大型水轮发电机组制造安装，岩土工程数值分析等内容；管理创新方面的内容涵盖水电发展战略、生态环境保护、水库移民安置、水电建设管理、水电站运行管理、水电站群联合优化调度、国际河流开发、大坝安全管理、流域梯级安全管理和风险防控等内容。

丛书遵循的编撰原则为：一是科学性原则，即系统、科学地总结中国水电关键技术和管理创新成果，体现中国当前水电工程技术水平；二是权威性原则，即结构严谨，数据翔实，发挥各编写单位技术优势，遵照国家和行业标准，内容反映中国水电建设领域最具先进性和代表性的新技术、新工艺、新理念和新方法等，做到理论与实践相结合。

丛书分别入选"十三五"国家重点图书出版规划项目和国家出版基金项目，首批包括50余种。丛书是个开放性平台，随着中国水电工程技术的进步，一些成熟的关键技术专著也将陆续纳入丛书的出版范围。丛书的出版必将为中国水电工程技术及其管理创新的继续发展和长足进步提供理论与技术借鉴，也将为进一步攻克水电工程建设技术难题、开发绿色和谐水电提供技术支撑和保障。同时，在"一带一路"倡议下，丛书也必将切实为提升中国水电的国际影响力和竞争力，加快中国水电技术、标准、装备的国际化发挥重要作用。

在丛书编写过程中，得到了水利水电行业规划、设计、施工、科研、教学及业主等有关单位的大力支持和帮助，各分册编写人员反复讨论书稿内容，仔细核对相关数据，字斟句酌，殚精竭虑，付出了极大的心血，克服了诸多困难。在此，谨向所有关心、支持和参与编撰工作的领导、专家、科研人员和编辑出版人员表示诚挚的感谢，并诚恳欢迎广大读者给予批评指正。

《中国水电关键技术丛书》编撰委员会

2019 年 10 月

国际水电工程承包市场中设计—采购—施工总承包模式（以下简称"EPC模式"）已占有较大份额，而我国水电行业在大型项目中采用 EPC 模式尚无先例。国有企业改革背景下，电力设计施工企业一体化重组，电网企业实施主辅分离改革，电价由政府定价转变为市场竞价。当前，国内电力需求增长放缓，上网电价竞争激烈，水电项目建设成本逐渐增高，采取 EPC 模式可有效控制水电站建设成本。新形势下，EPC 模式在雅砻江流域杨房沟水电站的探索与实践可为我国水电行业可持续健康发展做出示范。设计—招标—建造模式（以下简称"DBB模式"）下合同形式多为单价合同，不利地质条件、设计变更和各合同标段间相互干扰等因素会引起费用和工期的相应变更，项目投资和进度控制较为困难；同时，业主和监理方需投入大量资源对项目履约过程进行监管并处理索赔事项，从而导致管理效率下降、监控成本增加。实施 EPC 模式，可充分发挥工程总承包商自身优势，减少设计变更和施工协调困难等因素对项目的影响，有利于控制建设成本和施工进度。此外，业主、工程总承包商和监理方经过长期实践，已具备综合管控 EPC 项目的实力，例如，雅砻江流域水电开发有限公司经过二滩、锦屏、官地和桐子林等水电站建设管理积累了丰富的经验，培养出了一批优秀的建设管理人才，为 EPC 模式的实践创新奠定了坚实基础。

本书主要从水电开发业主角度出发，围绕项目目标的实现，阐述了 EPC 模式下业主的需求及其对设计方、施工方、监理方、供应商的具体管理要求，总结了杨房沟项目参建各方在实践过程中的创新，体现了合作共赢与可持续发展的理念。根据水电项目管控要点，结合 EPC 项目管理理论和杨房沟水电站参建各方工程实践，系统分析总结了杨房沟项目采用 EPC 模式的优势和管理创新，凸显了杨房沟项目作为国内首个采用 EPC 模式的百万千瓦级水电工程在我国水电开发历程中的里程碑意义，可为后续大型水电项目采用 EPC 模式起到引领和示范作用，对我国水电等行业建设管理模式创新与实践具有重要理论指导和应用价值。

杨房沟项目采用 EPC 模式的管理优势：①EPC 模式下采用总价合同（部分可调），项目总投资的可控程度相比 DBB 模式有显著提高；②EPC 模式下由工程总承包商进行一体化设计、采购和施工管理，业主和监理方主要与工程总承包商进行协调，项目实施过程中的信息交流、资源配置等方面的管理接口简化，协调工作量大为减少，缩短了管理链条，降低了监控成本；③EPC模式下工程总承包商为达到里程碑进度要求会主动控制项目进度，业主和监理方可减小进度管理的投入，将工作重点更多放在工程安全和质量上，提高了管理效率；④EPC模式下可大幅度减少DBB模式下因不利地质条件、设计变更和各合同标段间相互干扰等原因导致的变更索赔，变更、索赔事项的发生频率和处理难度降低，参建各方的工作重心更倾向于质量和安全管理。

杨房沟项目体现了参建各方"合作共赢、利益对等、诚信履约"的管理理念，达到了"设计施工深度融合、项目资源优化配置、建设信息高度共享、质量进度投资可控"的效果。该项目在EPC模式下的主要管理创新包括：①通过建立设计施工联合体，工程总承包商项目部设计、施工人员交叉进入各部门，有效实现了设计施工一体化管理；②对设计监理的工作方式进行了创新，例如，设计监理依照业主要求定期前往工地进行工程技术安全巡视，设计图纸的审查工作与施工现场紧密结合，有助于发现设计阶段因基础资料相对较少而难以发现的问题，取得了较好的设计监管效果；③采用联合采购和工程总承包商自购相结合的方式，发挥了业主流域统筹和采购经验丰富的优势，降低了采购费用，保障了设备、物资质量，提高了工作效率；④形成了一套适合大型水电项目的设计施工总承包合同范本、一套成熟的招标控制价编制方法、一套规范的招标采购流程和一套较完整的工程总承包项目管理流程，对于后续开发项目采用EPC模式具有重要的借鉴意义；⑤进行了EPC合同管理创新，如在合同中明确采用形象节点支付的方式，结合进度划分形象节点，制定相应支付计划，区别于DBB模式下的按工程量支付，提高了成本管理效率；⑥建立了风险管理体系，不断更新风险管理手册，匹配相应措施，明确部门、人员应对风险，并通过信息化、数字化和智能化管理手段提升了风险监控和应对效率；⑦设置了水电行业首个安全体验厅和质量展厅，建立了完善的质量安全管控流程，倡导安全施工，倡导工匠精神，营造了项目安全文化，提高了质量安全意识；⑧构建了系统的环保水保制度体系，开展水陆生态保护和落实施工过程环保措施，并保持环保水保现场督察常态化，取得了显著的环保水保效益；⑨充分发挥了EPC模式促进工程总承包商主动控制施工质量的作用，在达到较好质量控制效果的同时，有效控制了项目施工成本；⑩设置了形象节点支付、合同激励、风险费等多项直接与进度挂钩的激励措施，有效促进了工程总承包商重视进度管理、落实进度目标；⑪EPC模式下管理接口少、责任更清晰明确，充分发挥了设计施工一体化的优势，使协调工作量大为减少，体现在例会频率降低、合同商务处理相对简单；⑫BIM系统与质量、投资、进度、安全等紧密结合，包括报审系统、质量验评电子化、智能温控和智能灌浆等，功能齐全，具有可追溯、不可篡改、实时统计等优势，取得了显著管理成效。

我国大型水电EPC模式应用未来需重点关注法律制度环境、招投标管理、地质风险、监管力度、设计管理、供应链一体化高效管理、安全管理、环境保护管理、风险管理、业务流程与信息化管理、人力资源管理和参建各方基于信任的伙伴关系等方面的理论与实践创新。

感谢本书参编人员在策划、资料收集、数据分析、撰写、审核和成果完善等各项工作中的重要贡献。感谢杨房沟水电站参建单位及人员的巨大付出、全力支持和配合。

由于作者水平有限，书中不妥或错误之处在所难免，恳请读者批评指正。

作者

2019 年 8 月

目录

第 1 章

水电项目建设
管理模式综述

1.1 背景

1.1.1 我国建设管理体制的历史沿革

1. 建设单位自营模式

新中国成立初期，我国经济力量薄弱，各类资源匮乏，并面临大量基础设施建设需求，但当时设计、施工单位力量薄弱并且相对分散，难以满足建设需要。为了顺利推进各项基础设施建设，国家开始将部分生产单位与建设施工单位整合在一起，并以建设单位自营的方式进行工程建设，这也符合我国当时的国情。

建设单位自营是指在整个工程建设过程中，设计、施工人员的组织，工人的招募，施工机械以及各类材料的购置等均由建设单位自行完成。这种模式可以使管理更为统一，能够最大限度地调动设计和施工力量，提高建设速度。但该模式不足之处在于建设单位工程建设管理人员为临时调配，在完成一个项目后往往转入项目运营管理，不利于项目管理经验的积累和专业化管理水平的持续提升。

2. 甲、乙、丙三方制

随着国家发展，一些大规模的工程建设提上日程，对工程建设和管理水平的要求也更高，建设单位自营模式已无法满足发展需要。为了推进改革，适应建设发展需要，1952年，中财委颁发《基本建设工作暂行办法》，学习苏联的甲、乙、丙三方制建设体制，要求从之前的建设、施工一体转向独立运作。

甲方即建设单位，主要由政府主管部门负责具体组建；乙方即设计单位，丙方即施工单位，分别由其对应的主管部门负责组建。建设项目的全过程管理工作由建设单位具体负责，设计、施工等任务则由相应的政府主管部门下达，设计单位和施工单位具体落实。这种体制通过行政指令的管理形式适应了"一五"期间时间紧、任务重、资源短缺的发展情况，一定程度上促进了工程建设的效益和质量。但该模式存在条块分割、各自为政的问题，导致各方沟通交流不畅，协调难度加大，对工程建设造成一定影响。

3. 工程指挥部模式

20世纪60年代，我国开始逐步推行工程指挥部建设管理体制。各建设项目由其所在单位牵头，相关部门按照职能分工派代表参加，组建建设指挥部，指挥长通常由专业部门或者地方高级行政领导人兼任，采取行政手段对工程建设过程中的设计、采购、施工等实施管理，待工程建设完毕后交由生产部门具体运营。工程指挥部不承担经济责任，业主经济责任也不明确。设计、施工单位相当于工程指挥部的下属单位，它们之间没有承包合同关系，也不需承担任何合同责任。

由于工程指挥部是政府的派出机构，指挥部成员级别较高又有相应政府领导支持，有着较强的行政权威性，在协调设计、施工力量以及材料设备购置方面，能够迅速调集力量确保高质量按时完成建设任务，这在当时发挥了积极的作用。但这种行政式调集资源的方式存在指挥部管理人员工程管理经验缺乏等不足。

4. 项目业主责任制

改革开放以来，随着国外企业进入国内市场，国际上先进的工程项目管理理念也被引入国内，促进了我国工程项目管理理论的快速发展，在一定程度上推进了我国管理体制及投资模式的变革。1984 年，政府积极创造条件，实行拨改贷，号召组建相应的专业性承包公司，着力推动投资包干、招投标等制度。

1992 年，国家计委颁布《关于建设项目实行业主责任制的暂行规定》，进一步明确了业主责任制的相关要求，并指出投资风险和还贷责任由业主独立承担。业主中心地位的确立，合同管理的加强，提升了投资效益。但在执行过程中也出现了一些不足，例如，有些董事会形式的业主没有进行工商注册，导致有关部门不认可这些业主的决定，致使项目管理较为被动。另外，由于政府既充当审批人又充当出资人，由政府组建的发包人没有自主决策权，导致管理人员责任心和执行力不强，无法做到自负盈亏。

5. 项目法人责任制

在总结项目业主责任制经验的基础上，1993 年党的十四届三中全会通过了《中共中央关于建立社会主义市场经济体制若干问题的决定》，明确了要实行企业法人责任制的要求。为加快推动建设管理体制改革，实现与国际接轨，提升投资效益，1996 年国家计委颁布《关于实行建设项目法人责任制的暂行规定》，对项目法人设立、任职条件、职责、考核等有关内容进行了具体明确。

项目法人责任制是以现代企业制度为基础的责任制，旨在推动建立一批具有独立投资和运营活动能力的企业法人，使政府进一步与企业相脱离，不再为其托底承担无限责任，进而专司宏观经济调控。项目法人责任制是在项目业主责任制基础上的创新和改进，解决了以往责任主体定位不清等问题。

1.1.2　我国水电项目建设管理模式发展历程

水电工程是我国重要的基础建设项目，对我国能源开发起着重要作用。1957 年，随着新安江水电站的建设，水电行业不断发展壮大，取得了骄人成就。截至 2018 年年底，我国水电装机容量达到 3.52 亿 kW，装机总容量和大坝总数居世界第一。水电行业发展历程可以划分为以下 3 个阶段。

1. 业主自行管理阶段

20 世纪 80 年代初期以前，由于我国实行高度计划经济，水电工程建设项目基本都是由国家统一下达计划，统一调拨资金，指定设计单位和施工力量，包括机电设备、材料的供应都由政府统一安排。该阶段，水电项目建设与运营相分离，建设阶段通常由水利部或各省下属的设计院、工程局分别负责设计和施工；运营阶段，则交由相应的生产管理单位负责具体运营。随着计划经济向市场经济的转型，加之项目规模增大、建设难度加大，该模式逐渐不适应项目建设需要。

2. DBB 模式发展阶段

1984 年，鲁布革水电站打破封闭模式，率先引进世界银行（以下简称"世行"）贷款，按照世行要求对引水系统工程进行国际招标，同时应用现代项目管理理论指导项目实施，取得了巨大成功，例如，某公司创下了"月进尺 231m、最高月进尺 373m"的历史纪录。鲁布革模式在全国范围内产生了示范效应，随后国家全面推行了建设管理体制改革。1984 年，政府明确提出实施招标承包制，此后 DBB 模式逐步推广，成为了水电行业主要的建设管理模式。

3. EPC 模式探索阶段

除 DBB 模式以外，国内水电行业不断对 EPC 模式的实践创新进行探索。1988 年，云南勐腊县团结桥水电站（总装机容量 0.4MW）应用了 EPC 模式，之后，EPC 模式在其他中小型水电项目中也有所应用，如大丫口水电站（总装机容量 102MW）、酉酬水电站（总装机容量 120MW）、桃源水电站（总装机容量 180MW）、柳洪水电站（总装机容量 180MW）、喜河水电站（总装机容量 180MW）、坪头水电站（总装机容量 180MW）和马鹿塘水电站（总装机容量 300MW）。2016 年，杨房沟水电站（总装机容量 1500MW）作为首个采用 EPC 模式的百万千瓦级水电项目，正式进行大型水电项目 EPC 模式建设管理的探索与创新。

1.1.3　我国水电项目建设管理模式创新需求

国家电力系统改革、电力需求增长变缓、电站建设成本提高等因素，导致传统 DBB 模式已不能完全满足水电开发的需求，需要结合现阶段水电行业发展水平和水电项目的特点进行建设管理模式的创新。

1.2　大型水电项目建设管理模式及其特点

1.2.1　设计—招标—建造（DBB）模式

1.2.1.1　DBB 模式概念

DBB 模式即设计—招标—建造模式，是指将工程的设计和施工分别委托给不同单位的建设管理模式，其常见组织结构如图 1.2-1 所示。

DBB 模式下，业主聘请咨询方进行初步可行性研究和其他工作；项目获得批准后进行设计工作，设计工作由业主委托的设计方承担；之后进行承包商的选择，该过程一般通过招标的方式确定；承包商确定后，业主与其签订合同；之后，由承包商与分包商或供应商分别签订工程分包合同或物资供应合同并组织建设实施。DBB 模式下，业主通常指派业主代表来负责工程项目的管理。目前，我国大部分水电工程项目采用传统 DBB 模式，如二滩水电站、三峡工程和锦屏水电站。

图 1.2-1　DBB 模式组织结构

1.2.1.2　DBB 模式优缺点

DBB 模式长期应用于国内外工程建设，管理经验丰富；标准合同文本（如 FIDIC 红皮书"施工合同条件"）的长期广泛应用有利于加强合同管理、控制项目风险。但是，DBB 模式也存在以下方面的不足：

（1）业主管理工作量大。DBB 模式下，业主前期的管理投入较高，并且项目设计方、施工方和供应商相对独立，需要业主统一管理并协调，管理范围广、成本高、难度大。

（2）建设周期长。设计、招标、建造每个阶段结束时才能开始下一阶段的工作，项目进度不易控制，易产生工期的延误和滞后。

（3）工程投资控制难度较大。DBB 模式下，工程的设计与施工过程相对独立，设计与施工的融合性较差，施工过程中容易产生频繁的设计变更，引起较多索赔；设计变更导致工程量及费用增加的风险由业主承担，工程投资不易控制。

（4）沟通协作难度较大。DBB 模式下，工程的设计、采购和施工各方彼此间没有直接的合同关系，各方从自身利益出发进行项目管理，相互沟通协作的难度较大，不利于共同实现项目进度、质量和安全目标。

1.2.2　施工管理（CM）模式

1.2.2.1　CM 模式概念

CM（Construction Management）模式即施工管理模式，是指业主委托第三方（施工管理经理）来管理和服务项目施工阶段的建设管理模式，其常见组织结构如图 1.2-2 所示。

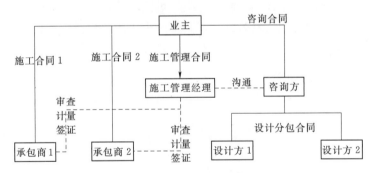

图 1.2-2　CM 模式组织结构

CM 模式下，业主与承包商签订施工合同，并授权施工管理经理（Construction Manager）承担施工阶段的管理工作，施工管理经理对所有承包商的工作进行审查、计量与签证。同时，业主授权专业的咨询方进行工程设计，咨询方将设计工作分包给不同的设计方并与之签订设计分包合同。CM 模式常采用阶段发包方式，即项目主体设计方案完成之后，每完成一部分工程的设计工作，便立即对该部分工程进行招投标，选定某承包商承担该部分工程的施工建设。项目实施过程中，咨询方与施工管理经理通常会对设计和施工中出现的问题进行沟通与交流，以确保项目顺利开展。

1.2.2.2　CM 模式优缺点

阶段发包方式可以使已完成设计的标段及时施工，减少设计变更，有利于降低工程的不确定性和控制工期。施工管理经理的早期介入有利于加强与咨询方的沟通协调，设计方可提前考虑施工因素，提高设计的可施工性。但是，CM模式通常采用分项设计和分项招标的方式，可能会导致工程项目整体方案不是最优。

1.2.3　项目管理（PM）模式

1.2.3.1　PM模式概念

PM（Project Management）模式即项目管理模式，是指业主委托第三方（项目经理）来管理和服务项目建设整个过程或某个阶段的建设管理模式，其常见组织结构如图1.2-3所示。

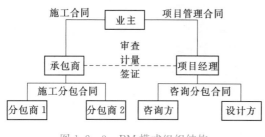

图1.2-3　PM模式组织结构

PM模式下，业主与项目管理公司签订项目管理合同，项目经理依据合同承担的管理责任为：进行项目规划和可行性分析，并编制可行性研究报告；提供招标代理、设计管理、采购管理和施工管理等服务；对工程的质量、成本、进度和安全进行管控。PM模式的项目经理作为业主的延伸，承担了传统模式中业主的部分工作，设计方和施工方由项目经理统一管理并沟通协调，咨询方和设计方对项目经理负责；该模式主要适用于大型项目或较复杂的项目，尤其是业主管理水平有限的工程项目。

1.2.3.2　PM模式优缺点

项目管理企业的管理方法成熟、专业性强，可以充分发挥其管理经验和人才优势。设计方和施工方由项目经理统一协调管理，有利于减少矛盾。但是，PM模式下，业主需要聘请专业的项目管理企业进行项目管理，对项目管理企业的能力和资源要求较高。

1.2.4　设计—建造（DB）模式

1.2.4.1　DB模式概念

DB（Design-Build）模式即设计—建造模式，总体上与EPC模式较为接近，其常见组织结构如图1.2-4所示。

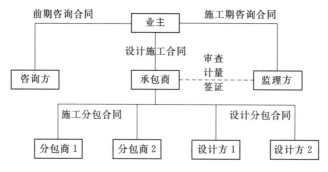

图1.2-4　DB模式组织结构

DB模式下，业主在项目前期与专业的咨询方签订咨询合同，咨询方负责项目的概念设计/可行性研究，提出工程运行要求，组织招投标，在中标人确定后，协助业主和承包商签订设计施工合同。在项目实施阶段，承包商可以依靠自身力量完成工程的设计、施工和大部分材料设备的采购工作，也可以将设计工作分包给专业的设计方，并签订设计合同。施工过程中，业主通常授权专业的监理方对承包商进行设计和施工的审查、计量与签证。

1.2.4.2　DB 模式优缺点

DB 模式下，设计工作由承包商负责，减少了由于设计变更而产生的索赔，降低了业主的投资风险，有利于节约建设成本，保证工程建设进度；设计与施工一体化，使得施工经验能够融入设计过程，有利于提高设计的可施工性。

1.2.5　设计—采购—施工总承包（EPC）模式

1.2.5.1　EPC 模式概念

EPC（Engineering Procurement Construction）模式即设计—采购—施工总承包模式，是指工程总承包商依据合同承担工程的设计、采购和施工工作，并满足业主对于工程的工期、成本、质量和职业健康、安全与环保（HSE）要求的建设管理模式。在 EPC 项目的具体实施过程中，业主对工程提出原则性的功能要求；工程总承包商负责开展工程的设计、采购和施工工作，工程完工时，业主得到一个可以立即投入运行的工程产品。EPC 模式下，业主通常会授权专业的咨询方负责项目实施过程中的审查与签证工作。EPC 模式组织结构如图 1.2-5 所示。

EPC 模式下，业主在机会研究阶段委托咨询方进行项目初步投资方案的编制，在可行性研究阶段根据项目技术经济分析结果判断投资的可行性，在项目立项后进一步进行概念设计；在初步设计阶段，业主负责组建项目机构、筹集资金、提出初步设计的规划和要求、组织招投标，工程总承包商基于招标文件的概念设计提出设计方案并递交投标文件，与业主谈判并签订合同；在项目实施阶段，工程总承包商全面负责工程的设计、采购和施工工作，业主通过监理方对设计和施工方案进行审查与监督；

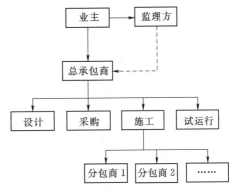

图 1.2-5　EPC 模式组织结构

项目竣工后，工程总承包商联合业主进行工程试运行，并对可能存在的工程缺陷进行修补。EPC 模式业务流程如图 1.2-6 所示。

1.2.5.2　EPC 模式优点

与 DBB 模式相比，将设计、采购和施工作为一个整体进行承包管理的 EPC 模式具有以下方面的优点：

（1）减少业主管理投入。EPC 模式下，业主仅对项目建设进行宏观监督和管理，介入具体组织建设实施的程度较小，对工程建设由过程控制转变为结果控制，有利于业主精简机构、节约管理资源、降低管理费用、减小管理投入。

（2）建设效率高。EPC 模式下，工程总承包商全面负责工程的设计、采购、施工和试运

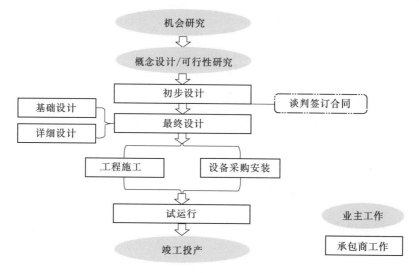

图 1.2-6　EPC 模式业务流程

行，必须自觉以技术引领工程，发挥设计的主导作用，使工程设计、采购和施工实现内部协调和深度交叉，系统统筹并整合优化工程，一定程度上可以提高项目建设效率，缩短工期。

（3）投资可控性高。EPC 合同一般采用固定总价合同，合同价格不因物价波动和汇率变化而调整（合同另有约定的除外），设计变更的风险由工程总承包商承担；合同一旦签订，工程造价便基本确定，业主的投资可控性高。

（4）设计施工一体化。EPC 模式下，设计与施工高度一体化，设计方和施工方为同一利益体，有利于加强设计方与施工方的沟通协作，最大限度地发挥设计方的主动性，提高设计的可施工性。

1.2.5.3　EPC 模式缺点

EPC 模式在业主管理工作量、建设效率、投资可控性和设计施工融合性等方面较 DBB 模式具有优越性，但是，也需要注意以下几个方面：

（1）不确定性因素多。EPC 模式下，项目招标之前一般为初步的概念设计，某些不利的地质因素难以完全预测，给投标报价带来困难。同时，由于项目不确定因素多，各方在项目招投标和履约过程中需要有较强的综合能力。

（2）诚信履约问题。EPC 模式下，工程总承包商负责工程的设计、采购和施工业务，业主的参与程度相对较低，诚信履约问题值得关注。

1.3　国内大型水电项目建设管理模式选择

1.3.1　传统模式下典型水电项目建设管理案例

1.3.1.1　二滩水电项目建设管理案例

1. 项目概况

二滩水电项目位于四川省攀枝花市境内的雅砻江上，电站装机总容量为 330 万 kW。

二滩水电项目是当时世界银行最大的贷款项目，为了全面推行先进的项目管理理念，二滩水电项目对主体工程建设和永久设备采购采取了国际招投标方式，同时为满足国际惯例，土建工程合同按照国际咨询工程师联合会（FIDIC）的合同范本及条件编制，以上措施使二滩水电项目建设的进度、质量和成本目标得以顺利实现。

2. 项目管理机构

在世界银行要求下，考虑到我国水电建设行业发展的实际情况，二滩水电开发有限责任公司（以下简称"二滩公司"，为雅砻江流域水电开发有限公司前身）在二滩水电项目正式启动前，就结合 FIDIC 合同范本筹划并建立起了符合国际惯例的项目管理机构。依照 FIDIC 合同文件的要求，确定了二滩公司的业主地位，二滩公司和中国水电顾问集团成都勘测设计研究院（为中国电建集团成都勘测设计研究院有限公司前身）作为项目的工程师机构和设计单位，在 FIDIC 合同框架的约束下，职责和权限得以明确。二滩水电项目建立项目管理机构在我国当时的水电行业是一种大胆的尝试与探索，它成功地引进了新的概念和先进的管理经验，也培养出了一大批优秀的管理人才。

3. 推行项目管理"四项制度"

（1）项目法人责任制。项目法人责任制是由项目法人（业主）对项目的策划、资金的筹措、建设的实施、生产运行经营和全部贷款本息的偿还以及资产的保值增值负全责。

（2）招投标制。实行招投标制是水电建设管理体制改革的主要内容之一，招投标制的实施把工程建设推向市场，用合同规范和约束业主及承包商的行为，用合同管理方式解决工程建设中出现的问题。二滩公司在推行工程招标中，按国家规定招标原则及国际惯例实行国际竞争性招标，坚持公平竞争。通过招标选择最优的承包商和供货商，以促使业主及承包商抓管理、讲效率，保证工程质量，缩短建设工期，降低工程造价。

（3）合同管理制。二滩水电项目从工程施工到后勤服务全面实行合同管理，明确合同双方的职责，规定了工程的工作量、质量规范、支付计算方法、调价公式、支付程序以及主要的控制工期和奖惩办法等，以合同的方式来规范合同双方的行为。

（4）建设监理制。二滩水电项目实行建设监理制，不同于过去我国其他建设项目。工程监理单位是一个相对独立的机构，工程监理独立性、公正性很强，具有较高的权威性，在授权范围内，对合同执行情况全面负责，确保了合同能够在有效的监督下顺利执行，并且减少了工程纠纷的发生，进而提高了工程建设的效率。

4. 建立工程质量、进度、投资控制系统

（1）质量控制系统。二滩公司为了确保工程的质量，建立起了一系列的质量管理制度，包括承包商自检制、监理管理监督制、质量认证制、质量事故分析报告制等，工程质量得到了严格的控制，大坝建成后多年监测结果显示，各项质量指标均满足设计值。

（2）进度控制系统。为有效控制工期，二滩水电项目对影响到工期的因素进行了控制管理，如建设资金的筹备、设计图纸的审批、施工现场的协调、设备采购等；同时利用P3 软件编制网络进度计划，在监理的监督下严格控制关键进度节点和里程碑节点，全部机组最终投产发电日期比原合同工期提前半年。

（3）投资控制系统。二滩水电项目工程投资的控制贯穿于工程建设的全过程。首先，实行招标制，尤其是国际招标，投标方的竞争有效地控制了工程造价；其次，在工程实施过程中严格控制工程设计并聘请专家进行全面优化，仅大坝体型的优化就节约了近10％的造价；最后，在工程建设过程中，监理对工程量进行把关，妥善处理工程变更，有效地控制了工程的总投资。

5. 设立争议评审组（DRB）

为有效解决工程争议和索赔问题，二滩公司在世界银行的建议下，引入了国际上流行的争议评审组，当业主和承包商出现经济纠纷时，请出由国际权威人士组成的争议评审组到现场调查，并且就纠纷问题提出建议，合理解决相关问题，以减少双方损失。

1.3.1.2 三峡水电项目建设管理案例

1. 项目概况

长江三峡水利枢纽工程位于湖北省宜昌市的三斗坪，是开发和治理长江的关键性工程，装机容量为18200MW，是世界上装机规模最大的水电站，也是我国投资规模最大的水电工程项目。历经70多年的论证，三峡工程于1994年12月14日正式开工，2006年5月20日全面竣工，有效发挥了项目发电、防洪和航运的作用。

2. 项目法人责任制

三峡工程的项目法人是中国长江三峡工程开发总公司（以下简称"三峡公司"，为中国长江三峡集团有限公司前身），它全权负责项目的规划、筹资、建设、经营、还本付息、运营维护等。项目法人责任制使得三峡公司在项目的设计、施工、采购等各个环节上有较为自由的发挥空间。此外，国务院成立了国务院三峡工程建设委员会，对三峡工程的建设进行宏观调控，以确保三峡工程建设规范有序地开展。

3. 招投标制

三峡公司成立了招标委员会，集中管理三峡工程的招标工作，并且充分吸收各方面力量，如相关专家和纪检监察部门，对招标文件的编制、售标、投标、评标等环节严格把关，确保招投标活动在公正、公平、公开的环境下进行，选择优秀的承包商、设备制造商以及监理单位，不仅为工程建设提供了保障，也推动形成了市场竞争环境，有助于提高企业的自我管理水平。

4. 建设监理制

三峡公司采用邀请招标方式选择监理单位，邀请国外专家担任总监，用合同明确监理职责；并且成立相应的协调管理机构，建立了全方位的监理管理体系；结合项目实际情况，将监理工作落实在现场施工以及材料和设备的全过程追踪中，使得监理的职能权力得到充分发挥，保障了工程建设的质量。

5. 合同管理制

三峡公司专门设立了计划合同部，并且设计、施工等单位也都成立了相应的合同管理部门，使得参建各方以主合同为纽带，明确具体的职责义务与协作关系，确保各参建方在工程建设、材料与设备供应、工程施工等方面做到分工合作，确保工程建设有序开展，质量、进度、成本等绩效目标顺利实现。

1.3.1.3 雅砻江锦屏水电项目建设管理案例

雅砻江下游的代表项目锦屏水电工程，分为锦屏一级水电站和锦屏二级水电站，被誉为锦屏大河湾的双子星座。锦屏一级水电站是雅砻江下游水电开发的龙头水库电站，装机容量为 360 万 kW，坝高 305m，是世界上已建成的第一高拱坝，工程地处深山峡谷地区，地质条件复杂，施工条件差；锦屏二级水电站总装机容量为 480 万 kW，工程具有水文地质条件复杂、地形条件特殊、隧洞群埋深大、洞线长、施工条件复杂等突出特点，高地应力岩爆、高压岩溶地下突涌水等技术问题十分突出。

锦屏水电工程是国内外公认的建设管理难度大、工程技术要求高、施工环境恶劣的水电工程之一，面对困难与挑战，业主积极协调项目参建各方，通过深化内部管理、建立咨询工作体系、重视科研合作等措施，确保工程建设目标顺利实现。

1. 推行项目经理管理制

锦屏水电工程建设管理难度大，技术要求高，业主围绕"流域化、集团化、科学化"管理目标，在合同管理的基础上，推行现场项目经理管理制，不断完善管理手段，对项目进行系统化、精细化管理。项目经理代表业主履行合同职责，对合同的执行负有全面的管理责任。项目经理按照合同目标进行项目管理，定期将承包商和监理的工作情况向后方报告，并提出奖惩建议。

2. 建立咨询工作体系

咨询工作是锦屏水电工程对重大技术问题进行技术决策的重要手段。业主形成了"特咨团"咨询、专业咨询机构咨询和专题会议咨询 3 个层次的咨询工作体系。成立了由业内知名专家组成的锦屏水电工程"特咨团"，定期开展咨询活动，对一些重大技术问题进行集中咨询。引进了中国水利水电建设工程咨询公司等国内外专业咨询机构，有计划地就锦屏水电工程建设某一领域进行专业咨询。同时，为解决工程设计、施工中的重大技术问题，约请业内相关领域的专家，对特定重大技术问题进行专项咨询。咨询工作全方位开展，为技术决策提供了依据和参考，有力地推动了锦屏水电工程重大技术问题的解决和落实[1]。

3. 加强科研创新

在锦屏水电工程勘测设计和建设中，业主高度重视科研工作，不断加强与高校和科研院所的科研协作。为了加快解决锦屏水电工程的一系列重大技术问题，构建了一个实力雄厚的科研攻关体系，有效集成科研资源，开展多层次、全方位的科研攻关，包括与国家自然科学基金委员会共同设立雅砻江水电开发联合研究基金，重点研究解决锦屏水电工程面临的一些核心科学问题和关键技术问题；与设计单位协同合作，将锦屏水电工程科研项目分成常规科研项目和特殊专题科研项目，分步骤、有计划地实施科技攻关。

为促进工程重大技术问题的动态解决，科研单位常驻现场开展科研工作，形成了锦屏重大技术问题的现场研究机制。科技攻关活动让锦屏水电工程的各参建单位均能参与到不断攻克世界级难题的过程中来，有效解决了锦屏水电工程重大技术问题[1]。

1.3.1.4　传统建设管理模式对我国水电行业的贡献

我国项目管理中占主导地位的 DBB 模式是伴随着建设管理体制改革过程逐步形成的，它是基于项目法人责任制、招标承包制、建设监理制、合同管理制"四制"体制框架下的项目管理模式。我国绝大多数水电工程均采用 DBB 模式建设完成，在此背景下，截至 2018 年年底，我国水电总装机容量和年发电量分别从 1978 年改革开放初期的 1727 万

kW、446 亿 kW·h，大幅攀升至 3.52 亿 kW、12000 亿 kW·h，分别增长了近 20 倍和 27 倍。DBB 模式促进了我国水电行业市场格局的逐步完善，推动了我国水电行业的快速发展，对于水电开发技术的升级和管理经验的积累也起到了重要作用。

1.3.2 水电项目 EPC 模式应用情况

1.3.2.1 国际水电 EPC 项目

近年来，在国家"一带一路"倡议背景下，我国企业"走出去"进程加速推进，据不完全统计，我国承建的国际 EPC 项目已扩展至水电、建筑、石油和核能等各个领域，尤其是国际水电 EPC 项目合同营业额占比持续增加。

巴基斯坦汗华水电站是水电七局第一批以承包商身份采取设计—施工承包方式负责商务、施工的海外项目，为我国承包商深入国际市场奠定了基础。伊朗塔里干水利枢纽工程是由水电十局组织实施的 EPC 项目，以此为契机，我国承包商先后在伊朗成功签约了"穆山帕大坝项目、扎黑单输水项目、查巴哈尔输水项目"等工程项目，实现了市场的持续拓展。赤道几内亚吉布洛水电站是电建国际委托水电六局采用 EPC 模式组织实施的项目，黄河设计公司承担设计任务，参建各方建立了良好的伙伴关系，顺利实施了这一"赤道几内亚的三峡工程"，对促进当地经济发展、改善人民生活水平具有重要作用。加纳布维水电项目的设计、采购、施工管理主要由水电八局和西北勘测设计研究院承担，在合同执行过程中使用了大量中国标准，工程按照工期节点要求顺利推进，成本控制较好，质量满足业主要求，为我国标准国际化提供了依据。斐济南德瑞瓦图可再生能源项目由水电十局和中水北方勘测设计院担任总承包商，通过该项目的实施，培养了一批熟悉澳新标准尤其是 HSE 高标准要求的工程技术与管理人员。乌干达卡鲁玛水电站是水电八局与水电十二局组成的联营体实施的 EPC 水电工程，华东勘测设计研究院承担设计工作，该项目履约的技术管理涵盖范围广泛，有效培养了技术团队的综合能力，包括设计、采购、施工管理以及各个环节技术动态监督和预警控制等。厄瓜多尔 CCS 水电站由电建国际委托水电十四局和黄河设计公司负责实施，该项目通过合同条款有效规避了地质条件不利的风险，成功履约，并为扩大后续市场份额奠定了良好的基础。

国际水电 EPC 项目竞争如此激烈，需要我国工程企业从传统上注重施工承包向上游业务发展，基于共赢理念建立与利益相关方的伙伴关系，通过有效管理设计、采购和施工过程，提升资源的获取、集成和转化能力，以顺利实现国际 EPC 项目质量、进度、成本和 HSE 目标，不断拓展国际市场。

1.3.2.2 国内水电 EPC 项目

1988 年，云南勐腊县团结桥水电站（总装机容量 0.4MW）应用了 EPC 模式。之后，EPC 模式在其他中小型水电项目中也有所应用，包括湖南桃源水电站（总装机容量 180MW）、四川美姑河柳洪水电站（总装机容量 180MW）、陕西喜河水电站（总装机容量 180MW）、云南雷打滩水电站（总装机容量 108MW）和重庆酉酬水电站（总装机容量 120MW）等。这些水电站对传统 DBB 模式进行了管理模式创新。

以酉酬水电站为例，该项目采用了"业主＋工程总承包人＋分包人＋监理"的 EPC 模式，业主是重庆市能投集团西水公司，并与中南勘测设计研究院签订了工程总承包合同，工程总承包商进而与土建施工分包人、机电设备安装分包人和监理公司签订合同。2005 年，中南勘测设计研究院西醌水电站枢纽工程总承包项目部成立，负责对设计、采购、施工、监理实行全过程管理，对工程实行目标管理、宏观控制，负责解决重大问题和协调施工环境，实现了投资、工期和质量目标。但该项目依然保留了 DBB 模式的一些特征，例如，设计、采购和施工业务相对独立，施工分包和机电设备安装分包依然是传统管理方式，监理工程师主要对土建施工和机电设备安装进行监理。

杨房沟水电站作为国内首个采用 EPC 模式的百万千瓦级水电项目，在设计、采购、施工业务的融合和设计监理等方面有了进一步的创新。

1.3.3　大型水电项目应用 EPC 模式的需求

1. 大型水电项目开发难度加大

随着我国经济结构转型升级，电力体制改革逐步深化，同时伴随电力需求增长放缓、电站建设成本增加，水电开发面临更大挑战。由于经济发展放缓、能源结构调整以及能源利用率提高等原因，我国发电规模整体增速正在逐步放缓。

近年来，我国主要流域水电开发已基本完成，大型水电项目逐渐向西部高海拔地区转移。与已经建设完成的水电项目相比，西部高海拔地区的水电开发受工程投资额度高、自然环境和交通条件差、施工难度大、建设效率低等不利因素的制约，工程总体效益受到影响。因此，通过项目建设管理创新以提高水电的竞争力是新形势下水电发展的必由之路。

2. DBB 模式存在不足

DBB 模式下，水电项目业主把工程的设计、施工和监理等不同工作发包给不同企业，各方分别与业主签订合同，是同一个业主管理下的多个承包商，其关系是相互平行且彼此独立的。这种关系模式存在诸多不足，例如，设计偏保守导致业主成本增加，施工效率低下，合同接口数量大、内容多，投资控制方式单一。

3. 水电行业整合

目前，国家大型水电建设国有企业整合形成了由中国电力建设集团有限公司（以下简称"中国电建"）和中国能源建设集团有限公司（以下简称"中国能建"）为主导的生产力格局。电力企业重组后，电力行业发展规划，电力工程设计、施工和监理等任务主要由中国电建和中国能建两大集团承担，水电工程承包单位也基本来自于两大集团的成员企业。对承包企业而言，这种情况为 EPC 模式下工程总承包商进行设计、采购和施工一体化管理创造了条件。

4. 水电开发产业链资源优化配置

水电项目实施过程中，不仅要考虑承包商的内部组织管理，而且需关注由各个利益相关方组成的外部环境。水电项目建设管理模式应用创新需要由单一组织的内部视角扩展到组织与外部环境、组织与组织之间关系的整体视角，从传统竞争关系转向资源整合。

5. 利益相关方管理需求

水电项目的开发包括水电开发业主、设计方、承包方、供应商、地方政府、金融机构以及当地居民等一系列利益相关方。项目开发过程中，需要对各利益相关方的资源进行集成管理，对各利益相关方的关系进行统筹协调，以保证水电工程建设所需资源可以快速、高效地流通，避免各方由于沟通不畅而产生矛盾。

6. 通过建立伙伴关系实现合作共赢

DBB模式下，各个组织通常是相对封闭的体系，侧重于研究如何在体系内部实现高生产力和利益最大化，缺乏对组织与外部环境、组织与组织之间关系的考虑，很难全面分析内部和外部因素的特征，不易作出全面的决策，从而降低组织对外部环境变化作出及时适应和调整的能力。水电项目涉及众多利益相关方，要实现合作共赢，各方需建立基于信任的伙伴关系，参建各方之间的合作关系应建立在信任、对共同目标的追求以及对各方意愿的尊重和理解之上。

大型水电项目应用EPC模式，有助于项目各方之间建立良好的伙伴关系，有效进行设计、采购和施工一体化管理，降低监控成本，促进创新，优化各方资源配置，保障各方实现利益最大化。

1.3.4 杨房沟项目EPC模式选择

1.3.4.1 项目概况

杨房沟水电站位于雅砻江中游河段，是该河段一库七级开发的第六级水电站，工程规模为大（1）型，总装机容量为1500MW；采用混凝土双曲拱坝，坝顶高程为2102.00m，最大坝高为155.00m，正常蓄水位为2094.00m；地下厂房为首部式开发，安装375MW的混流式水轮发电机共4台。该项目是国内首个采用EPC模式的百万千瓦级水电工程。雅砻江流域水电开发有限公司为项目业主，水电七局与华东勘测设计研究院组成的联合体为工程总承包商，长江委监理中心和长江设计公司组成的联合体为监理方。

在电网企业实施主辅分离改革、电力设计施工企业一体化重组、电价由政府定价转变为市场竞价的形势下，业主考虑到杨房沟水电站的对外交通、施工供电、供水、通信等施工辅助工程均已基本完成，前期勘察设计较为充分，地质条件基本揭示清楚，主体工程包括大坝及引水发电系统的招标设计工作已完成审查，项目建设的主要风险识别较为充分，风险控制措施能有效落实，决定杨房沟项目采用EPC模式[2]。

1.3.4.2 杨房沟项目建设管理模式调研

采用项目现场考察、访谈、问卷和资料收集等方法，对杨房沟项目建设管理模式实践进行了系统调研。调研对象包括业主公司总部、工程总承包商和监理方的管理与技术人员，共访谈了杨房沟项目各参建方技术和管理人员61人。

业主方面，分别访谈了杨房沟建设管理局机电物资部、工程技术部、计划合同部、安全环保部、征地移民部和办公室等部门的领导和管理人员，共11人；同时，也访谈了业主公司总部负责杨房沟项目的相关部门（工程管理部、咨询委员会、信息管理部、生产管理部、征地移民部、环保中心、安全监察部、人力资源部、法律与审计监察部、综合计划部、机电物资管理部、合同管理部）人员共19人。

工程总承包商方面，共访谈19人，包括施工管理部、设计管理部、工程技术部、合同部、安全环保部、经营管理部等10个业务部门的管理层人员。监理方面，共访谈监理 12 人，包括机电物资部、安全环保处、合同部、大坝厂房施工部、机电物资处、办公室、质量管理处、设计监理处的管理层人员。因此，调研结果能较为全面地反映出项目的真实情况，具有代表性。

1.3.4.3　杨房沟项目 EPC 模式实践论证

1. 杨房沟项目采用 EPC 模式的动力

杨房沟项目采用 EPC 模式的动力见表 1.3-1，其中 1 分代表很不赞同，5 分代表很赞同。

表 1.3-1　　　　　　　　杨房沟项目采用 EPC 模式的动力

动 力 来 源	得分	排名
水电企业组织结构和业务流程在特定历史条件下形成，但当前项目外部环境已发生显著变化，企业需要适应这种变化	4.35	1
优化配置自身资源	4.26	2
EPC 模式有助于水电企业充分发挥自身技术与管理综合能力	4.22	3
通过 EPC 一体化管理优化业务流程，提高项目实施效率	4.20	4
降低自身项目开发风险	4.11	5
通过 EPC 一体化管理优化设计与施工方案，提高利润空间	3.99	6
均　　值	4.19	—

从表 1.3-1 可以看出，6 项指标平均得分为 4.19 分，且得分都在 3.99 分及以上，说明以上方面都是水电项目采用 EPC 模式的重要推动力。我国水电企业组织结构和业务流程是在 DBB 模式下形成的，项目参建各方的业务和资源相对分离，不利于水电开发产业链资源优化配置。

电力企业重组后，电力行业发展规划，电力工程设计、施工和监理等任务主要由中国电建和中国能建两大集团承担，水电工程总承包单位也基本来自于两大集团的成员企业，这种情况为设计和施工一体化管理创造了条件，也对如何进行有效的监管提出了更高的要求。

同时，随着国内电力需求增长放缓和水电站建设成本增高，也有必要通过推行 EPC 模式优化组织资源配置和业务流程，充分发挥自身技术与管理综合能力，提高项目实施效率。对业主而言，可以有效降低项目开发风险；对工程总承包商而言，可以通过充分发挥 EPC 一体化优势实现对设计与施工方案的合理优化，提高利润空间。

2. EPC 模式在雅砻江流域水电开发实施的宏观条件

EPC 模式在雅砻江流域水电开发实施的宏观条件见表 1.3-2，其中 1 分代表条件不成熟，5 分代表条件很成熟。

从表 1.3-2 可以看出，EPC 模式在雅砻江流域水电开发实施的宏观条件平均得分为 3.92 分，其中项目技术条件和项目经济条件得分较高，分别为 4.26 分和 4.23 分，显示杨房沟项目应用 EPC 模式在技术和经济方面可行性强。项目自然条件、EPC 合同条件、项目社会条件和水电市场条件得分均在 3.90 分以上，表明推行 EPC 模式应用的上述条件也已较为成熟。

表 1.3-2　　　　　　　　　　EPC 模式在雅砻江流域水电开发实施的宏观条件

宏 观 条 件	得　分	排　名
项目技术条件	4.26	1
项目经济条件	4.23	2
项目自然条件	3.99	3
EPC 合同条件	3.97	4
项目社会条件	3.93	5
水电市场条件	3.91	6
国家法律法规条件	3.55	7
地方政策条件	3.52	8
均值	3.92	—

（1）国家法律法规条件和地方政策条件的得分相对较低，分别为 3.55 分和 3.52 分。

（2）项目自然条件。雅砻江中游河段上起两河口水库库尾（水面高程 2860.00m），下至锦屏一级水库库尾（水面高程 1880.00m），总体流向自北向南，河段长 385km。河段末端控制流域面积为 8.19 万 km²，多年平均流量为 912m³/s，年径流量为 287.6 亿 m³。该河段天然落差为 980m，平均比降为 2.55%，蕴藏着丰富的水能资源。

（3）EPC 合同条件。1999 年，FIDIC（国际咨询工程师联合会）对原有的合同文本进行了全面修订，将 EPC 模式作为一项独立的合同条件，编制了《设计采购施工（EPC）/交钥匙工程合同条件》（银皮书），国际 EPC 项目有较好的合同条件基础；《中华人民共和国标准设计施工总承包招标文件》（2012 年版）对工程总承包模式的招投标、采购以及合同条件进行了进一步规范。综上所述，EPC 模式的应用已具备一定的合同条件。

（4）项目社会条件。杨房沟水电站正常运行后，可替代火电机组容量 1650MW，替代火电机组年发电量 71 亿 kW·h，可节省标煤约 230 万 t。杨房沟水电站不仅可以部分满足川渝和华东地区不断增长的用电需求、缓解能源短缺的矛盾、促进国民经济发展，而且可以替代大量的煤炭或油气资源，减少资源的消耗，有利于减排温室气体、减轻供电地区的环境污染，有着巨大的社会效益和生态环境效益。

杨房沟水电站位于少数民族地区，对改善当地人民群众生活水平、增加就业机会起到积极作用，同时，将带动该地区其他资源的开发，加速其经济文化的发展，使资源优势早日转化为经济优势。

（5）政策条件支持。2017 年，国家能源局发布了《能源发展"十三五"规划》和《可再生能源发展"十三五"规划》，提出国民经济和社会发展第十三个五年规划（以下简称"十三五"）的目标是：到 2020 年，非化石能源占一次能源的消费比重提高到 15%。因此，大力规划建设重大水电项目，有利于推进非化石能源的规模化发展，实现"十三五"目标。

杨房沟水电站属于《产业结构调整指导目录（2011 年本）》（修正）中鼓励类的电力

项目，工程建设符合国家产业政策要求，符合《四川省雅砻江中游（杨房沟至卡拉河段）水电规划报告》的要求。综上所述，杨房沟水电站的建设响应了各方政策，有较为成熟的政策条件支持。

（6）法律法规条件支持。《中华人民共和国合同法》（以下简称《合同法》）规定允许签订总承包建设合同；《关于加快建筑业改革与发展的若干意见》提出将大力推广工程总承包模式；《中华人民共和国标准设计施工总承包招标文件》（2012 年版）和《建设项目工程总承包管理规范》（GB/T 50358—2017）对工程总承包模式的招投标、采购以及合同条件进行了进一步规范。

（7）小结。综上所述，杨房沟水电站在这几方面已具备较为成熟的宏观条件：①技术上可行、工程经济效益显著；②自然条件优越，利于水电开发；③EPC 合同条件基础较好；④社会效益突出，有利于社会稳定发展。同时，当前水电市场转型对于建设管理模式创新也提出了迫切要求。国家法律法规和政策推进了我国工程总承包管理的发展，对EPC 模式的推广应用有较大程度的支持。

3. EPC 模式在雅砻江流域水电开发实施的业主因素

EPC 模式在雅砻江流域水电开发实施的业主因素见表 1.3 - 3，其中 1 分代表条件不成熟，5 分代表条件很成熟。

表 1.3 - 3　　　　　　　　EPC 模式在雅砻江流域水电开发实施的业主因素

业 主 因 素	得　　分	排　　名
业主资源配置	4.11	1
业主已积累的水电项目管理经验	3.87	2
业主运作能力	3.82	3
业主技术管控能力	3.81	4
均值	3.90	—

从表 1.3 - 3 可以看出，EPC 模式在雅砻江流域水电开发实施的业主因素总体得分较高，平均值为 3.90 分。其中，业主资源配置得分最高，为 4.11 分；业主已积累的水电项目管理经验、业主运作能力和业主技术管控能力得分均在 3.80 分以上。以上结果表明，业主已具备较强的资源配置能力、项目运作能力、技术管控能力和丰富的项目管理经验，为 EPC 模式的实践和创新奠定了良好的基础。

业主已成功建成二滩水电站、锦屏一级水电站、锦屏二级水电站、官地水电站和桐子林水电站，并有两河口水电站等大型水电项目在建。在上述水电项目的实践过程中，业主积累了丰富的项目管理经验，培养了一批优秀的建设管理人才，对设计、采购和施工各阶段业务都有较强的管控能力，为 EPC 模式的推行积累了所需的技术资源。例如，通过锦屏水电站的建设管理，在复杂地质条件处理、大坝与厂房施工、机电设备安装、征地移民、安全管理、环保水保和电站运营等方面已形成一套较为成熟的管理程序和方法。另外，业主长年以来与多家银行建立了伙伴关系，具备较强的资金筹措能力，能确保 EPC 项目的正常运作。

4. EPC 模式在雅砻江流域水电开发实施的工程总承包商因素

EPC 模式在雅砻江流域水电开发实施的工程总承包商因素见表 1.3-4，其中 1 分代表条件不成熟，5 分代表条件很成熟。

表 1.3-4　　　　EPC 模式在雅砻江流域水电开发实施的工程总承包商因素

工程总承包商因素	得分	排名
工程总承包商设计能力	4.22	1
工程总承包商施工能力	4.16	2
工程总承包商信誉	4.14	3
工程总承包商 HSE 管理能力	3.90	4
工程总承包商已有项目经验和管理体制	3.89	5
工程总承包商风险控制能力	3.86	6
工程总承包商设计采购施工业务总体协调能力	3.85	7
工程总承包商设备物资采购过程中的技术支持能力	3.84	8
均　　值	3.98	—

从表 1.3-4 可以看出，EPC 模式在雅砻江流域水电开发实施的工程总承包商因素得分很高，平均值为 3.98 分，表明工程总承包商的技术和管理能力可为 EPC 模式在雅砻江流域水电开发实施提供良好的支持。其中，工程总承包商的设计和施工能力得分最高，分别为 4.22 分和 4.16 分，显示了工程总承包商在大型水电项目开发技术方面的优势。

施工方在水利水电工程建设市场和国际市场具有较高的认可度和丰富的工程实践经验，例如，参与三峡工程、南水北调工程、巴基斯坦高摩赞 EPC 大坝枢纽工程和巴基斯坦汗华 EPC 水电项目的建设，先后建成水电站 300 余座，总装机容量超过 2000 万 kW，具备较强的施工能力、一定的设计—采购—施工总体协调能力和掌控全局以确保工程进度与质量的能力。设计方在水利水电工程领域具备很强的工程设计能力；设计方较早涉足总承包领域，完成了国内外数十项 EPC 项目，例如，浙江石塘水电站、越南上昆嵩水电站和埃塞俄比亚 Aba Samuel 水电站，积累了 EPC 项目管理经验，成立了专业化的 EPC 项目管理团队，具备通过优化设计和集成管理来实现工程目的、完成合同任务的优势；同时，设计方注重以信息化带动 EPC 工程设计的龙头作用，拥有很强的数字化设计能力，如 BIM 系统和 OA 系统的建立与应用。

从表 1.3-4 可以看出，工程总承包商设计采购施工业务总体协调能力和工程总承包商设备物资采购过程中的技术支持能力得分分别为 3.85 分和 3.84 分，得分相对较低。在以往国内项目中，设计方和施工方只是单独承担自己的设计或施工任务，不负责采购工作，而由于杨房沟项目是国内首个大型水电 EPC 项目，工程总承包商设计采购施工业务总体协调能力和设备物资采购过程中的技术支持能力还需要进一步加强。

5. EPC 模式在雅砻江流域水电开发实施的监理因素

EPC 模式在雅砻江流域水电开发实施的监理因素见表 1.3-5，其中 1 分代表条件不成熟，5 分代表条件很成熟。

表 1.3 - 5　　　　　　　EPC 模式在雅砻江流域水电开发实施的监理因素

监 理 因 素	得 分	排 名
监理施工审查能力	4.16	1
监理已有水电项目监理经验	4.13	2
监理设计审查能力	4.01	3
监理合同管理能力	3.99	4
监理 HSE 审查能力	3.83	5
监理综合协调能力	3.81	6
监理采购审查能力	3.71	7
均值	3.95	—

从表 1.3 - 5 可以看出，EPC 模式在雅砻江流域水电开发实施的监理因素得分较高，平均值为 3.95 分，表明监理业务能力较强，能够在水电 EPC 项目实施过程中发挥应有作用。

监理施工审查能力和监理已有水电项目监理经验得分最高，分别为 4.16 分和 4.13 分，归因于监理已承担过重大水电工程的施工监理工作，积累了丰富的经验。监理承接过三峡水电站、锦屏一级水电站等 100 多个工程监理项目，业务市场从国内拓展到国外，业务范围也由单一的施工监理拓展到包括工程前期咨询、设计审查、采购审查、施工监理、合同管理、HSE 审查在内的工程项目全过程综合管理，逐步建立起了项目各阶段的审查与综合协调能力。

监理设计审查能力得分为 4.01 分，得分较高。设计监理有三峡工程、构皮滩水电站和南水北调中线工程等重大项目的工程勘察设计经验，说明监理所积累的设计能力可为EPC 项目设计管理提供重要支持。

6. EPC 模式推广应用的限制因素

EPC 模式推广应用的限制因素见表 1.3 - 6，其中 1 分代表没有影响，5 分代表影响很大。

表 1.3 - 6　　　　　　　　EPC 模式推广应用的限制因素

限 制 因 素	得 分	排名
相关法律法规存在不匹配的方面	3.75	1
现有建设管理体制存在不匹配的方面	3.70	2
项目参与方缺乏 EPC 水电项目管理经验	3.54	3
对 EPC 合同条件掌握不足	3.53	4
均　值	3.63	—

从表 1.3 - 6 可以看出，4 项限制因素平均得分为 3.63 分，说明 EPC 模式在我国的推广应用还存在一些需重点关注的问题。其中，相关法律法规存在不匹配的方面得分为3.75 分，是 EPC 模式推广应用的最大限制因素，很大程度归因于我国现有建设管理体制主要与 DBB 模式相适应，与 EPC 模式的应用推广还存在不协调的方面。

《中华人民共和国建筑法》《中华人民共和国招标投标法》《中华人民共和国合同法》

和《中华人民共和国安全生产法》等法律法规以及一些指导性文件如《建设项目工程总承包合同示范文本（试行）》推动了我国工程总承包管理的发展进程，为 EPC 模式在我国的推广应用提供了政策性支持。然而，现有法律法规制度的部分规定还不能完全满足 EPC 模式发展的需要，如何做好 EPC 模式与相关法律法规制度的衔接是当前亟待解决的问题。

1.4　小结

不同建设管理模式各有其优缺点及适用范围，DBB 模式在我国仍占绝对主导地位。在水电建设行业中，不同项目的自身特点、建设环境、业主、设计方、承包商和监理方等因素有较大差异，我国较为单一的建设管理体系不利于适应工程项目的多样化，也制约了项目各参与方潜力的有效发挥。

电网企业实施主辅分离改革、电力设计施工企业一体化重组、电价由政府定价转变为市场竞价、大型水电项目开发难度逐渐加大等因素，对 EPC 模式在大型水电项目中的应用提出了需求。水电开发产业链资源的优化配置和利益相关方合作共赢的管理需求也成为 EPC 模式应用的重要推动力。

我国电力企业的重组为 EPC 模式设计和施工一体化管理创造了条件，也对如何进行有效的监管提出了更高的要求。EPC 模式在杨房沟项目的应用有利于项目各参与方优化组织资源配置和业务流程，充分发挥自身技术与管理综合能力，提高项目实施效率；对业主而言，可以有效降低项目开发风险；对工程总承包商而言，可以通过充分发挥 EPC 一体化优势实现对设计与施工方案的合理优化，提高利润空间。

杨房沟项目实施 EPC 模式在技术和经济方面可行性强，项目自然条件、EPC 合同条件、项目社会条件和水电市场条件也已较为成熟。业主已具备较强的资源配置能力、项目运作能力、技术管控能力和丰富的项目管理经验，为 EPC 模式的实践和创新奠定了良好的基础。工程总承包商在大型水电项目开发技术和管理能力方面的优势可为 EPC 模式的实施提供良好的支持。监理业务能力较强，能够在水电 EPC 项目实施过程中发挥应有作用。

然而，EPC 模式在我国的推广应用还有一些需重点关注的问题，如项目风险费用设置和设计审批等，这在很大程度上归因于我国现有建设管理体制主要与 DBB 模式相适应，与 EPC 模式的应用尚不完全相协调。

第 2 章

大型水电 EPC
项目设计管理

2.1 水电 EPC 项目设计管理理论

2.1.1 EPC 项目设计问题

EPC 项目,尤其是大型水电 EPC 项目,涉及复杂的社会、经济、政治、生态和环境等问题,项目实施过程中存在诸多项目风险。作为 EPC 项目实施的龙头,设计是项目风险控制的关键[3-4]。Koskela 的研究表明,78%的项目质量问题归因于设计;Love 等对澳大利亚 139 个建设项目进行了统计分析,结果也表明设计问题所产生的成本占到总合同价值的 14.2%[5-6]。

如何有效管理设计问题,从源头上控制风险是 EPC 项目管理的重点。现有关于水电 EPC 项目设计问题的研究主要集中在这几个方面:①设计方案的技术经济问题,包括设计信息收集不全、设计方案技术和商务上缺乏竞争性、项目范围不明确等[7-8];②不熟悉项目相关标准或法律法规,特别是不熟悉项目 HSE 相关法律法规[3,9];③设计质量与进度相关的问题,如设计错误或缺陷、设计返工和设计延迟[10];④缺乏有效激励机制,设计费用低导致优化方案的动力不足[4,11-12];⑤设计相关的接口管理问题,包括设计深度不足导致采购延迟,设计方案的可施工性差,设计与采购、施工协调效率低,与业主、咨询工程师沟通不畅,设计变更流程管理不规范等[13-14]。

上述设计问题与项目参与方都密切相关。参建各方需要建立伙伴关系,充分利用各方的资源来应对水电 EPC 项目设计管理面临的挑战。由于长期受国内工程建设行业管理体制的制约和传统的项目建设管理模式的影响,业主和监理工程师缺乏 EPC 项目管理经验,EPC 项目工程总承包商也在设计施工一体化管理方面经验欠缺[4,11-12]。优质的设计产品很大程度上依赖项目实施过程中参建各方之间的相互合作与信息共享。从资源整合的角度,项目参建各方建立伙伴关系,通过优势互补,提高 EPC 项目设计水平以提升项目绩效,已在理论与实践方面成为共识[4,15-16]。

2.1.2 基于伙伴关系的设计管理模型

2.1.2.1 项目参建各方伙伴关系

工程建设领域的伙伴关系定义为:"两个或多个组织间一种长期的合作关系,旨在为实现特定目标尽可能有效利用所有参与方的资源;这要求参与方改变传统关系,打破组织间壁垒,发展共同文化;参与方间的合作关系应基于信任、致力于共同目标、理解尊重各自的意愿。"[4,16-20]

近几十年来,伙伴关系理论研究逐渐成为国际组织管理研究的重点。Cowan、Hanly、CII 和 Contracts Working Party 提出项目参与方应合作管理项目实施过程中的风险，以实现利益相关方共赢[18,21-23]。Critchlow、McGeorge、Palmer、Kubal 和 CIB 研究了项目层面和长期战略合作层面伙伴关系管理流程[24-27]。Thompson、Sanders 和 Crane 等提出的伙伴关系模型侧重于描述项目参与方如何从传统关系演变到伙伴关系，以促进伙伴关系的应用[28-29]。Tang 等证实了项目参与方之间合理的利益分配对大型项目管理绩效的促进作用，并将风险因素、价值工程引入伙伴关系研究，建立了利益与风险共享机制，采用有效的激励机制来提升项目绩效[21,30]。伙伴关系理论模型揭示了伙伴关系的作用机理，如图 2.1-1 所示。

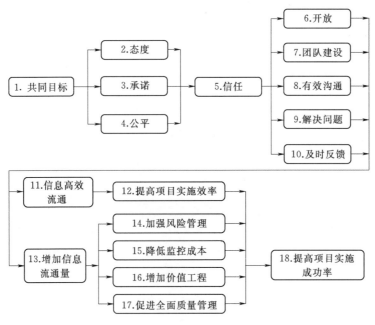

图 2.1-1　伙伴关系理论模型

伙伴关系首先要建立起项目组织的共同目标，使各方能以积极的态度进行合作，积极态度就是执行力。如果在执行过程中各方能信守承诺（即承诺的事情愿意兑现，并有能力兑现）、奉行公平原则（即风险与利益分配合理），就能逐渐建立起信任的关系。信任的作用在于促进项目各方开放、加强团队建设、有效沟通、解决问题和及时反馈。这使项目管理系统内各种信息能顺畅交流，获得两方面的效益：①可让信息流动加快，从而提高项目实施效率；②可鼓励各方分享经验和对问题的看法（即增加了决策信息和可供学习的知识），这有助于加强风险管理、降低监控成本、促进创新与优化和推进全面质量管理，最终提升项目绩效[31]。

其他研究，如国家自然科学基金项目（51579135）等，也支持了伙伴关系对项目绩效的提升作用，包括降低项目成本、缩短工期、提高质量和提升安全管理水平[3-4,12,32-35]。在 EPC 项目设计管理中引入伙伴关系理论非常必要，参建各方建立伙伴关系有助于实现设计、采购和施工一体化管理，解决复杂设计问题[36-39]。

2.1.2.2　EPC 项目设计阶段

设计是工程项目生命周期的关键环节之一，在该环节中设计人员需依照业主提出的和合同规定的要求，详细全面地规划工程项目需要的经济、资源、环境和技术等条件，将业主目标转化为设计图纸文件，参建人员进而根据设计文件要求和内容交付实施[40]。设计过程是水电 EPC 项目控制风险的关键，贯穿项目实施的全生命过程，对 EPC 项目非常重要[41]。EPC 项目各阶段设计工作如图 2.1 - 2 所示。

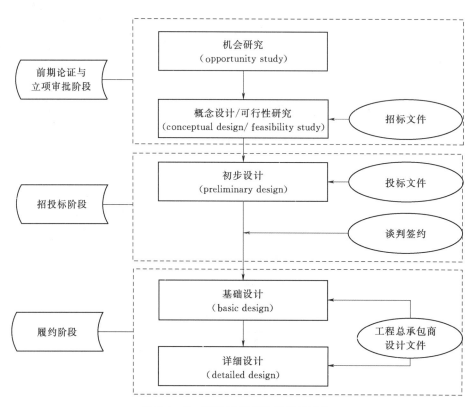

图 2.1 - 2　EPC 项目各阶段设计工作

1. 前期论证与立项审批阶段

水电项目的前期工作包括机会研究、概念设计/可行性研究和立项审批。需进行电力需求分析，调查水能资源，初步查明河流开发条件和泥沙情况，明确主要开发任务，拟定水电站建设方案，估算发电效益，并初步确立投资方案。在预可行性研究阶段，业主委托设计单位开展综合技术研究，提出可能的开发方案，初步判断项目经济技术可行性。可行性研究报告在预可行性研究基础上编制，需考虑工程建设条件、工程规划和建设方案，具体内容包括以下几个方面：

（1）工程建设条件包括流域、水文、工程地质、水库淹没等方面内容。

（2）工程规划包括河流规划、开发任务、供电范围与负荷预测、动能计算、水库特征水位、装机容量和水库运行方式等方面内容。

（3）工程建设方案包括工程建筑物布置、机电与金属结构、施工、建设征地和移民安置规划等方面内容。

可行性研究还需进行环境评价、社会评价、经济可行性分析和国民经济评价等工作。

基于前期论证工作，业主对项目进行宏观评估，进而申请政府核准，政府批准通过后进入招投标阶段。大型水电项目由国家主管部门核准，中小型水电项目由地方政府部门核准。水电项目的前期论证和立项审批工作应动态管理，实行过程控制，当遇到市场价格大幅波动、国家政策变化时，应酌情调整项目开发规划。

2. 招投标阶段

概念设计/可行性研究文件应在业主制定的招标文件中有所体现，以达到确定工程任务、建筑物功能特性并界定项目建设范围等目的。投标人研读招标文件之后，在初步设计阶段提出相应的初步设计文件，主要包括设计意图或准则、设计规范、设计图纸、设计报告、设备与工程量清单、设计进度表和施工技术主要要求等。业主与工程总承包商基于初步设计文件等进行谈判，达成一致后签订 EPC 合同。

3. 履约阶段

业主和工程总承包商签订项目合同后开始履约阶段的设计工作。履约阶段的设计工作常由基础设计（basic design）和详细设计（detailed design）构成，工程总承包商需将完整全面的工程设计准则、总体布置图、基础设计备忘录以及相关建筑物布置图提交给业主、监理方审批。基础设计阶段的设计文件不能用于设备制造或工程实施，只是修正、补充和完善初步设计。详细设计阶段的设计产品以基础设计为基础，用于工程实施，设计人员需进行详细的设计计算，提出施工技术要求，并完成施工图纸，提交业主、监理方审核。

2.1.2.3　设计能力

设计能力是影响项目设计绩效的重要因素。在初步设计阶段，设计方应根据业主提供的概念设计对项目作出准确定位，具备掌握较为完整的基础设计资料的能力，并保证所设计的方案具有商务报价可行性。同时，可以根据招标文件准确理解业主的意图，结合自身设计技术和工程建设范围、工程任务以及建筑物功能特性，提出可行的初步设计方案。在中标后的最终设计阶段，设计方也需具备深化并优化初步设计方案，提出完整可行的基础设计技术方案的能力；并能够在详细设计阶段结合采购和施工信息，提出详细设计计算方案、施工图纸和施工技术参数，使设计深度和设计进度能满足项目要求，保障项目顺利实施。

2.1.2.4　项目设计管理

EPC 模式与 DBB 模式对设计管理的工作范围划分有显著差异：DBB 模式下"Design"指具体的设计工作，而 EPC 模式下"Engineering"的含义增加了整个工程总体策划和组织管理的内容，应考虑采购、施工和生态环境等多方因素，进行全过程一体化管理。

针对 EPC 项目所处的阶段，表 2.1-1 列出了不同设计阶段的设计管理重点。总体而言，概念设计重在可行性论证，初步设计重在结构优化布置和功能发挥，最终设计主要是关注设计方案可施工性和经济合理性。

EPC 项目的设计管理工作贯穿整个项目周期，设计团队作为 EPC 项目建设的重要参与方，工作范围不仅包括设计阶段进行的设计活动，也涵盖项目前期的可行性研究、招投标阶段的合同管理、项目实施过程中的采购施工和交付后的运营保修等。每个阶段的设计

表 2.1-1 不同设计阶段的设计管理重点

设计阶段	设计管理重点
概念设计阶段	项目前期设计策划
	项目设计管理模式
	项目概念设计复核
初步设计阶段	设计工作范围
	设计资源配置
	对合同的理解与掌握
	基本设计报告
最终设计阶段	详细设计文件和图纸质量控制程序
	设计文件和图纸质量报批管理
	设计与采购、施工的接口管理
	重大技术方案管理
	业主、工程总承包商和咨询工程师之间的沟通管理

管理均考虑并服务于项目整体绩效，设计团队不仅需要完成本身的设计工作，还应在项目前期提前介入招投标工作，在采购和施工阶段及时结合供应商信息和现场情况修改完善设计方案，并在项目交付使用后进行回访和总结。由此可见，水电 EPC 项目的设计管理需深入了解并发挥设计采购施工一体化优势，保障项目顺利实施。

由于设计在 EPC 项目的龙头地位，设计方与施工方、采购方之间的接口管理尤为重要。设计方提交的设计图纸是施工的参考依据，在设计产品中规定的功能和技术要求也决定了采购环节材料、设备的选择。采购过程的预算成本对设计的实现起到约束作用，施工过程对物资的使用情况也对设计方案的优化变更有反馈促进作用。加强设计、采购和施工各方的沟通协调，对提高设计方设计能力，提升项目设计管理水平意义重大。

2.1.2.5 项目绩效

项目绩效是衡量项目成败最重要的指标，不仅包括项目投资成本、收益等经济效益，还包括项目实施过程中的质量、进度和安全等指标。同时，职业健康、环保、移民及社会效益虽不能定量化表示，但依然是评价项目成效的重要参考。项目各方建立伙伴关系、提高项目设计管理水平和工程总承包商设计能力的最终目标是项目绩效的提升，因此，将项目绩效作为输出指标引入设计管理模型非常必要。

基于伙伴关系的 EPC 项目设计管理理论模型如图 2.1-3 所示。

将伙伴关系理论引入 EPC 项目的设计管理，以便业主从合作关系视角宏观把控项目质量和进程，有助于设计方充分发挥专业优势，以合作共赢的理念完成设计工作，使设计产品更加优质可行，提高设计管理水平；也有助于工程总承包商充分发挥 EPC 设计施工一体化优势，降低协调成本，优化工程设计管理，提高项目绩效。同时，各利益相关方通过协同合作达到预期目标并高质量完成项目，反过来也可促进各方建立长期的战略伙伴关系。通过调研数据分析杨房沟项目设计管理现状并进行实证研究，可以进一步揭示项目各方伙伴关系、设计管理水平以及工程总承包商设计能力与项目整体绩效之间的关系。

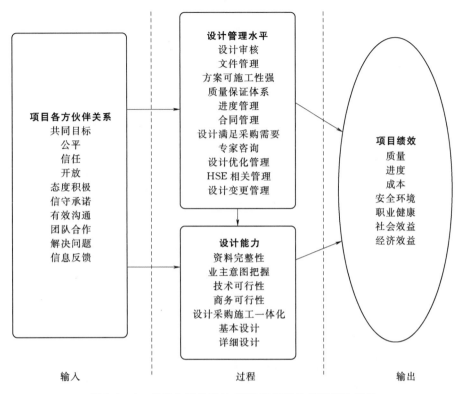

图 2.1-3　基于伙伴关系的 EPC 项目设计管理理论模型

2.2　杨房沟项目设计管理

2.2.1　杨房沟项目组织结构

　　杨房沟项目是我国第一个应用 EPC 模式的大型水电项目，项目主要参与方如下。

　　1. 业主

　　雅砻江流域水电开发有限公司（以下简称"雅砻江公司"）为项目业主，杨房沟建设管理局（以下简称"管理局"）是雅砻江公司派驻工程现场的常驻机构，在授权范围内代表雅砻江公司履行杨房沟项目建设管理业主职责。杨房沟建设管理局（业主）组织机构如图 2.2-1 所示。

　　2. 工程总承包商

　　中国水利水电第七工程局有限公司与华东勘测设计研究院有限公司联合组成"中国

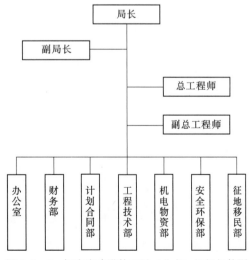

图 2.2-1　杨房沟建设管理局（业主）组织机构图

水电七局-华东院雅砻江杨房沟水电站设计施工总承包联合体",共同履行杨房沟水电站主体工程总承包合同义务,水电七局为联合体责任方。工程总承包联合体组织机构如图2.2-2所示。

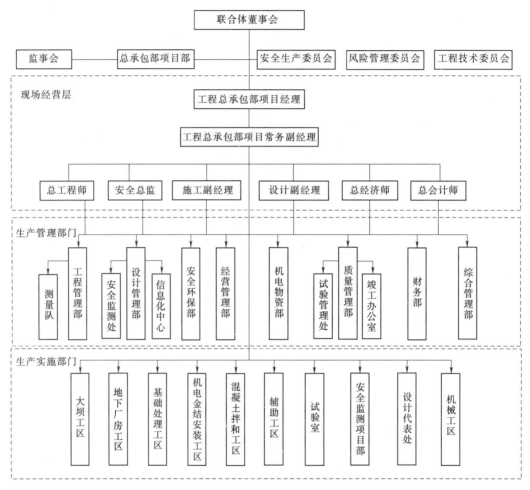

图 2.2-2　工程总承包联合体组织机构图

3. 监理

长江水利委员会工程建设监理中心和长江勘测规划设计研究有限责任公司联合成立了"长江委监理中心-长江设计公司杨房沟水电站总承包监理部",承担和组织杨房沟水电站EPC项目的监理工作,履行监理合同规定的工作任务。杨房沟水电站总承包监理部组织机构如图2.2-3所示。

杨房沟项目招标前由业主委托设计单位依照 DBB 模式进行可行性研究,水电站核准后才决定采用 EPC 模式。项目前期可行性研究工作和后期设计工作由同一家设计单位负责,项目招标前已基本完成水电站前期的准备工程和电站施工区的征地移民工作,大坝和厂房设计达到 DBB 模式下招标深度,为工程总承包商的初步设计工作节省了一大部分资源。

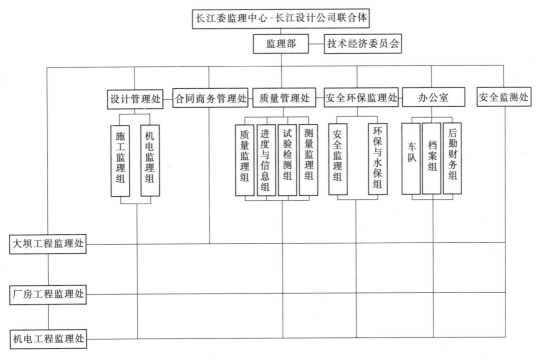

图 2.2-3　杨房沟水电站总承包监理部组织机构图

2.2.2　杨房沟项目设计管理情况

2.2.2.1　杨房沟项目设计问题

1. 设计问题影响程度

通过影响程度和发生频率两个维度评价杨房沟项目实施过程中的设计问题。影响程度评价结果见表 2.2-1，其中 1 分代表影响很小，5 分代表影响很大。

表 2.2-1　　　　　　　　　设计问题影响程度评价结果

指　标	得分	排序
设计信息收集不足	3.77	1
设计意图不清晰	3.69	2
设计返工	3.54	3
设计方案可施工性不佳	3.50	4
设计工期拖延	3.50	
设计失误、缺陷	3.46	6
产品型号、品牌和工程具体范围不确定等导致造价有所偏差	3.46	
设计未达到设备制造和采购方案编制深度	3.46	
设计审批周期长	3.44	9
设计与采购、施工协调效率低	3.38	10
设计批复率低	3.35	11

续表

指　　标	得分	排序
由费用等设计资源投入不足造成的设计问题	3.33	12
所设计项目成本较高，性价比不合理	3.31	13
设计方案技术上缺乏竞争力	3.29	14
环保相关设计问题	3.13	15
设计变更流程不规范	3.08	16
设计事务处理过程中各方沟通交流不畅	3.06	17
移民相关设计问题	3.04	18
设计问题导致争端与索赔	3.02	19
设计优化问题	2.98	20
设计信息管理不规范	2.92	21
均　　值	3.32	

由表 2.2-1 可知，21 项设计问题影响程度得分介于 2.92～3.77 分，表明所列设计问题对杨房沟项目实施都有一定的影响。其中，"设计信息收集不足"得分最高，影响程度最大。将上述问题分类如下，以便更有侧重地对不同设计问题进行管控。

（1）设计方案技术经济问题。"设计信息收集不足"排名第 1 位，地质、水文等基础资料信息是设计的基础，业主提供的资料较少或者工程总承包商收集信息的投入力度不足都会引起设计方案的技术问题，同时也会造成业主项目造价过高，或工程总承包商投标报价偏差大。"设计意图不清晰"排名第 2 位，设计意图对整个项目设计过程非常重要，决定设计产品如何实现业主要求和项目目标。"产品型号、品牌和工程具体范围不确定等导致造价有所偏差""所设计项目成本较高，性价比不合理"和"设计方案技术上缺乏竞争力"分列第 6、第 13 和第 14 位，也是值得重视的设计问题。

（2）设计质量管理相关问题。"设计失误、缺陷""设计批复率低"和"环保相关设计问题""移民相关设计问题"分列第 6、第 11、第 15 和第 18 位。设计质量与工程质量密切相关，这些问题不仅涉及设计团队自身能力，也涉及社会和环境问题；此外，设计方与监理方的沟通流程与设计批复率密切相关。

（3）设计进度管理相关问题。设计进度管理相关问题包括"设计返工""设计工期拖延"和"设计审批周期长"，分列第 3、第 4 和第 9 位。

（4）设计接口管理相关问题。"设计方案可施工性不佳""设计未达到设备制造和采购方案编制深度""设计与采购、施工协调效率低""设计变更流程不规范""设计事务处理过程中各方沟通交流不畅""设计问题导致争端与索赔"和"设计信息管理不规范"分列第 4、第 6、第 10、第 16、第 17、第 19 和第 21 位。设计与采购、施工业务的协调问题会不同程度地影响项目的实施，也是设计管理的重点。参建各方接口管理不完善，沟通协调效率低下，会影响设计方案的可施工性和采购业务的进展。关键设计信息管理和设计变更流程不规范也会影响项目质量、进度和成本，甚至可能导致争端与索赔。

（5）激励机制相关问题。"由费用等设计资源投入不足造成的设计问题"和"设计优化问题"分列第 12 和第 20 位，是与激励机制相关的设计问题。业主与工程总承包商达成合理的合同价格，使设计方有充足资源投入设计工作，可在一定程度避免设计问题。同时，设计优化问题也值得关注，工程总承包商期望通过设计优化节约成本，获取更大的利润空间；但业主担心过度设计优化会影响项目的安全性，对设计优化的管控较为严格。

2. 设计问题发生频率

对杨房沟项目设计问题发生频率进行评价，结果见表 2.2 - 2，其中 1 分代表很少发生，5 分代表经常发生。

表 2.2 - 2　　　　　　　　　　设计问题发生频率评价结果

指　　标	得分	排序
设计审批周期长	2.48	1
设计方案技术上缺乏竞争力	2.44	2
设计优化问题	2.31	3
产品型号、品牌和工程具体范围不确定等导致造价有所偏差	2.27	4
设计信息收集不足	2.27	
设计返工	2.23	6
设计方案可施工性不佳	2.21	7
设计批复率低	2.19	8
移民相关设计问题	2.17	9
设计工期拖延	2.15	10
环保相关设计问题	2.13	11
所设计项目成本较高，性价比不合理	2.10	12
设计失误、缺陷	2.02	13
设计与采购、施工协调效率低	2.00	14
设计变更流程不规范	1.98	15
设计意图不清晰	1.96	16
设计未达到设备制造和采购方案编制深度	1.94	17
设计事务处理过程中各方沟通交流不畅	1.94	
设计问题导致争端与索赔	1.94	
设计信息管理不规范	1.90	20
由费用等设计资源投入不足造成的设计问题	1.88	21
均　　值	2.12	

由表 2.2 - 2 可知，21 项设计问题发生频率平均得分为 2.12 分，表明杨房沟项目设计问题整体控制较好。项目建设过程中"设计问题导致争端与索赔""设计信息管理不规范"和"由费用等设计资源投入不足造成的设计问题"排名后 3 位，表明杨房沟项目设计职责由工程总承包商负责后，设计问题导致的争端与索赔矛盾已不突出；项目运用 BIM 系统等创新手段进行设计管理，设计信息无纸化程度高，设计信息化管理较为规范；业主和工程总承包商对设计高度重视，投入的设计资源较为充分。

"设计审批周期长"和"设计优化问题"排名第1和第3位，表明设计审批流程和设计优化值得重点关注。设计图纸的审批需要工程总承包商内部会签之后交付给设计监理审批，必要时还要提交外部专家咨询，设计审核环节较多，需不断优化设计审批流程，以提高设计审批效率。EPC模式下设计优化的效益归属于工程总承包商，工程总承包商以联合体形式承建项目，业主担心工程总承包商进行过度设计优化导致安全裕度过低，对今后运营带来质量安全隐患，如何进行设计优化管控值得关注。

3. 综合评价

将杨房沟项目设计问题影响程度和发生频率得分情况绘成二维象限图，如图2.2-4所示。

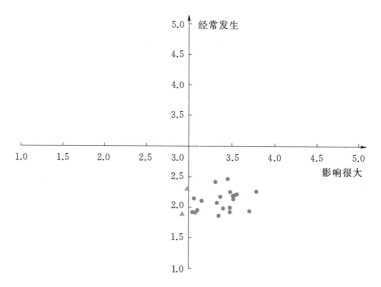

图 2.2-4 设计问题影响程度与发生频率关系

由图2.2-4可知，设计问题大多集中在第四象限内，表明在杨房沟项目中对这些设计问题把控整体较好。为进一步研究关键设计问题的管理重点，将影响程度与发生频率象限图放大，如图2.2-5所示。

由图2.2-5可知，"设计失误、缺陷""设计意图不清晰"和"设计未达到设备制造和采购方案编制深度"等设计问题虽然影响程度较大，但发生频率很低，表明杨房沟项目中对这些设计问题管理较好。

4. 杨房沟项目设计管理水平

杨房沟项目设计管理水平评价结果见表2.2-3，其中1分代表完全不符，5分代表完全符合。

由表2.2-3可知，所列11项指标得分均在3.90分及以上，均值为4.08分，表明杨房沟项目设计管理水平较高。其中，"对设计方案设置有造价核算、质量审核和进度分析等完善的设计审核流程，确保设计方案符合要求""项目参与方之间有关设计的所有文件管理规范"和"设计方案考虑资源可获得性和现场施工需求，具有可施工性"以4.21分

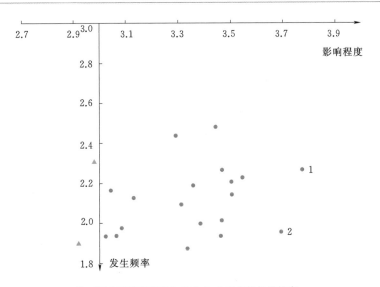

注：图中元素旁数字为表 2.2-1 对应指标的排序。

图 2.2-5　设计问题影响程度与发生频率关系局部放大图

表 2.2-3　　　　　　　　　　　杨房沟项目设计管理水平评价结果

指　　　标	得分	排序
对设计方案设置有造价核算、质量审核和进度分析等完善的设计审核流程，确保设计方案符合要求	4.21	1
项目参与方之间有关设计的所有文件管理规范	4.21	
设计方案考虑资源可获得性和现场施工需求，具有可施工性	4.21	
建立设计质量保证体系，作为设计部门开展工程设计的依据	4.15	4
依据具体的总施工进度规划，各设计部门提前编制并严格执行相应出图计划	4.13	5
工程总承包商合同中明确设计的深度和责任	4.08	6
设计及时准确提供技术规格，满足采购计划制定、供货商选择和设备制造、交付、安装与调试	4.06	7
引入外部咨询专家，审核关键技术方案，为项目部设计管理提供技术支持	4.02	8
结合现场信息对设计方案进行优化，并及时协调、推动实施	4.00	9
设计过程及时集成环保移民等信息，设计方案满足 HSE 要求	3.92	10
设计变更引起的争端和索赔处理及时	3.90	11
均　　　值	4.08	

并列第 1 位，表明杨房沟项目在设计文件的管理、审核以及设计质量、进度要求方面表现较好，同时充分发挥了设计施工联合体的优势，在设计阶段考虑施工技术可行性，使设计方案具有较好的可施工性。

5. 杨房沟项目设计能力

杨房沟项目设计能力评价结果见表 2.2-4，其中 1 分代表完全不符，5 分代表完全符合。

表 2.2-4   杨房沟项目设计能力评价结果

指　标	得分	排序
能较为完整地掌握设计基础资料	4.23	1
能以建筑物功能特性、工程任务及建设范围为基础，编制初步设计方案，并具有技术可行性	4.15	2
能在基础设计过程中积极对初步设计方案进行优化，提出可及时获批的重大技术方案，且具有完整可行性	4.08	3
所设计项目报价在商务上具有可行性	4.08	
能保证设计图纸的进度和深度符合采购施工要求，确保项目顺利推进	4.02	5
能充分利用自身设计能力，基于招标文件准确把握业主意图	4.00	6
能基于基础设计，提供可及时获批的施工技术要求、详细设计计算方案和施工图纸	3.96	7
均　值	4.07	

由表 2.2-4 可知，设计能力评价得分均值为 4.07 分，表明工程总承包商有较高的设计能力。其中，"能较为完整地掌握设计基础资料"和"能以建筑物功能特性、工程任务及建设范围为基础，编制初步设计方案，并具有技术可行性"分别排名第 1、第 2 位，表明杨房沟项目工程总承包商的基础资料收集和初步设计能力较为突出，在很大程度上归因于杨房沟项目前期设计工作已较为深入充分。"能基于基础设计，提供可及时获批的施工技术要求、详细设计计算方案和施工图纸"排名末位，表明及时完成完整高质量的详细施工设计方案并通过审批仍然是工程总承包设计方面临的挑战。

6. 杨房沟项目参与方伙伴关系

杨房沟项目参与方伙伴关系各要素实现程度情况见表 2.2-5，其中 1 分代表完全不符，5 分代表完全符合。

表 2.2-5   杨房沟项目参与方伙伴关系各要素实现程度情况

要素	定　义	得分	排序
共同目标	双方均能清楚认识到大家共同的目标，并致力于实现这些目标	4.11	1
有效沟通	相互间建有完善的正式与非正式交流渠道，以促进有效沟通	4.04	2
承诺	双方信守承诺	3.98	3
解决问题	相互间建有完善的解决问题和争端的方法与流程	3.94	4
态度	对他方提议态度积极	3.88	5
公平	双方处事公正	3.88	
及时反馈	信息反馈迅速，以及时调控项目活动	3.85	7
团队建设	鼓励团队合作，促使每个成员积极参与	3.85	
开放	相互间有开放的氛围，以鼓励信息顺畅交流	3.72	9
信任	双方相互信任	3.67	10
均　值		3.89	

由表 2.2-5 可知，杨房沟项目中各利益相关方之间伙伴关系的实现程度指标得分最低为 3.67 分，表明该项目参与方间伙伴关系实现程度较高。其中，"双方均能清楚认识到大家共同的目标，并致力于实现这些目标"得分最高，"相互间建有完善的正式与非正式交流渠道，以促进有效沟通"列第 2 位，可见项目各方有明确的共同目标，建有相对完善的沟通交流机制，能够积极履约，努力建设出高效优质的工程项目。"双方相互信任"排名最末，表明业主与工程总承包商、供应商间信任程度相对较低，这与建设行业还存在企业自律问题的大环境有关，可以解释为何业主对项目监管投入依然较大。

进一步分析项目各方伙伴关系各要素实现程度之间的关系，结果见表 2.2-6。结果表明，项目参与方伙伴关系各要素相互关联，验证了伙伴关系理论模型各要素之间的作用机理。

表 2.2-6　　　　　　　　　杨房沟项目参与方伙伴关系要素间相关性

要素	共同目标	态度	承诺	公平	信任	开放	有效沟通	团队建设	解决问题	及时反馈
共同目标	1									
态度	0.579②	1								
承诺	0.401②	0.528②	1							
公平	0.359①	0.523②	0.494②	1						
信任	0.458②	0.540②	0.549②	0.540②	1					
开放	0.536②	0.330①	0.057	0.422②	0.489②	1				
有效沟通	0.614②	0.506②	0.398②	0.379②	0.330①	0.478②	1			
团队建设	0.433②	0.410②	0.311①	0.512②	0.368①	0.643②	0.456②	1		
解决问题	0.555②	0.521②	0.413②	0.665②	0.450②	0.471②	0.681②	0.583②	1	
及时反馈	0.386②	0.390②	0.468②	0.381②	0.421②	0.212	0.557②	0.333①	0.496②	1

① 表示相关显著性在 0.05 级别。

② 表示相关显著性在 0.01 级别。

通过典型分析法可以进一步研究杨房沟项目参与方伙伴关系中具有代表性的要素，见表 2.2-7。典型指数具体计算公式为

表 2.2-7　　　　　　　杨房沟项目参与方伙伴关系典型指数分析

要　素	典型指数	要　素	典型指数
解决问题	0.296	信任	0.218
有效沟通	0.250	团队建设	0.214
共同目标	0.238	开放	0.192
态度	0.237	承诺	0.181
公正	0.234	及时反馈	0.173

$$R_k^2 = (\sum_{i=1}^{k-1} r_{ik}^2 + \sum_{i=k+1}^{m} r_{ik}^2)/(m-1) \qquad (2.2-1)$$

式中：m 为要素数量，在此选为 10；r_{ik} 为对应指标间的皮尔逊相关系数。

例如，"信任"要素的典型指数可以用 $R_1^2 = (0.458^2 + 0.540^2 + 0.549^2 + 0.540^2 + 0.489^2 + 0.330^2 + 0.368^2 + 0.450^2 + 0.421^2)/(10-1) = 0.218$ 来计算。

从表 2.2-7 可以看出，"解决问题"典型指数为 0.296，排名第 1 位，表明杨房沟项目各方伙伴关系要素中解决问题是关键，该要素很大程度上能够反映伙伴关系的实现情况。

7. 杨房沟项目绩效评估

对杨房沟项目绩效进行评价，结果见表 2.2-8，其中 1 分代表非常差，5 分代表非常好。

表 2.2-8   EPC 项目绩效评价结果

指　标	平均值	排序
项目质量	4.35	1
项目社会效益	4.23	2
项目进度	4.23	
项目经济效益	4.23	
安全（S）	4.21	5
职业健康（H）	4.21	
环境（E）	4.15	7
项目成本	3.98	8
均值	4.20	

由表 2.2-8 可知，在杨房沟项目绩效评价中，各指标得分均在 3.98 分及以上，说明项目的进度、质量、安全管理整体把控较好。其中，"项目质量"得分最高（4.35 分），这很大程度上归因于杨房沟项目各方建立了系统的质量管理体系并高效执行。杨房沟项目参建各方秉持质量第一的工程建设理念，高度重视工程实体质量的管理工作。同时，项目质量责任全面落实到参建各方，强化工程总承包商的质量主体责任以及业主和监理方的全面监管责任，加大质量控制力度。质量管理向规范化方向靠拢，重视质量检测工作，通过引进试验检测中心、物探与灌浆检测中心、测量中心等专业质检机构，使工程质量状况有全面的客观评价。杨房沟项目以创国优工程为目标，对工程质量行为重奖重罚，并通过质量专项检查、质量月、观摩学习和技能比武等活动增强建设人员的质量意识，使工程质量绩效稳居首位，取得开工以来各工程项目单元（分项）工程质量验评合格率 100%、土建单元工程优良率大于 95% 的显著成效。

2.2.2.2 基于伙伴关系的杨房沟项目设计管理理论模型验证

采用回归分析验证了基于伙伴关系的杨房沟项目设计管理理论模型，模型各回归分析路径参数见表 2.2-9，模型路径验证结果如图 2.2-6 所示。

表 2.2 - 9　　基于伙伴关系的杨房沟项目设计管理理论模型各回归分析路径参数

路径	自变量	因变量	R	R^2	R_a^2	F	β	t	显著性
1	项目各方伙伴关系	设计管理水平	0.473	0.224	0.207	13.261	0.473③	3.642	0.001
2	项目各方伙伴关系	设计能力	0.651	0.424	0.398	16.552	0.378②	2.947	0.005
	设计管理水平						0.380②	2.960	0.005
3	设计管理水平	项目绩效	0.563	0.316	0.286	10.419	0.303①	2.041	0.047
	设计能力						0.334①	2.244	0.030

注　R_a^2 为调整后的 R^2 值；β 为标准回归系数。

① 表示相关显著性在 0.05 级别。

② 表示相关显著性在 0.01 级别。

③ 表示相关显著性在 0.001 级别。

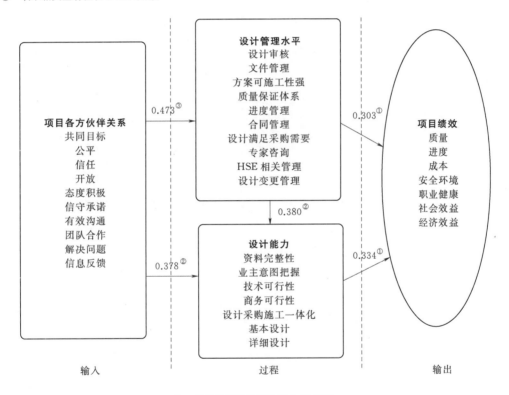

注：①表示相关显著性在 0.05 级别。
②表示相关显著性在 0.01 级别。
③表示相关显著性在 0.001 级别。

图 2.2 - 6　基于伙伴关系的杨房沟项目设计管理理论模型验证

如图 2.2 - 6 所示，基于伙伴关系的杨房沟项目设计管理理论模型中的 3 条路径具体如下：

路径 1：项目各方伙伴关系→设计管理水平→项目绩效，表明项目各方通过建立良好的伙伴关系可以有效提升项目的设计管理水平，从而提高项目的整体绩效。项目各方的伙伴关系有助于业主、监理方和工程总承包商就设计问题展开高效沟通，及时审批设计图纸，使设计方案满足采购和施工要求。

路径2：项目各方伙伴关系→设计能力→项目绩效，表明参建各方伙伴关系对工程总承包商在该项目的设计能力有正向促进作用，伙伴关系可以帮助设计方更好地领会业主意图和监理方的要求，同时便于与采购、施工方高效沟通，掌握更为全面的设计基础资料，提高设计能力，以提升项目绩效。

路径3：项目各方伙伴关系→设计管理水平→设计能力→项目绩效，表明参建各方伙伴关系还可以通过加强设计管理，进一步促进工程总承包商设计能力提升，实现项目预期目标。

2.2.3 杨房沟项目设计管理分析

2.2.3.1 EPC模式与DBB模式设计管理差异

从项目参建各方不同视角看，EPC模式与DBB模式在设计管理方面有诸多差异，主要体现在设计优化动力、设计方案可施工性、进度管理、设计监理和合同管理等方面，具体情况见表2.2-10。

表2.2-10　　　　　　　　　EPC模式与DBB模式设计管理差异

访谈单位	部门	内　　容	分类
工程总承包商	设计管理部	DBB模式下设计人员多站在业主角度设计优化，EPC模式下多以工程总承包商角度考虑设计问题。EPC模式设计优化动力更大，积极性更强	设计优化动力
工程总承包商	施工管理部	EPC模式下设计角度不同，所有的事情都是"我"的事情	设计优化动力
工程总承包商	设计管理部	DBB模式下就看规范规定进行设计，EPC模式下设计任何一套产品都要考虑施工便利性，并在报审之前与施工方协调，内部讨论修改之后才会提交审核	设计方案可施工性
工程总承包商	机电物资部	EPC模式下工作心态不一样了，施工方找设计方不像以前感觉拜托帮忙，大家是利益共同体	设计方案可施工性
工程总承包商	施工管理部	DBB模式下画图有些"纸上谈兵"，现场信息量更大，不可能像设计时简化的那么理想；EPC模式下"设计—校核—审查"流程很完善，设计方案结合现场信息及时调整	设计方案可施工性
工程总承包商	设计管理部	EPC模式下效益明显，进度很快，设计必须考虑出图时间是否满足施工进程	进度管理
业主	工程管理部	DBB模式下为考虑工程安全，设计方案让加锚索就加，EPC模式下工程总承包商合同设计方考虑较多，安全风险需要注意	安全管理
监理	总监	EPC模式下监理工作范围和职责相对DBB模式做了加法，同时协调工作更多；增加了设计监理，对监理人员专业和管理水平要求更高，压力更大	设计监理
业主	计划合同部	DBB模式下合同数量多，EPC模式下合同管理相对简化，设计类合同不再单列，包含在工程总承包商合同中，设计变更也比以前少很多	合同管理
监理	设计监理处	DBB模式法律规定详细明确，EPC模式尚无完善的法律制度，尤其是设计监理的工作范围等，没有具体要求	法律制度

1. 业主视角

杨房沟项目采用 EPC 模式，工程总承包商依据总承包合同进行设计施工的自主性增强，总投资变动范围较小，业主对进度、成本、合同等方面的管理压力降低。地质风险、设计施工不融合、不同标段之间的交叉干扰不再是合同争议的重点，项目实施过程中的设计变更和索赔事项明显减少，合同管理复杂性大为降低。

与此同时，EPC 模式改变了承包商的盈利模式，工程总承包商可能过度进行设计优化，导致工程设计安全裕度有所降低，出现质量安全问题。为此，业主通过全面落实各参建方的质量责任，强化工程建设全过程质量监管工作；在关键技术方案审核节点引入外部咨询专家，为项目部设计管理提供技术支持，保证设计产品的可靠性。杨房沟项目中，参建各方依托 BIM 系统实现设计图纸有效审批和跟踪，并增加设计监理使设计审查专业高效，项目的设计优化总体控制合理良好。

2. 工程总承包商视角

（1）设计视角。EPC 项目设计方需重点考虑设计产品出图时间和可施工性，并结合现场信息及时优化调整设计方案。杨房沟项目创新性地采用设计施工联合体总承包模式，设计方所站角度从业主向工程总承包商转变，设计方的时间意识、优化意识和与施工方的配合意识增强。专业设计部门依据制定的工程施工总进度计划，提前编制出图计划，并按计划执行，避免了设计图纸工期拖延影响现场施工进度的事件发生。在设计审核流程中，杨房沟项目增加了工程总承包商内部会签环节，设计方与施工方的沟通顺畅，有效提高了设计产品的可施工性，大大控制了因现场施工不便导致设计返工的现象。例如，在治理滑坡危岩体时，滑坡体在汛期出现较大变形，设计人员结合施工进度，及时调整设计方案，使危岩体沉降得以有效控制。

（2）施工视角。施工方对 EPC 项目的设计管理起到不容忽视的作用。施工方积极参与设计进度计划和设计图纸的编制与审核，可以提高设计产品的质量，使设计融合现场施工信息，更具施工便利性。杨房沟项目工程总承包商施工方不仅在施工时及时反馈现场信息，协调设计方修改图纸，也在设计出图前积极与设计部门沟通，为设计方案从可施工性角度提供建设性意见。例如，设计方提出的设计方案中，设置的马道宽度只能实施人工作业，施工方提出可以加宽 1m 以便机械作业；设计方结合施工方的反馈修改了设计方案，节省了人力资源的投入，便利了施工条件，降低了作业成本。

3. 监理视角

相比 DBB 模式，EPC 模式下监理的工作范围扩大，对监理的安全和质量监管责任提出了更高要求。监理方的设计管理工作包括两部分：一是设计方案的审查，二是项目现场的监督反馈。杨房沟项目创新引入设计监理，通过巡视施工现场，将现场信息有针对性地反馈给设计人员，推进设计方案的修改和完善。设计监理在定期召开的协调会议和专家咨询会议中，常作为主持者组织各方沟通交流，为项目设计的全过程管理具体把关。然而，设计监理也面临信息不对称、介入深度难界定等难题。

2.2.3.2　设计管理需重点关注的因素

1. 设计审批

（1）设计审批问题。设计审批问题是 EPC 项目设计管理的重点，项目实施过程中常出现设计审批周期长、设计批复率低等问题。EPC 项目设计审批访谈结果见表2.2-11。

表 2.2 - 11 EPC 项目设计审批访谈结果

访谈单位	部门	内　容
工程总承包商	设计管理部	项目实施前期最大的问题是增加了设计监理的审批环节，审批周期变长，有时会影响现场施工。同时，业主考虑后期的运营，对安全系数要求较高，设计意图会受到干扰
工程总承包商	设计管理部	设计审批中外部专家的咨询需要较为深入，前后邀请过很多国内专家对利益相关方产生矛盾的地方进行定夺
工程总承包商	工程技术部	设计审批流程清晰，但是实施效率较低。虽然规定了每一版图纸的审批时长，但同一图纸可能需要反复修改，审批周期较长
业主	工程管理部	现阶段设计审查工作的主要难点是审查范围、内容和审查权限的设置难以明确界定
工程总承包商	机电物资部	设计部门的出图时间首要考虑到设计审批的时间，重要图纸需上报业主单位审核。设计方案详细、有深度，就会缩短设计审批周期

具体而言，设计审批问题包括审批周期长、设计意图受干扰大和审查意见中设计修改范围难以确定等。

1) 设计审批周期。杨房沟项目设计审批的流程相较传统 DBB 模式创新增加了设计监理的审查和工程总承包商联合会签制度，设计审批环节增多，周期变长。杨房沟项目的设计图纸大多都从第一版修改到第二、第三版，有的甚至反复修改到第五版。另外，设计方依据设计监理提出的意见修改后重新提交的方案往往仍有问题，就需要重新走一遍审批流程，再加上重要方案需提交业主批准，审批时间延长。

从实践情况来看，尽管设计审批时间较长，但每个环节都是必要且合理的，对提高设计产品质量有利。例如，杨房沟项目地下洞室规模大，应用现有设计方案施工后出现变形，业主和监理方认为需停止开挖，而设计方主张变形影响不大可以继续开挖。各方意见不统一时邀请了水规总院、黄委会和长委会的专家确定了最终方案，虽然增加了审批时间，但提高了设计图纸的可靠性。为保证长周期的运营安全，业主往往宁可增加投资和时间成本也要确保设计方案的质量。因此，为解决设计审批周期长的问题，参建各方应在注重关键设计环节的同时，着力提高设计审批整体效率，包括做好设计相关接口管理和对送审的图纸及时给出批复意见等。

2) 设计意图。设计图纸从送审至核定通常需要经过多人审核，审核者对设计意图的干涉较大，每个人的审核意见不尽相同，就可能出现审查意见不停改变的局面。例如，左右岸爬梯设计方案经设计监理审查通过后上报业主，但业主批复的更改意见与设计监理有所不同，设计方只能重新设计报审。业主、监理方和设计方应在出图前加强沟通和交流，统一设计意图，避免设计意图相悖的情况发生。

3) 设计审查意见。杨房沟项目设计文件的审查意见结论有 3 种，分别为：①同意按申报文件实施；②按审查意见要求补充、完善后付诸实施；③按审查意见要求补充、完善后重新申报。设计审查关系到整个工程的质量安全，责任非常重大，而通过、修改和驳回等不同的审查意见难以准确定义，使设计审查工作的难度增大。对此，应注重配置专业素养高的设计监理和业主审核人员，具备较强的设计能力和丰富的设计审核经验，对设计图纸的安全性、可靠性和可施工性能够准确把握。

（2）设计审批建议。参建各方应从自身和相互合作的角度为提升设计审批效率和提高设计质量做出努力。

1）工程总承包商：应在深入理解合同的基础上，加强 EPC 设计管理，避免设计文件不精细、缺乏必要的计算和规范支持；准确领会业主、监理方意图，从合同、技术、规范等多角度及时响应业主、监理方提出的问题。

2）监理方：应明确设计审查深度和审核标准，注重与工程总承包商之间的沟通，以有效解决在地形地质资料和计算书方面信息不对称问题，及时准确给出审批意见，并应关注因设计优化可能带来的设计方案安全裕度降低的情况。

3）业主：应注重按合同和规定的标准及时给出设计批复意见，遇到重难点设计问题时，可召开专业咨询会议借助外部专家确定设计方案的合理性和可靠性；并应赋予监理方足够合理的权限，使监理方能高效进行设计审批工作。

2. 设计优化

EPC 项目中工程总承包商为使报价具有商务竞争力以成功中标，需通过项目实施过程中的设计优化控制成本，以降低财务风险。杨房沟项目关于设计变更管理的规定为：总承包合同设计变更管理规定凡涉及方案调整的，工程总承包商需编制变更报告，经监理方初审后上报业主审核；同时，为提高效率，项目参建方商定由工程总承包商在最近一次的设计监理月例会上提出变更意向供会议讨论。后续过程中，由监理方督促工程总承包商严格落实，以避免"未批先干"的现象发生。

项目设计优化访谈结果见表 2.2-12，不同专家所属部门不同，代表的利益不同，看待设计优化的角度也有所差异。

表 2.2-12　　　　　　　　　项目设计优化访谈结果

访谈单位	部门	内　　容
业主	计划合同部	工程总承包商和监理方都有相应的咨询委员会负责审查设计优化的合理性，审查结果具有权威性
监理	安全环保处	设计优化无法用准确的界限衡量是否合适，大的优化需要业主总部批准，小的优化谁也没法确定。例如，确定某个参数，1.1 和 1.2 都满足规范要求，严格来说都是合格的，但业主和监理方会考虑安全裕度
工程总承包商	施工管理部	设计优化必须建立在不影响质量、功能和安全的基础上。设计监理对设计优化的管理比较严格，大型优化需要召开咨询审查会，有一套固定审批流程
监理	大坝厂房施工部	监理方工作的难点是防止工程总承包商过度设计优化
监理	设计监理处	最矛盾的是设计优化越多，设计监理成本越高；设计优化越多，监理工作量越多

EPC 模式下工程总承包商在不影响项目质量、功能和安全的基础上倾向于进行减少工程量、降低施工成本和提高可施工性的优化。同时，业主和监理方从长期运营角度考虑，对设计方案的安全裕度要求较高，对设计优化管理较为严格。杨房沟项目对设计优化的管理按照分级进行审查，费用减少 100 万元以内或增加 200 万元以内是监理权限，费用减少 100 万元以上或增加 200 万元以上要报业主审核确认后监理批复。业主对设计优化导致的成本变动下限控制严格，可在一定程度上将过度设计优化对项目质量安全的威胁降低。同时，业主非常重视设计优化评估机制的建立，引入水规总院作为杨房沟技术咨询评

审单位，并在质量监督、安全鉴定等单位的过程检查中对设计优化进行动态评估，确保设计优化不影响项目的安全；并对施工效果评估较差的方案及时调整改进，防止过度设计优化影响项目的顺利实施。

3. 地质风险

杨房沟项目具有大规模地下洞室群，地质风险大。危岩体治理风险较大，如花岗闪长岩节理裂隙较为发育等地质状况带来的问题。地质勘探、地形复核等工作对设计产品的可靠性影响较大，项目现场的地质环境变化、基础数据有误等原因都会使设计计算具有较大偏差。同时，监测数据出现异常时的应对措施应该引起高度重视。在出现异常情况时，监理方和业主应在知晓后立即组织现场查勘和专题会议，以要求设计方立即组织分析和应对，保证工程措施的及时性和有效性，将损失降到最低。

2.2.3.3 设计管理创新点

1. 业主总体把控设计方案的安全性与合理性

关注重大设计方案的安全、质量，在关键技术方案审核节点引入外部咨询专家。业主、工程总承包商和监理方都有相应的咨询委员会，负责审查重大设计方案和优化设计方案的安全性与合理性，审查结果具有权威性。

2. 工程总承包商设计施工联合体

相对于其他 EPC 项目，设计方与施工方通常是总分包关系，一体化管理程度不高。工程总承包商在投标前成立设计施工联合体，按照比例来进行利益共享和风险共担。联合体双方遵守相同的联合体运营规则和章程，具有共同的目标，共同参与管理，同工同酬，共同为项目服务，以更好地进行合同履约。

在杨房沟项目的设计管理中，设计与施工、采购的融合主要依靠工程总承包商内部，辅助以监理方和业主在过程中的督促。设计审查环节增加工程总承包商内部会签制度，在正式出图前设计施工充分沟通，提高设计方案的可施工性；现场施工过程遇到问题，施工方可以及时与设计方交流，设计方可以前往现场详细了解情况，及时调整设计方案。联合体实行联合办公，方便沟通协调，实现了设计与施工的深度融合，提升了项目实施绩效。

3. 基于 BIM 系统的设计管理

杨房沟项目的业主、工程总承包商和监理方共同使用 BIM 系统，使设计图纸的审批流程减少，提高了各方接口管理的效率，实现了项目管理的信息化和数据化。BIM 三维模型设计细致，精确到单元工程，与质量、投资、进度、安全等紧密结合，包括报审系统、质量验评电子化、智能温控、智能灌浆等，功能齐全，具有可追溯、不可篡改、实时统计和降低质量风险等优势。

2.3 水电 EPC 项目设计监理

2.3.1 EPC 项目监理模式

2.3.1.1 国际 EPC 项目监理模式

1. 监理工程师工作依据

针对国际 EPC 项目的研究表明，项目中监理具有较大的职权，尤其在非洲、拉美等国家的项目中，基本已经形成"小业主、大监理"的模式，为业主提供全面的咨询服务并对承包商项目实施过程进行审批和管控。国际 EPC 项目中，监理工程师须得到业主认可，一般由业主指派或招标确定，有时设计方和监理方为同一家单位，负责审批图纸并监管项目的执行情况。一般而言，监理工程师对项目进行管控的依据主要有以下 3 个方面：

（1）相关法律法规及 EPC 合同条款。国际 EPC 项目实施中，必须满足当地各项法律法规的要求，并且监理工程师对于合同条款的执行要求十分严格，凡是合同中约定的条款承包商必须严格执行。例如，在南非某项目中，递交施工组织设计后，项目施工的先后顺序不得调整更换，须按照原有计划执行。一旦承包商在合同履约过程中出现不当行为时，监理工程师有权勒令承包商停止作业，并对业主提出处罚承包商的建议，如罚款或解除部分合同等，甚至当履约问题严重到一定程度时能够建议解除合同关系。

（2）设计图纸、技术标准规范、变更指令或国际通用规则等。国际 EPC 项目中，监理工程师可根据上述内容要求承包商对不符合规定的部分进行整顿，或要求项目停工，直到满足上述规定的要求。例如，在国际 EPC 项目中，由于中外技术标准和工作习惯存在差异，承包商提交的设计方案往往需要进行多次修改后才能通过审批。此外，由于现场施工的 HSE 相关问题，承包商经常被投诉野蛮施工，监理工程师会叫停相关违规工作并要求承包商进行整顿。

（3）业主的指令。监理工程师本质上是业主聘请的咨询单位，因此业主的指令也是其工作的重要依据之一。对于业主提出的合理变更或对承包商项目实施工作不认可的地方，监理工程师也会协调双方的关系，在不损害承包商利益的前提下满足业主的要求。一般而言，监理工程师需要了解整个工程项目，以此为基础来平衡业主和承包商的利益。

2. 监理工程师职权范围

依据 FIDIC 合同条款，监理工程师按照合同履行规定的职责，对工程项目的实施进行监督和管理，控制项目成本、进度和质量。在行使部分权力时，应先得到业主批准，但出现紧急事件时可先对承包商做出指示以减少或解除危险。对于合同本身而言，监理工程师不具备更改权限，也不能解除 EPC 合同中任何一方的责任或义务[42]。

监理工程师应按照合同规定认真履行职责，对承包商的各项施工工作进行管理、监督和检查；当监理工程师认为承包商的工作计划或施工措施存在问题、可能影响到项目质量时，可以提出整改意见和建议，由承包商决定并负责实施改进措施。如果监理工程师未能按照合同完成项目监督和管理职责，给业主造成损失，应按照监理合同约定进行相应赔偿[42]。

国际 EPC 项目中，监理方（咨询公司）往往具有较大的权力，全权代表业主对项目质量、进度、环保和安全等方面进行全面管控。虽然业主设有现场代表，但现场代表的职责仅限于见证现场项目实施过程，只需要了解现场进度、安全、质量、环保等方面是否受控、是否符合相关技术标准和法律法规要求，本身不会行使具体权力。项目实施过程中遇到的任何设计问题、施工问题以及各方可能出现的冲突等都需要和监理工程师进行沟通，协商解决办法。例如，国际 EPC 项目中一般而言只有监理工程师才有权下达停工、复工的命令，其他人员没有这项权力。

2.3.1.2 国内EPC项目监理模式

1. 监理工程师工作依据

国内监理工程师的工作依据也来源于法律法规要求、合同规定和业主指令。例如，《中华人民共和国建筑法》规定："建筑工程监理应当依照法律、行政法规及有关的技术标准、设计文件和建筑规模承包合同，对承包单位在施工质量、建设工期和建设资金使用等方面，代表建设单位实施监督。"

监理工程师的具体工作内容包括对设计方案、施工方案进行批复和报送业主，对现场施工进行监督等。监理工作的目的是确保项目目标的实现，如项目质量达标、进度和成本受控、确保施工安全和环境保护等。

2. 监理工程师职权范围

目前，我国监理单位属于社会监督机构，一般通过招投标的方式选定，为业主提供服务。我国监理职责的发展过程大致为：在监理设立之初，其定位为对国民经济投资方向、业主投资行为和建设项目过程进行管理和监督；实行一段时间之后，监理的定位随市场环境变化进行相应调整，具体职责为代表业主的利益，对工程项目建设过程中各项工作进行管理和监督，具体内容可概括为"四控两管一协调"，即进行项目质量、成本与进度的控制，并负责合同和项目信息的管理，此外还负责协调各项目参与方之间的关系；其后安全监理责任被纳入监理的职责范围。安全监理责任的纳入，来源于《建设工程安全生产管理条例》的规定："工程监理单位在实施监理过程中，发现存在安全事故隐患的，应当要求施工单位整改；情况严重的，应当要求施工单位暂时停止施工，并及时报告建设单位。施工单位拒不整改或者不停止施工的，工程监理单位应当及时向有关主管部门报告。工程监理单位和监理工程师应当按照法律、法规和工程建设强制性标准实施监理，并对建设工程安全生产承担监理责任。"

在EPC模式下，应充分发挥设计监理的设计技术优势，对设计方案进行审查和控制，从源头进行质量控制。项目实施过程中，也应发挥监理方的协调能力，充分协调各方之间的关系。

2.3.2 国内外EPC项目监理模式对比

2.3.2.1 EPC项目市场环境

凭借高效整合资源的优势，EPC模式已经成为国际项目的主流实施模式。EPC模式下，设计、采购与施工深度融合，有利于工程项目的现场管理和目标实现。由于国际市场EPC模式应用较为成熟，咨询工程师能够正常行使合同规定的权利，双方以EPC合同规定为基础，充分协调，使项目实施顺利进行。

目前，EPC模式在我国大型水电项目管理中刚刚起步，还存在一些不适应。例如，DBB模式下，一个项目会分成多个标段，由很多承包单位来承担；但在EPC模式下，一个项目由一个承包商负责，包括设计、采购和施工业务，对于国内单一承包商而言，难以做到全部由自己主控实施，导致存在分包管理的问题。这也对EPC项目监理方的管理和协调能力提出了挑战。

2.3.2.2 监理工程师能力

FIDIC 合同条款对监理工程师有明确的要求，包括具备专业技术能力、能够进行项目管理、熟悉工程技术和相关材料设备、具备经济投资等相关专业的知识和能力，较为熟练地掌握法律法务、财务控制、计算机辅助管理及相关项目管理软件的运用。因此，国际 EPC 项目中监理工程师的综合素质较高，并且具备非常丰富的项目实践经验。针对国际 EPC 项目的研究表明，国际项目中监理工程师一般为欧美工程师，具备较高的技术水平，管理能力强。例如，监理工程师会对项目全局进行考虑，提出问题后会给出相应的解决方案。在斐济某 EPC 项目中，有 5km 隧道施工项目，原计划进行全钻孔处理，成本极高，监理工程师结合自身经验，建议我国承包商打渗水孔排水，简单处理即可，节省了一笔可观的成本，也避免了资源的浪费。

在我国，监理水平和监理人员的整体综合素质与欧美发达国家存在较大差距。工程监理从业人员知识面普遍较窄，与国际监理工程师相比，对专业技术、材料设备、法律法规、技术标准、合同管理、经济财务等方面的知识和技能掌握还需要提升。

国际 EPC 项目中，监理单位权力很大，对项目进行全程把控，很大程度上代表业主，监理工程师的权威性大于国内。但我国建设行业中，监理的业务范围比较狭窄，在整个产业链中所占的资源较少，监理工程师所能配置的资源有限，能力有待提升，同时又承担了"四控两管一协调"所涵盖的方方面面工作内容，综合起来制约了监理工程师的工作，导致监理工程师的权威性受到影响。

2.3.3 杨房沟项目设计监理

2.3.3.1 总承包监理单位

杨房沟项目监理部为合同履约现场监理机构，直接承担并组织杨房沟水电站总承包工程的监理工作，履行监理合同规定的监理任务。此外，项目中设置杨房沟水电站总承包监理"技术经济委员会"，协助和指导监理部进行技术审查和咨询等监理工作。随着项目实施的推进，监理管理模式也在不断探索，根据实际情况进行调整，采用矩阵式组织结构，如图 2.2-3 所示。

项目实施现场设置 3 个专业监理处进行监督管理，分别为大坝工程监理处、厂房工程监理处、机电物资监理处；同时根据工作内容设置 6 个专业或职能处（室），分别为设计管理处、合同商务管理处、质量管理处、安全环保监理处、办公室和安全监测处，负责专业管理、内部沟通协调和后勤保障工作。监理部组织机构的设置，形成了工程设计、质量、进度、造价、安全、环保水保、信息管理等工作由相应职能机构实行纵向管理、项目监理处横向牵头开展的双向管控和运作模式。各专业、职能处（室）根据工程项目实施的进展情况，再分设项目监理站或专业监理组。以设计管理处为例，其组织机构如图2.3-1所示。

2.3.3.2 杨房沟项目监理职责

1. 项目管理及设计审批

杨房沟项目中，监理在合同约定的权力范畴内履行部分业主的职责，主要包括组建现场监理管理体系、监督工程总承包商建立健全现场机构、督促工程总承包商按照工程需要

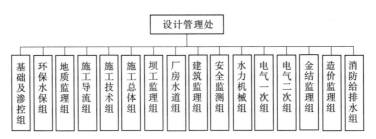

图 2.3-1 杨房沟项目监理部设计管理处组织机构图

和合同约定及时报审文件、对工程总承包商报审的文件进行审查或批准。在事先得到业主批准后，发布开工令、暂时停工或复工令。组织或参加工作例会、专题会等，及时协调技术经济委员会对重要、重大设计方案，较大及以上设计变更、设计方案调整等进行审查和必要咨询；及时督促工程总承包商组织设计审查及设计交底等活动并视情况参加。

2. 设备物资采购监管

杨房沟项目中，设备物资采购采用联合采购和承包商自购相结合的模式。在承包商自购模式下，监理方负责督促工程总承包商定期提交采购计划，并对主要材料、设备的采购计划进行审核，确认供应商的资质。监理方监督并参与采购过程，负责对进场主要材料进行抽样检验，检查设备参数、性能指标、工况；负责审批新设备、新材料、新技术、新工艺的试验及推广使用。在联合采购模式下，根据合同要求，全过程参加业主、工程总承包商的联合采购活动。

3. 项目实施各项工作管理

在项目实施过程中，及时开展本工程的安全、质量、进度、环保水保及文明施工、投资等的检查、监督、控制；审核工程总承包商的控制测量成果；监督工程总承包商"三检"制落实、检查强制性标准的执行情况，负责对工程总承包商验收评定资料（含支撑资料）和归档资料进行检查、监督、审核；负责对工程总承包商的施工工序进行监督、检查，并组织验收；审核工程总承包商提交的支付签证和工程款支付申请，并报业主审批；在事先得到业主批准后，批准工程延期、索赔、备用金的使用、变更估价、工程总承包商的分包、更换工程总承包商项目经理部主要人员等。

4. 与各方工作进行衔接

工程总承包商对工程安全、质量、进度、环保水保、投资等负总责，业主、监理方应履行监督管理责任。2016年1月，雅砻江公司与总承包监理部、总承包项目部分别就总承包监理合同、总承包合同组织了合同交底，全面针对项目管理、施工管理、勘测设计管理、机电物资管理、合同商务管理、投标勘测设计方案清理、年度结算计划等进行了协商，形成合同交底备忘录并作为合同的组成部分。此外，近两年的实践中，参建各方通过日常沟通、来往文件、工作例会、履约考核、研讨会等方式对合同的理解、执行持续进行了交流，合同责任界面日渐清晰，职能对接总体顺利。

2.3.3.3 杨房沟项目设计监理

1. 设计监理职责范围

在杨房沟项目中，从招投标开始，设计监理就参与到项目中。在项目前期设计方案论证过程中，主要设计方案修改时，设计监理对技术问题进行咨询和审查。项目实施过程中，负责设计文件和施工图的审查工作，包括设计蓝图、设计方案、设计通知等。此外，设计监理还需要负责设计质量控制、文件制度控制，审核项目实施计划并进行督促。

设计方案优化侧重在前期工作预留较多以及实际地质条件优于前期规划的方面。对于优化方案，设计监理不仅要审核其安全性，也要测算投资的变化情况，例如，需要复核确保优化方案安全系数不得小于规范规定值的 1.1 倍。在项目中设计监理会要求设计团队提供关键部位、存有疑虑或较危险部分的设计计算书，并加以复核。

2. 设计监理难点

EPC 模式下，工程总承包商设计方的盈利模式发生变化，设计参数的取值相对于DBB 模式下的取值留有的安全裕度有可能相对较小，并倾向于采用成本较低的实施方案，从而导致设计方案不被业主、监理方认可。例如，在地质条件变化或监测异常等特殊情况下往往与业主、监理方就是否加强支护强度存在分歧。为确保设计可靠性，杨房沟项目引入设计监理作为"设计的质检员"，对设计文件和设计变更进行审查。设计监理是 EPC 模式下新增的岗位，国内尚缺乏足够的管理经验，存在需进一步解决的问题。EPC 项目设计监理访谈结果见表 2.3-1。

表 2.3-1　　　　　　　　　　EPC 项目设计监理访谈结果

访谈单位	部门	内　容
业主	总部	国外的现场咨询工程师最多 20～30 人，而国内的现场监理人员要多很多，专业水平也参差不齐
业主	工程技术部	国内监理人员受国情所限存在人情社会的弊端，不一定能严格执行合同。现场监理人员待遇不高，难以聘请高水平人员
监理	安全环保处	设计监理只提出设计图纸的小毛病，业主会不满意，认为设计监理工作不认真。设计监理审核过细，对有些设计进行复核计算，会延长审查周期
监理	设计监理处	增加了设计监理的审核环节后，设计方对监理方的依赖增加，初稿细度不够，设计监理必须反复要求细化
监理	设计监理处	杨房沟项目合同标明设计方应给设计监理提供基础资料，但设计监理不可能拿到全部资料，信息不对称问题难以很好地解决
监理	安全环保处	设计监理常驻现场人员较少，平时设计成果的审查主要通过 BIM 系统实现

设计监理难点包括审查范围和深度难以界定、设计监理与设计方信息不对称、监理取费标准低和现场地质条件复杂等方面。

（1）审查范围和深度难以界定。国内应用设计监理的 EPC 项目较少，对设计监理审查范围和深度没有明确的规定，设计监理工作边界难以把控。施工现场地质地形条件往往较为复杂，加上设计监理的人力资源有限，难以投入足够的资源完整复核计算结果。

（2）设计监理与设计方信息不对称。设计监理所掌握的地形地质资料不如设计方全面，难以进行全过程审查，只能根据设计方简化的模型评判，多数情况下设计监理只能通过经验判断设计方案是否合理，如涉及边坡开挖时，不确定性高，设计计算的准确性难以从源头上保证。设计监理对于设计方案中的质疑之处，由于基础资料和人力资源的制约，难以用定量化证据说明设计方案的不合理；不同单位的工程经验也存在较大差异，都有自己的习惯性做法；遇到重难点设计问题就需要组织专家咨询深入研讨，影响设计审批效率。

（3）监理取费问题。EPC项目监理工作加入设计监理职责以后，监理取费标准应如何规定，是现阶段需要重点关注的难题。监理取费不高会制约监理对人力资源的投入，也会导致监理人员薪酬水平低，难以吸引高水平监理从业人员。经验判断对于水电工程的设计审查非常重要，很多情况下没有确定的评价指标供监理参考，设计监理的专业知识储备不足势必影响设计审查效果。此外，监理的任务量随着设计审核深度的增加而加大，设计监理人力资源不足也会影响设计审核效果。

（4）现场地质条件判定问题。水电项目地质因素往往比较复杂，现场地质条件判定与设计施工方案和工程安全关系密切，是设计监理工作的重难点。杨房沟项目中，为充分了解现场的实际情况，确定边界条件和相关参数以判断模型的合理性，工程技术人员到现场进行巡视，与设计方提供的基础条件进行对比。通过现场工作，能够发现原本没有意识到的问题，如发现明显险情和设计方案中未考虑的现场情况时，提醒施工方引起注意，便于后续施工的顺利进行。在项目开工以来，很多设计文件的审查过程都依赖于巡检结果，取得了良好的效果。

2.4 小结

设计方案技术经济问题、设计质量管理相关问题、设计进度管理相关问题、设计接口管理相关问题和激励机制相关问题为水电EPC项目设计管理面临的主要问题。项目各方的伙伴关系、设计管理水平以及设计能力与项目整体绩效关系密切。伙伴关系主要通过3条路径对项目绩效产生影响：①项目各方伙伴关系→设计管理水平→项目绩效；②项目各方伙伴关系→设计能力→项目绩效；③项目各方伙伴关系→设计管理水平→设计能力→项目绩效。

2.4.1 杨房沟项目设计管理创新

1. 业主总体把控设计方案的安全性与合理性

关注重大设计方案的安全、质量，在关键技术方案审核节点引入外部咨询专家。

2. 工程总承包商设计施工联合体

华东勘测设计研究院和水电七局在投标前成立工程总承包商设计施工联合体，按照比例来进行利益共享和风险共担，实现了设计与施工的深度融合，提升了项目实施绩效。

3. 基于BIM系统的设计管理

业主、工程总承包商和监理方共同使用BIM系统，规范了设计图纸审批流程，提高了各方接口管理的效率，实现了项目管理的信息化和数据化。

4. 设计监理

增设了设计监理岗位，并对监理工作方式进行了创新，例如，设计监理依照业主要求定期对工地现场进行工程技术安全巡视，有助于发现设计阶段因基础资料相对较少而难以发现的问题。设计监理运用信息技术进行监管审批，建有文件报审系统，便于查询和记录；利用 BIM 系统、智能温控、智能灌浆、视频监控和检测等技术手段，提升了管理效率，取得了较好的设计监管效果。

2.4.2　设计管理建议

1. EPC 项目设计能力提升建议

（1）工程总承包商设计方应结合业主提供的基础资料，开展更加详细的地质勘探复核、地形复核和周边环境调查，夯实设计基础，确保设计可靠性。

（2）设计方应主动加强计算分析复核，逐步弱化经验设计、类比设计，提升设计质量，落实强制性条文的执行情况，提高设计计算分析主动性和适应性。尤其是局部变更和优化过程，应避免出现以范围小、不好计算或计算准确性差、其他工程没有这种做法等理由而不开展计算分析，仅凭经验提出设计的情况。

（3）设计方与施工方应更加紧密结合起来，从施工便利性深化设计；施工方参与设计环节，提前掌握设计意图，并为深化设计出谋划策等，更加有效发挥设计龙头作用。

（4）提高项目管理和技术人员的专业素养，打造设计精英团队。通过聘请国际优秀设计团队，借鉴国际 EPC 项目设计先进经验；加强员工培训，提高设计人员的设计能力，提高设计绩效。

2. EPC 项目设计管理建议

（1）设计审批。工程总承包商合同中明确设计的深度和责任，建立设计质量保证体系，作为设计管理的依据；设置设计审批流程，对设计方案进行质量审核、造价核算和进度分析，合理把握审批深度和范围，确保设计方案符合要求；注意审核设计优化方案的安全性及其与整体方案的协调性；引入外部咨询专家，审核关键技术方案，为项目设计管理提供技术支持。

（2）设计采购施工一体化管理。设计方及时准确提供技术要求，满足采购计划制定、供货商选择和设备制造、交付、安装与调试；设计方案考虑资源可获得性和现场施工需求，具有可施工性，并需结合现场信息对设计方案进行优化；设计过程及时集成安全环保移民信息，设计方案满足 HSE 要求。

（3）基于信息技术的设计管理。运用 BIM 等信息化技术，将项目相关信息集成到设计过程中，有效实施设计与采购、施工的一体化管理。参建各方基于协同工作信息平台，优化设计审批流程，提高设计接口管理效率。

（4）设计监理。在设计监理方面，需在实践中明确设计监理的资源投入、设计审核深度、工程总承包商设计方所提供资料的详细程度和设计审核流程。为加深设计监理对设计方案的介入程度，应合理确定并保障设计监理的取费，使设计监理能够投入高水平人员，聘用有足够能力和责任心足够强的监理工程师，以充分了解现场情况和各方的工程经验，做出合理的审批，满足项目监管需求。同时，可通过业主、工程总承包商和监理方组织外部专家进行咨询，以加强设计安全裕度的审查。

第 3 章

大型水电 EPC
项目采购管理

3.1 EPC项目采购管理理论

3.1.1 采购及采购管理

采购的本质是企业为了维持运营、发展和管理等各项活动，从外部获取各种资源。传统上，企业基于库存进行采购，采购管理的目的是维持一定的、合理的库存量，保证生产经营等各项活动正常进行，在变化的市场环境下，研究如何确定最优的订购数量和时间，实现最低的采购和库存成本。随着社会生产力和社会分工的不断发展，企业采购成本逐渐提高，因此采购管理愈发受到企业重视。采购管理不仅是买卖双方之间的买卖关系，企业还应重视在采购过程中双方在各方面进行的交流，包括资金、信息和技术等，促使企业采购管理逐渐转变为供应链一体化管理。

3.1.2 工程项目采购特点

在工程项目中，采购是实现设计目的、顺利进行施工的保障，是项目建设与运营的基础，对项目成功实施具有重要的意义。相对于工业产品制造和生产，工程项目有其特殊性，如利益相关方众多、项目复杂性高等，会影响采购管理并加大采购管理的难度。因此，须对工程项目自身的特点及其对采购工作的影响进行分析，探究影响项目采购工作的根本原因，从而制定并实施合理的采购策略以提升采购效率和采购管理水平[43]。

1. 利益相关方众多

工程项目涉及的利益相关方包括业主、监理方、设计方、施工方、设备及主材供应商、安装服务商、物流服务商等，各方参与导致采购工作接口众多，流程复杂，各方之间需要进行大量的信息交换。此外，各方目标的不一致性会影响具体的采购活动，例如，业主强调主材质量而工程总承包商关注降低成本，导致采购过程中工程总承包商采购的材料可能不满足业主要求。因此，在工程项目采购工作中应营造各方合作的氛围，基于共赢的理念和公平的收益与风险分担机制来进行采购管理，使各方根本目标达成一致，从而提高采购工作效率并使各方利益得到满足。

2. 业务分散

长期以来，国内外工程项目一直存在项目组织结构上的问题，尤其是业务分散，被认为是导致项目绩效偏低的重要原因。业务分散的直接原因包括项目的唯一性和固定性。

项目的唯一性是指每个工程项目都有其自身的特点，受众多因素所影响，如工程地质条件、工程目的、工程布置形式、业主要求等，因此项目物资和技术需求都趋向于定制化，每个项目所需要的资源种类、数量都存在区别。在这种条件下，需要多种专业的设计人员、施工人员以及物资设备供应商协同工作才能满足业主的需求，各方不仅应该按照计划进行物资设备的生产制造、物流运输和现场施工，也要妥善进行关系管理。因此，在采购过程中需要从项目整体的角度出发，建立适当的供应链以保障项目所需的物资。

项目的固定性是指每个工程项目的位置固定，在特定位置进行建设和运营，因此各个利益相关方的工作人员都会分驻工程现场和后方总部，例如，项目实施过程中施工现场、现场管理单位和后方总部需要分工合作、协调配合才能保证物资的采购和调配，因此项目的固定性直接导致工作业务分散，效率较低。

3. 市场信任程度低，竞争性和交易成本高

我国工程市场有待进一步规范，由于工程项目的业务分散，并且各个利益相关方的目的存在差异，竞争性的招投标方式使相关方尽可能将风险转移给对方，可能会引起采购相关方关系趋于紧张，不利于合作。在高度竞争的环境下，大量的承包、分包等工作都以较低的价格在各方之间进行交易，很容易导致机会主义行为发生。

我国工程市场的低信任环境也对工程项目造成了负面影响，导致检测、验收和确保履约的成本较高，并且对项目绩效水平和创新造成不利影响。此外，为提高收益水平，采购过程中各方都力图降低风险、追求利益最大化，容易导致不公平的风险和收益分配。在这种环境下，工程项目采购工作界面众多，容易成为关系紧张甚至冲突的来源，最终导致项目成本增加和效率降低。

3.1.3　EPC 项目采购管理

3.1.3.1　EPC 项目采购管理重点

基于工程项目采购的特殊性和复杂性，EPC 项目采购管理通常注重以下内容[44]：

（1）加强设计管理，借鉴已建项目的设计经验。

（2）合理选择供应商，尽量选择熟悉且可信赖的制造商，以简化并缩短制造和采购流程。

（3）鼓励下游相关方参与到项目中，例如，在设计阶段邀请承包商和供应商进行方案的协商，使设计方案更加合理，提高其可实施性。

（4）强调并创造合作的氛围，鼓励各方在项目初期就开展合作并建立合作机制。

（5）发挥信息系统的重要作用，重新组织并构建信息流动及管理机制，减少不必要的时间延误和浪费。

（6）建立伙伴关系，解决工作破碎化、缺乏整合以及不同利益相关方之间对立的关系等问题。

（7）打破原有的组织边界，加强沟通协调和各方合作。

为实现上述采购管理重点内容、提高采购管理的绩效水平，目前，国际 EPC 项目中主要强调供应链管理理论、现代组织理论和伙伴关系理论。

3.1.3.2　供应链管理

供应链管理理论发源于工业产品生产和分配领域，随后在工程管理领域中也得到了很高的关注。工程项目管理中，供应链管理理论虽然与设备物资采购环节联系紧密，但其一体化的管理思路使得它的研究应用扩展到整个工程管理层面，对工程总承包商实现设计、施工和采购协同管理具有重要的理论和实践意义。

供应链是指与产品、服务、资金、信息生产和流动有关的上下游实体通过相互联系形成的网状组织，其目的在于将产品或服务由生产源头传递到最终用户。供应链管理指的是对供应链涉及的全部活动进行管控，强调从整体上进行供应链业务流程的整合；促进产品、服务、信息、资金和价值的流动，进行一体化的组织与管理；充分考虑并满足各利益相关方的需求，实现最优的供应链效率。

通常的供应链管理战略包含以下诸要素[45]：

（1）供应链涉及的利益相关方多数能够达成长期共识。

（2）各方努力建立并维持信任与伙伴关系。

（3）物流一体化活动（包括需求与数据共享）。

（4）传统的物流管理逐渐转变为更加灵活和公开透明的供应链模式。

（5）各方致力于实现利益共享、风险共担。

工程项目有别于一般的生产制造项目，因此，工程项目的价值链与一般生产制造项目也有差异。工程项目具有一次性、大规模、非标准等特点，不同于一般的制造业；工程项目涉及的利益相关方众多，具有比一般制造业更长的生命周期，并且具有更高的复杂性和风险性，不确定性较强。在这些特点下，应用供应链一体化管理能取得显著成果。工程项目供应链指项目利益相关方构成的网络，旨在高效管理和控制物流、信息流、资金流及其相关活动[46]。由于项目的临时性，工程项目供应链会随项目特点发生变化，在管理方面需要有足够的灵活性和高效性。

对于EPC项目而言，在构建供应链及管理过程中，应注重在各利益相关方之间建立良好的伙伴关系，通过利益共享、风险共担使各方目标达成一致，实现各方之间充分信任，致力于建立长期的合作关系；淡化组织边界，建立各方共用的项目信息数据库以充分利用各方的信息资源，从而促进各方进行信息共享和集成。

3.1.3.3 利益相关方管理

随着工程项目规模的日益增大，涉及的利益相关方越发复杂，项目管理过程中不仅须关注组织内部因素，还要注重外部环境因素的需求和制约。因此，利益相关方管理理论以其能够综合考虑企业运行效率、社会责任履行和 HSE 等重点问题的优势，在项目管理过程中逐渐被重视。利益相关方管理理论的本质为工程项目实施过程中不仅需考虑承包商组织内部管理，还需考虑与众多利益相关方构成的复杂外部环境的契合。目前，国际范围内工程管理理论已经从单一组织、组织内部视角扩展到组织与外部环境、组织与组织间关系的全局视角来构建管理框架，以提升企业业务管理能力；研究重点也从竞争博弈关系转移到合作共赢、资源集成的战略视角来应对市场挑战，以增强企业履约能力，持续提升企业竞争优势。

目前，在我国水电工程市场中，项目环境通常较为复杂，而市场整体环境规范程度较低，因此利益相关方之间的关系管理难度较为突出。对于我国大型水电 EPC 项目采购，应整合利益相关方资源，在设备物资采购过程中准确地识别各方需求和目标，并进行准确分析，以此为基础在各方之间建立相互信任的关系，从而有效地优化采购审批流程、简化相关手续，以加快工程进度、降低交易成本[46-47]。

3.2　杨房沟项目采购管理

3.2.1　采购模式

3.2.1.1　杨房沟项目采购模式

在杨房沟项目中，为保证设备物资质量，提高采购效率，项目采用联合采购和工程总承包商自购相结合的采购模式。

1. 业主和工程总承包商联合采购

（1）在材料方面，对于水泥、钢筋和粉煤灰等大宗物资采用"业主辅助管理、协助供应"的材料管理模式。业主牵头组织招标采购工作，工程总承包商负责招标文件编制及招标组织工作，并参加招标文件审查、开标、评标、合同谈判及签订工作。业主对采购招标结果拥有决策权，采购时机、采购时段划分等由双方协商确定。材料采购合同由业主、工程总承包商及供应商三方签订。除招标文件另有规定外，工程总承包商负责采购合同的执行和对供应商的日常管理。

（2）在机电设备方面，工程总承包商编制机电和金属结构设备招标要点、招标进度计划和供货进度计划，提交业主审查。业主组织招标文件审查，工程总承包商、监理参加相关审查会议，并按审查意见对招标文件进行修改完善。业主负责招标文件的发售，并按相关法律法规组织开标、评标、合同澄清和合同签订工作，过程中工程总承包商全程参与；采购合同签订后，业主、工程总承包商按各自职责开展合同管理工作。

2. 工程总承包商自购

除合同中规定的联合采购材料和设备之外，杨房沟项目中所使用的、按照国家规程规范规定对于电站安全可靠运行不可或缺的设备、设施及材料均由工程总承包商提供。在招投标阶段，工程总承包商对自购的设备和物资进行报价，业主不予调价。工程总承包商须保障自购材料的质量，若工程总承包商采购或使用了不满足工程质量要求的材料，将被视为违约，业主将根据合同约定进行违约处罚。

3.2.1.2　杨房沟项目与国际 EPC 项目采购模式对比

1. 国际 EPC 项目采购模式

国际 EPC 项目中，工程总承包商需要综合协调设计、采购和施工各业务流程中的活动，对其管理水平有较高要求。在采购方面，工程总承包商采购部门根据总价合同及设计文件所规定的物料标准、型号、数量、技术等相关要求，自行完成采购工作。国际 EPC 项目中的采购程序通常包括如下环节：

（1）机电设备。

1）招投标：对于机电设备，招标时工程总承包商根据业主要求自行组织招标，招标文件不需要业主和咨询工程师批准，但是设备的技术参数和性能必须符合业主要求。

2）设备设计：设备采购中标人确定之后，由中标人根据招标文件以及设备联络会要求对产品进行设计，设计成果需要报咨询工程师批准，设计未得到批准时，工程总承包商与供应商不能进行生产活动。对于一些小型产品不需要提供设计方案，但是必须提供产品合格证明和检测证明。一般而言，国际 EPC 项目中检测环节要求严格，需要业主和咨询工程师认可的具有相关资质的第三方机构进行检验和证明。

3）设备制造：对于主要设备所采用的材料，需事先向咨询工程师提交材质报告，经咨询工程师批准后方可采购材料并投入生产；对于一些次要材料不需要提交材质报告。在产品制造过程中，工程总承包商必须聘请设备监造对制造过程进行监督检查和及时汇报，工程总承包商必须及时将现场制造情况定期向咨询工程师报告。有些项目中，还要求工程总承包商提供设备制造过程中所有检验、试验、装配等环节的正式记录文件及合格证，作为技术资料的一部分邮寄给业主存档。工程总承包商还应提供合格证和质量证明文件。制造及检查过程中，业主一旦发现设备材料或工艺不合格，通常要求工程总承包商更换或更改，并赔偿由此造成的损失和承担由此而产生的后果。

4）出厂验收：对于主要设备（如主机、主变压器等），业主和咨询工程师需要参与出厂验收。设备进场前需要向咨询工程师提供设备制造过程的控制检查资料。如果咨询工程师认为设备不能满足合同要求，可以拒绝进行设备安装，告知工程总承包商原因并由工程总承包商进行处理。

5）售后运维：国际 EPC 项目对售后运维要求较高，需要工程总承包商编制完整的设备运维手册，其中须指明实施运行和维护保养以及电站设备拆卸过程的所有相关信息。

（2）永久材料。对于永久材料，招标时工程总承包商根据业主要求自行组织招标，招标文件不需要业主和咨询工程师批准，但是材料的技术参数和性能必须符合业主要求。在采购过程中，业主和咨询工程师对材料的检验要求严格，必须满足合同和技术标准的相关要求。对于一些关键材料需要具备资质的第三方机构检测合格。工程总承包商需要提供永久材料的检测、证明、运输、保管等所有文件信息。

通常规定工程总承包商及时向咨询工程师正式提交检验报告。当指定检验已通过时，咨询工程师应向工程总承包商颁发检验合格证书。根据检验结果，咨询工程师认为材料不符合合同规定的，可以拒绝该材料投入使用并及时通知工程总承包商并说明原因。工程总承包商应及时做好处理，确保材料满足合同要求。若咨询工程师要求此类材料再次进行试验，则试验应在同样条件进行，费用应由工程总承包商承担。

2. 国内外 EPC 项目采购模式对比

与国际 EPC 项目采购模式相比，杨房沟项目采购工作中突出的特点表现为业主参与程度较高，能够充分发挥业主在采购方面的优势和经验，保证设备物资质量。

在质量方面，目前我国工程市场设备和材料的质量良莠不齐，总承包合同下业主和工程总承包商的目标也存在一些差异。对于联合采购模式，业主从招投标开始介入采购工作，进行招标文件审查并参与合同签订，能够充分保证设备和主材的质量。

在进度方面，国际 EPC 项目中工程总承包商自行负责采购工作，招投标文件和过程不需要经过业主审批，满足合同和技术标准要求即可，因此审批环节少、进度快。由于过程控制要求高，工程总承包商必须按照合同要求提供过程控制文件和相关证明材料。对于国内项目而言，EPC 项目采购模式需要进一步发展以提高采购效率。

在我国大型水电 EPC 项目采购中，可借鉴国际工程，将采购工作交由工程总承包商自行负责，业主、监理方提出过程控制和验收要求，可有效减轻业主管理压力并降低管理成本，也能简化审批流程、加快采购进度。

3.2.2　杨房沟项目采购过程管理情况

杨房沟项目采购过程管理情况见表 3.2－1，其中 1 分代表完全不符，5 分代表完全符合。

表 3.2－1　　　　　　　　　　　　杨房沟项目采购过程管理情况

指　标	得　分	排序
建有规范的采购全过程管理制度	4.10	1
采购制度能够为采购活动的执行提供指导，并规范采购业务	4.00	2
能够不断优化采购流程以适应外部环境和项目需求的变化	3.88	3
采购资源优化配置	3.87	4
采购各项业务环节之间衔接效率高	3.84	5
能够对采购各业务环节绩效进行及时、有效的评价	3.83	6
能够利用信息化技术支持采购业务高效运作	3.82	7
均　　值	3.91	

由表 3.2－1 可知，杨房沟项目采购过程管理情况总体较好。"建有规范的采购全过程管理制度"得分为 4.10 分，"采购制度能够为采购活动的执行提供指导，并规范采购业务"得分为 4.00 分，表明在杨房沟项目中，建有规范的采购全过程管理制度，并且该制度能够为采购各项活动的执行提供指导并规范采购业务。当前物资和设备主要采用联合采购和工程总承包商自购两种模式，并且制定了规范的招投标、采购、运输和质量控制等相关制度。

"能够不断优化采购流程以适应外部环境和项目需求的变化"得分为 3.88 分，表明项目执行过程中能够根据实际情况进行合理的流程优化。例如，合同执行过程中，遇到了设备采购时间较长的问题，对此进行了流程优化，将文件、方案通过电子群发、视频会议的方式进行商讨和审批，通过并行沟通来及时获取各方意见并形成会议纪要，据此对原有文件进行修改，有效地减少了审批环节并缩短时间。但目前采购流程仍然较长，有待进一步优化。

"采购资源优化配置"得分为 3.87 分，表明当前采购各项资源的配置较为合理。业主根据长期积累的采购经验，在合同中规定了运行良好的机电设备短名单，从而保证产品质量和发电效益；工程总承包商根据自身施工经验，对接各个工区，提交资源配置计划并能够有效地进行工区之间的资源调配。但受限于国内设备物资市场环境和既有的工作习惯，目前采购资源配置仍有提升空间，包括采购流程、物资管理能力和各方协调配合等方面。

"采购各项业务环节之间衔接效率高"得分为 3.84 分。项目中首次运用联合采购与工程总承包商自购相结合的采购模式，质量要求十分严格，设备物资的检验和验收制定有明确的制度并严格按照合同执行。在 EPC 模式下，采购工作接口较多，导致流程较长，须对采购业务不同环节的衔接效率高度关注。

"能够对采购各业务环节绩效进行及时、有效的评价"得分为 3.83 分，表明项目的绩效评价总体上有效。业主对机电和材料供应商制定了较为完善的考核办法，由业主牵头统一组织，工程总承包商参与，共同对供应商进行考核。

"能够利用信息化技术支持采购业务高效运作"得分为 3.82 分。在杨房沟项目中，已经运用 BIM 系统进行设计方案审查、质量管理和进度管理，并且各方也建有各自的 OA 系统，在提升项目实施效率方面发挥了较大作用。但由于工作繁多、与各方衔接情况复杂，有时存在信息不能及时录入的问题。因此，应进一步完善采购及物资管理信息系统，充分发挥信息技术及时性的优势，以支持采购业务高效运作，提高采购业务衔接效率。

3.2.3　杨房沟项目各方相互信任情况

杨房沟项目各方相互信任情况见表 3.2-2，其中 1 分代表很不信任，5 分代表完全信任。

表 3.2-2　　　　　　　　　杨房沟项目各方相互信任情况

指　标	得分	排序
设计方与施工方相互信任	4.27	1
业主与供应商相互信任	4.06	2
工程总承包商与监理方相互信任	3.95	3
工程总承包商与业主相互信任	3.81	4
均　　值	4.02	

由表 3.2-2 可知，杨房沟项目各方相互信任情况各项指标平均得分为 4.02 分，总体而言相互信任程度较好，但不同相关方之间信任程度存在较大差异。其中，"设计方与施工方相互信任"情况表现最好，得分为 4.27 分，充分体现出 EPC 模式下设计与施工相融合的优势。杨房沟项目中，设计方与施工方建立了联合体，双方目标和利益高度一致，现场各管理部门均由双方人员共同组成；并且建立了图纸会审、施工方案会审制度，有效地保证了设计方案具有较好的可实施性。设计方与施工方相互信任有效地避免了原有 DBB 模式下的推诿扯皮现象，双方能够积极协作解决问题，并且有利于资源调配、缩短工期和提升项目绩效。

"业主与供应商相互信任"得分为 4.06 分，表明业主和供应商之间的信任情况较好，很大程度源于业主长期以来与供应商有良好的合作关系。杨房沟项目联合采购方式可充分发挥业主长期以来积累的采购管理优势，以便选择具备相应质量水平并且值得信赖的供应商。

"工程总承包商与监理方相互信任"得分为 3.95 分。监理方代表业主对工程总承包商的工作进行监管，并行使部分审批权。在 EPC 模式下，工程总承包商与监理方之间的信任程度会影响采购业务审批工作的效率，因此应注意增强相互信任程度。

"工程总承包商与业主相互信任"得分为 3.81 分，表明业主和工程总承包商之间需要进一步提升相互信任关系。目前，国内工程市场总体而言规范程度较低，为规范项目采购管理，联合采购和工程总承包商自购两种模式下，供应商的选择均需要得到业主批准。在这种条件下，可能会导致流程复杂和审批环节较多，各方投入的交易成本过高。因此，强化履约过程中的自律，提高参建各方间信任程度，有助于降低监管成本，提升采购效率。

3.2.4　杨房沟项目采购供应链一体化管理情况

杨房沟项目采购供应链一体化管理基本形成，由工程总承包商负责业务实施，业主、监理方进行过程监管，整个过程基本受控。该过程大致分为供应链准备期、构建期（采购招标）、运行期、收尾期，具体工作包括生产、运输、中转、现场收货、工程总承包商仓储管理等。杨房沟项目采购供应链一体化主要工作的管理情况如下。

1. 招投标管理

杨房沟项目在招标文件编制过程中，充分考虑机电设备及物资采购与各项业务的关系，从顶层设计保证了采购工作的顺利执行。

2. 信息管理

及时存储物资采购过程中的各类信息，包括供应商生产和储备信息、发货信息、铁路与公路运输中转信息、施工现场储备信息及物资使用信息等，并建立有效的沟通和监管渠道。

3. 仓储管理

由于业主长期负责机电设备及物资采购工作，建有成熟的转运站及仓储体系，杨房沟项目仓储管理充分发挥业主转运站的优势，实现了转运站仓储中转配置、现场仓储设置，并与安全储备相结合，形成二级安全库容储备。

4. 风险管理

为应对物资紧缺及质量风险，在招标阶段选择具备相应资质和能力的主供与备供厂家，并量化安全储备，提前完成物资技术储备，作为物资供应及质量应急措施。

5. 质量管理

做到全过程质量控制，在招投标阶段提出物资和设备应满足的标准要求，作为检验的依据，在验收阶段严格执行质量检验，包括现场质量检测、第三方专业机构检测等。在生产过程中，对厂家进行质量巡检，并派驻厂监造以控制产品质量；制定月度定期协调例会等机制实现在质量监管环节上分级负责管理。

在 EPC 模式下，进行采购供应链一体化管理，有效改善了 DBB 模式下采购与设计、施工的协调情况，因图纸延误、设备延误而影响施工进度的情况较少发生。土建施工与机电施工也能协调配合，有效避免因为土建施工而影响到机电设备安装。

3.2.5　杨房沟项目采购管理绩效情况

杨房沟项目采购管理绩效情况见表 3.2-3，其中 1 分代表完全不符，5 分代表完全符合。

由表 3.2-3 可知，杨房沟项目采购管理绩效总体表现良好，平均得分为 4.02 分，但各项指标之间存在一定差别。其中，"基于采购全过程管理提高物资设备的性价比"得分为 4.22 分，基于业主供应链一体化管理，采购成本和质量均能得到较好的控制，物资设备具有较高的性价比。

表 3.2-3　　　　　　　　　　　杨房沟项目采购管理绩效情况

指　　标	得分	排序
基于采购全过程管理提高物资设备的性价比	4.22	1
物资设备采购能够按照进度计划完成	4.07	2
采购技术和商务目标能够顺利实现	3.93	3
联合采购模式能够提高物资设备采购和管理效率	3.87	4
均　　值	4.02	

"物资设备采购能够按照进度计划完成"得分为 4.07 分，表明采购进度管理表现较好。得益于 EPC 模式下设计、采购、施工一体化管理的优势，工程总承包商能够及时完成所需设备的设计，为厂家进行设备制造及运输预留足够的时间。

"采购技术和商务目标能够顺利实现"得分为 3.93 分。当前采购的技术目标和商务目标基本能够实现。采购技术目标和商务目标的实现受市场环境的影响较大，当材料、设备质量参差不齐、价格变动大时，很难保证完全满足采购技术和商务要求。因此，应着重加强市场调研和质量控制，分别研究制定大宗物资和设备的采购招标策略，从而保证采购目标的实现。

"联合采购模式能够提高物资设备采购和管理效率"得分为 3.87 分。在 EPC 模式下，这种采购方式整体上能够保证采购管理效率，但仍可通过供应链一体化管理等方式进一步提高效率。

3.2.6　采购管理模型

为探究各方相互信任程度、采购过程管理与采购管理绩效之间的关系，对其进行了路径分析，结果如图 3.2-1 所示。

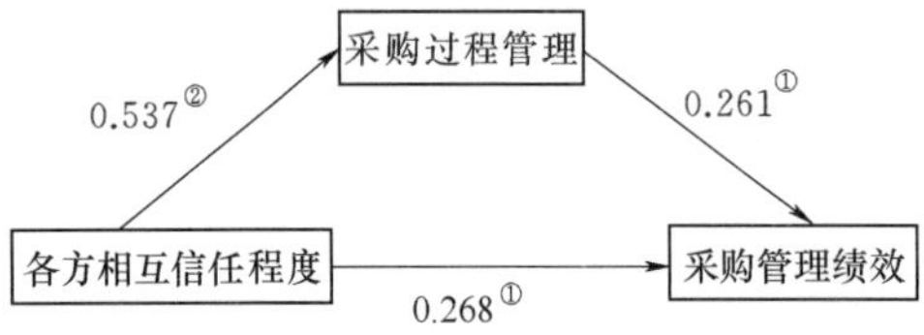

路径分析结果显示，各方相互信任程度与采购过程管理具有显著的正相关关系，标准化路径系数为 0.537，表明各方相互信任程度能够显著影响采购管理过程，各方相互信任程度不足会导致采购审批环节增加，从而增加监控成本和影响采购进度。因此，业主和工程总承包商应着重建立良好的信任关系，以提高采购效率。

注：①相关显著性在 0.05 级别。
　　②相关显著性在 0.01 级别。

图 3.2-1　采购管理模型

采购过程管理对采购管理绩效具有显著的正向影响，标准化路径系数为 0.261。高效的采购过程管理是实现采购管理绩效的基础，如果采购流程（尤其是设备部分）不当会显著影响采购绩效。因此，应重视采购各项工作业务之间的衔接效率，充分发挥信息技术的优势来提高采购效率，从而提升采购管理绩效。

除通过影响采购过程管理对采购管理绩效产生影响之外，各方相互信任程度也会直接影响采购管理绩效，如图 3.2-1 所示，标准化路径系数为 0.268。该结果表明，参建各方在采购过程中诚信履约，提高相互间信任程度，以助于降低交易成本、提升采购绩效，值得重视。

3.3　小结

3.3.1　杨房沟项目采购管理创新

1. 机电设备采购

关键的机电设备采用联合采购，其余机电设备由工程总承包商自购，有利于发挥业主流域统筹的优势，控制机电设备投资，保障主要设备（联合采购设备）的供货进度和质量；能够充分发挥业主机电设备招标和合同管理经验，有效地避免同类型设备再次出现同样的缺陷和故障；通过采购管理和支付管理，进一步发挥业主的管理优势。并且，这种采购模式能够充分发挥工程总承包商在工程统筹管理方面的优势，做好自购设备管理工作。

2. 物资采购

物资方面，水泥、钢筋、粉煤灰采取联合招标采购的方式，签订三方合同，其余物资由工程总承包商自购；工程总承包商负责管理采购供应链，业主、监理方进行监管，整个采购过程受控。

3. 信息管理

针对供应商生产及储备信息、发货信息、铁路与公路运输中转信息、现场储备信息及使用信息建立了沟通及监管渠道。

4. 风险管理

将选择主供和备供厂家、量化安全储备、提前完成物资技术储备等作为供应及质量应急措施，业主转运站仓储中转配置、现场仓储设置与安全储备相结合，形成两级安全库容储备。

3.3.2　采购管理关键因素

1. 设备部分采购流程复杂

机电设备采购工作流程较长主要是由于设备设计边界存在不确定性、主要参与方之间责任须进一步明确、采购流程受各方工作衔接影响。具体情况如下。

（1）设备设计边界存在不确定性。机电设备专业性强，其采购工作需要多次审批。机电设计方面规范不够全面，对于部分设备的配置、技术参数、质量标准等只规定区间范围，设计边界存在不确定性，如果采用不同的安全裕度，会导致机电设备安全性能存在差异。

在 EPC 模式下，工程总承包商采购机电设备时需要考虑节省投资，如果合同文件中没有相关规定，参考技术标准时采用较低的标准要求有利于成本控制。例如，对于水管或者油管管径的选择，在合同文件中往往没有详细的规定，工程总承包商在实际设计的过程中，可能会考虑采用满足国家标准但管径较小的方案，从而导致管路中流速较大、压力损失较大、管壁压力增大，不利于设备的长期安全稳定运行。在 EPC 模式下，工程总承包商存在通过设计优化降低成本的动机，业主和工程总承包商在目标方面存在差异，对此，业主倾向于强化审批流程来保证电站长期安全稳定运行，审批环节可能需要较长的时间。

（2）主要参与方之间责任须进一步明确。机电设备采用"联合采购和工程总承包商自购相结合"的模式，在采购模式发生变化的情况下，工程总承包商在设备采购和管理方面积极性需要提高，以提高机电物资管理效率。机电设备由供应商供货，设备的安装和调试由工程总承包商负责，责任主体有时不够明确，需要业主、监理方与设计方、机电设备供应商、安装工程承包商从中协调，在一定程度上导致采购部分流程较长。

（3）采购流程受各方工作衔接影响。工程总承包商有复杂的机电设备采购系统，整个流程下来需要较长时间，可能会造成联合采购设备招标和合同执行环节不协调或脱节，对此，工程总承包商设备采购的流程需根据实际情况进行不断优化。

2. 物资质量控制成本高

由于物资体量大、对投资控制影响大，在杨房沟项目中，物资质量控制要求严格。在DBB模式下，编制采购技术要求时，工程总承包商提交材料清单和应满足的规范，并提供关键性的控制指标；在EPC模式下，需要将规范里面的细节内容摘录出来形成正式文件，精确到具体的控制指标。在检测过程中将严格按照技术方案进行检验。用于主体工程中的材料物资必须通过外检，在监理监督下进行试验，并且业主对检测机构的资质和级别进行明确要求。因此，质量控制可能对工期和成本产生影响，如何控制采购质量监控成本值得重视。

3. 市场诚信度较低

采购流程复杂、质量控制成本高的主要原因是我国工程市场规范程度和诚信度较低、产品质量难以保证，导致各方之间难以建立良好的信任关系。采购关系验证模型（图3.2-1）也表明，各方相互信任程度对采购过程管理及采购绩效具有重要的影响。我国机电设备和电子元器件质量良莠不齐，同一品牌经常会生产同类但质量不同的产品，往往只能通过加大管控和检测力度来保证产品质量；此外，材料物资容易出现"以次充好"、生产工艺达不到标准要求的情况。在这种市场环境下，EPC模式下如何强化工程总承包商和供应商诚信履约是参建各方需要解决的重点问题之一。

3.3.3　采购管理建议

（1）加强各方相互信任关系。各方相互信任和以之为基础的伙伴关系是实现供应链一体化高效管理的基础和根本保证。业主和工程总承包商之间建立信任关系有利于实现采购流程的优化，降低交易成本，提升采购绩效。

业主和工程总承包商建立信任关系需要双方共同的努力。首先，工程总承包商应严格按照合同规定执行采购工作。对于业主而言，应确保与工程总承包商之间的风险和利益分配公平合理。只有获得合理的收益时，严格执行合同规定才能成为可能。国内外研究也表明，不合理的风险、利益分配是引起工程项目中机会主义行为的重要原因之一。对此，业主应对工程总承包商能够承担的风险进行考虑。

（2）根据设备和物资的特点，简化审批、加强监控，例如，对于仅需要监理方审批的文件，业主应在充分放权的基础上加强对质量的把控。对于工程总承包商采购的物资设备，可适当简化前期审批流程，而加强过程质量监控和质量验收控制，从而加快采购进度。

（3）加强与设计和施工的接口管理，合理控制设计方案的渐进明细尺度，为机电设备的采购和制造争取时间。

（4）建立规范的全过程管理流程，包括询价、招投标、合同签署、驻厂监造、检测、运输、验收、安装等。

（5）建立基于信息化技术的采购管理平台，保证相关信息的实时共享、高效决策和有效监控。

第 4 章

大型水电 EPC
项目合同管理

4.1 水电 EPC 项目合同管理理论

4.1.1 EPC 项目合同管理理论基础

EPC 主要合同关系如图 4.1-1 所示。

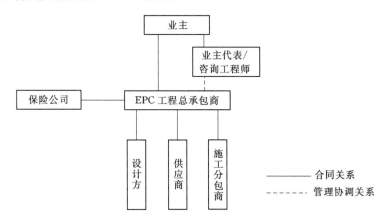

图 4.1-1 EPC 主要合同关系

与传统的承包合同相比，EPC 合同关系是一个严格的、由业主和工程总承包商建立的双边合同关系。合同规定 EPC 工程总承包商负有独自承担项目的设计、采购和施工工作的义务；而业主则通过自行建立项目管理机构或委托项目管理公司，参与项目的合同履约过程[48]。

业主是 EPC 项目的所有者、规划者和投资者。FIDIC 的 EPC 合同协议规定，业主是项目的雇主和财产的合法继承人，业主可以是公司、组织、个人、政府等，即 EPC 项目的策划者、投资者。

工程总承包商是 EPC 合同任务的承包商。FIDIC 的 EPC 合同协议规定总承包商是一个项目的被雇佣者，工程总承包商可以是公司或个人[48]。

4.1.1.1 EPC 合同框架

EPC 项目的复杂性决定了 EPC 合同管理的复杂性。总体来说，EPC 合同包括合同协议、合同条件、业主要求、工程总承包商的技术建议和业务建议以及各种附件。EPC 合同应明确回答以下问题：

(1) 合同最终目的与成果。

(2) 合同约定的工作范围。

(3) 合同中规定各方的具体工作。

（4）合同中约定双方的责任、权利和利益。

（5）合同价格与支付。

（6）合同执行过程中的风险分担。

（7）项目管理规则、程序、方式和标准。

（8）索赔与争议的处理方法。

4.1.1.2　EPC 合同设计

以下为 EPC 合同组成框架：

（1）卷一：合同协议书。

1）合同协议书。

2）中标函。

3）授标前会议纪要。

（2）卷二：合同谈判与澄清。

1）合同谈判备忘录。

2）技术澄清。

3）评标澄清。

（3）卷三：招标文件。

（4）卷四：投标函及其附录。

（5）卷五：专用合同条款。

1）一般规定。

2）业主义务。

3）承包人。

4）设计。

5）劳工。

6）生产设备、材料和工艺。

7）开工、延误和暂停。

8）工程质量。

9）试验与检验。

10）移交。

11）缺陷责任。

12）竣工后试验。

13）变更。

14）合同价款与支付。

15）终止与暂停。

16）风险与责任。

17）保险。

18）不可抗力。

19）索赔、争端和仲裁。

（6）卷六：通用合同条款（此卷内容结构与卷五类似）。

（7）卷七：业主要求。

（8）卷八：投标项目管理方案。

（9）卷九：投标勘测设计方案。

（10）卷十：投标施工方案。

EPC合同条件是EPC合同中最为核心的文件，例如，FIDIC-EPC合同条件由通用合同条款和专用合同条款组成。通用合同条款分别从一般性条款、法律条款、商务条款、技术条款、权利与义务条款、违约惩罚与索赔条款以及附件和补充条款7个方面对合同双方在项目实施过程中的职责、权利与义务做了全面的约定。专用合同条款是对通用合同条款的补充、细化与完善，根据合同文件解释顺序，其效力高于通用条款。但在实际工程中有时也将二者合并，统称合同条件[49]。

4.1.1.3 EPC项目合同发包

（1）在编制合同文件的过程中，应考虑工程总承包商在执行合同时需遵循的规则和标准，使其清晰明确，以免影响项目的执行，甚至造成合同纠纷。

（2）由于EPC合同对工程总承包商的要求较高，因此有必要选择能力足够强的工程总承包商以确保合同的顺利实施。工程总承包商必须具备强大的技术经济实力，能承担合同规定的设计、采购、施工、技术培训等一系列工作。

（3）招标工作必须认真安排并反复比较和筛选最合适的工程总承包商。在选择工程总承包商时，不能只考虑报价水平。由于设计方案不同会导致项目成本不同，有些设计比较好的方案可能因为成本高而被淘汰，这对业主不利。

（4）EPC合同中必须注意的是工程变更。现场施工条件变化频繁等因素可能导致合同变更。为了便于工程总承包商顺利履行合同，业主可以主动在合同中增加额外风险费用以避免工程总承包商因风险控制问题导致合同履约困难甚至终止合同。

（5）合同调价问题。在正常情况下，对于固定的EPC合同，业主方不需要因任何的新增工程向工程总承包商进行额外补贴，通常合同价格不能调整。因此，采用固定总价合同时，双方应就项目范围、项目性质和项目量达成明确一致的共识[50]。

4.1.1.4 EPC项目合同管理过程

（1）合同订立。基于EPC合同框架，就设计、采购和施工要求商定合同条款，特别在计量、计价、支付方式、验收、移交标准、责权利和争议解决方式等方面要明确。

（2）合同分析。在合同实施前，合同管理部门应结合项目具体情况进一步深入分析合同条款，向其他部门进行合约内容讲解和传递合同内容、主要风险、履约关键问题等。

（3）合同实施。业主合同管理部门组织协调各专业、分包方履行合同。

（4）合同实施监控。广泛收集工程各种数据信息，进行分析整理，判断履约状态，并找出问题、发出预警和及时纠偏。

（5）合同变更管理。制定变更管理程序，及时计量计价，以保留索赔证据。

（6）合同索赔管理。对业主、设计方、供应商和施工分包商等做好索赔管理工作。

（7）合同验收。注意资料准备的完整性。

4.1.2 基于伙伴关系的EPC项目合同管理

2000年，英国咨询建筑师协会（Association of Consultant Architects，ACA）出版

的《项目伙伴关系标准合同格式》（*Standard Form of Contract for Project Partnering*）是国际上第一个以项目伙伴关系命名的标准合同，该合同倡导信任与合作，将伙伴关系的理念付诸实践，应用于各类项目，产生了巨大的经济效益和社会效益。国际 EPC 项目管理涉及众多利益相关方，伙伴关系有助于保障各方利益与风险分配的机会、过程和结果公平，最终为各方带来利益。

伙伴关系有助于项目参与组织间合理的利益分配对大型项目管理绩效的促进作用，并通过合理的激励机制提升各方合作管理风险的水平。伙伴关系要素可分为两类：一类是行为要素，共同目标、态度、承诺、公平和信任，其中信任是核心；另一类是交流要素，开放、团队建设、有效沟通、解决问题和及时反馈，其中解决问题是关键。这两类要素互相关联，行为要素的作用在于能促进交流要素的有效实现，各参与方建立相互信任的关系，愿意充分地沟通，使各种信息顺畅交流，有助于：①信息流动加快，从而提高工程实施效率；②增加决策信息，加强风险管理；③降低监控成本；④促进创新；⑤促进全面质量管理。最终可提升 EPC 项目绩效。

4.1.3　基于伙伴关系的 EPC 项目管理案例

4.1.3.1　案例背景

J 水电站是我国企业在赤道几内亚共和国承担的 EPC 项目，合同工期为 42 个月。L公司（施工方）和 H 公司（设计方）建立了"三位一体"（即双方达成利益共同体、责任共同体和关系共同体）的伙伴关系，进行项目履约。

J 水电站位于非洲维勒河中游，主要由拦河坝、引水隧洞、电站厂房等主要建筑物组成，厂房内布置 4 台单机容量为 30MW 的混流式水轮发电机组，总装机容量为 120MW。

4.1.3.2　合同管理重点问题

（1）赤道几内亚市场相对落后，投标报价设计常在缺乏最基本的资料条件下进行，给投标报价工作带来一定难度：设计深度如果不够，容易给总承包方带来巨大风险，但若过分担心风险而停滞不前或放慢进度，将会失去最佳时机，影响项目投标工作与合同签订工作。

（2）J 水电站所在的赤道几内亚共和国地处非洲大陆的西部赤道附近，国家经济发展水平较低，物资匮乏且价格较高。除柴油、水泥等主要在当地采购外，工程所需的大部分设备及物资需要从国内采购，采购周期一般需要 4～5 个月的较长时间，采购周期长，与设计、施工一体化管理难度大。

（3）J 水电站基本设计的审查意见提出采用喷锚支护 II 类围岩段，取消钢筋混凝土衬砌。但对于该问题，设计方在考虑合同变化、规范要求和发电水头的情况下持有不同意见，给问题的解决带来一定难度。

4.1.3.3　承包方—设计方"三位一体"伙伴关系

在 J 水电站设计管理中，L 公司与 H 公司建立的"三位一体"伙伴关系有效地解决了上述合同管理工作中出现的一系列问题，促进了设计与采购、施工的一体化管理。具体体现在以下几个方面：

1. 共同目标

业主、工程总承包商与设计方能够建立伙伴关系在于三方具有共同目标,一切工作以推进项目顺利实施为目标;同时,基于过去的长期合作,工程总承包商与设计方已经建立了一定的信任关系,进而在项目实施过程中,能够做到利益共享。J水电站"三位一体"合作模式的成功实施,表明建立伙伴关系对于加强合同管理工作、促进合同管理过程有效推进和提升项目绩效具有正向作用。该项目的成功竣工不仅为业主、工程总承包商和设计方带来了可观的经济效益和社会效益,还扩大了"中国水电"的品牌影响力,实现了多方共赢。

2. 积极态度

为了更快地推动项目实施,L公司积极推进工作开展,在资金未到位的情况下,垫付资金进场筹建,为设计勘查做准备,为项目顺利实施提供有效支持。正是因为积极主动地进行项目前期准备工作,L公司与业主建立了密切的关系,在中国进出口银行资金尚未到位的情况下,由赤道几内亚总统特批拨付给工程总承包商1000万美元专项资金用于前期筹建,既规避了工期风险,又为公司赢得了信誉。此外,J水电站在商务合同谈判过程中,积极主动,使赤道几内亚政府同意在设计中采用我国规范标准,并承诺减免关税和当地税费等,也为项目顺利实施奠定了基础。

3. 相互信任

2008年,L公司和H公司在丹东组织讨论会,会议最终决定采纳H公司的设计意见。实践证明,该决策非常正确,最后隧洞灌浆成为关键线路,控制了隧洞充水和首台机组的发电时间。正是因为L公司对设计成果的信任和尊重,加强了L公司与H公司后续设计工作的合作。

4. 有效沟通

L公司海外事业部与H公司建立了J水电站设计沟通联络制度,明确了双方在设计管理方面的关系、联络方式和报告审批制度。通过与设计方举行技术联络会,开工前通过对水工专题报告、施工导流专题报告、设计大纲的沟通以及设计评审等各种沟通方式和交流活动,H公司在初步设计阶段做了大量方案比较工作,接受了L公司及评审专家提出的多项优化建议。

例如,在设计优化方面,施工合同签订以后,L公司抽调优秀的专业技术人员,对电站技术方案进行优化,通过前方现场考察获得的资料,提出了拦河坝建基面抬高减少岩石开挖量和混凝土量的优化方案。该方案减少岩石开挖量24455m³,相应混凝土量也减少24455m³;此外,向H公司提出的8项合理化建议也均得到采纳和实施。

在采购工作过程中注重与设计方的沟通,要求H公司合理掌握设计方案的渐进明细尺度,以为设备制造争取时间;并建立完善的驻厂监造制度,聘请监造人员及时跟踪了解设备的生产质量及进度情况。有效避免了因物资失效进而影响施工的情况发生。

施工过程中,L公司与H公司通过有效沟通,在设计变更和优化设计等方面,谋求大同,在坚持原则、保证安全的前提下,做好设计优化工作。例如,引水隧洞取消全部系统喷锚支护,改为随机喷锚支护,根据隧洞的岩石状况,确定喷锚支护形式,减少了锚杆、钢筋网和喷混凝土的工程量;二期围堰施工中,根据实际测量的地形数据,与上游侧土石拦渣坝相结合，将二期围堰位置向上游侧移动。围堰使用结束时，将水面以上部分拆除，水面以下留作拦渣坝之用，既保证了二期围堰运行，同时又节省了后期拦渣坝回填时间及工程量，并节省了大量资金。

4.1.4　基于伙伴关系的 EPC 项目合同管理模型

如图 4.1-2 所示，EPC 项目合同管理过程一方面受到合同管理体系（如组织机构、管理制度、合同内容和权责利分配等）的约束和影响，另一方面也受到合同双方主体的伙伴关系要素（如共同目标、态度、承诺、公正和信任等）的约束和影响；合同管理过程进而会影响到项目的绩效。通过建立基于伙伴关系的 EPC 项目合同管理模型，可以进一步揭示项目伙伴关系要素、合同管理体系、合同管理过程与项目绩效之间的关系。

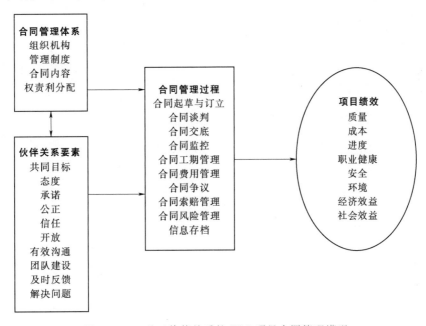

图 4.1-2　基于伙伴关系的 EPC 项目合同管理模型

4.2　杨房沟项目合同管理

4.2.1　杨房沟项目合同管理体系建设情况

杨房沟项目合同管理体系建设情况见表 4.2-1，其中 1 分代表完全不符，5 分代表完全符合。

由表 4.2-1 可知，合同管理的组织结构、流程制度、信息系统建设和履约监控方面得分较高，表明杨房沟项目业主建立了完善的合同管理体系，例如，BIM 系统在杨房沟项目合同管理过程中得到了很好的应用。在变更和索赔管理问题方面，"建立了完善的合同变更管理流程""建立了完善的索赔管理流程"和"建立了完善的合同争议解决机制"也获得了较高的得分。

表 4.2－1　　　　　　　　　　　杨房沟项目合同管理体系建设情况

指　标	得分	排名
建立了完善的合同管理组织机构	4.43	1
建立了完善的合同管理流程与制度	4.43	
建立了完善的合同管理信息系统	4.39	3
建立了完善的合同履行情况监控流程与制度	4.36	4
建立了完善的合同变更管理流程	4.34	5
建立了完善的索赔管理流程	4.34	
建立了完善的合同争议解决机制	4.31	7
建立了完善的针对典型合同风险的评估流程与制度	4.26	8

"建立了完善的针对典型合同风险的评估流程与制度"排名靠后，表明在合同风险评估流程与制度建设方面仍有进步空间。项目参建各方在合同风险管理方面一般是由各职能部门进行风险评估后向公司总部报备，由公司总部进行统一控制，这种合同风险管理制度有时会导致风险预警、控制和应对不及时。

4.2.2　杨房沟项目合同内容情况

杨房沟项目合同内容情况见表 4.2－2，其中 1 分代表完全不符，5 分代表完全符合。

表 4.2－2　　　　　　　　　　　杨房沟项目合同内容情况

指　标	得分	排名
变更流程描述清晰、合理	4.36	1
变更风险描述清晰、合理	4.31	2
物价波动风险分配清晰、合理	4.30	3
项目范围描述清晰、合理	4.29	4
支付条件、支付方式描述清晰、合理	4.28	5
争议解决机制描述清晰、合理	4.28	
业主与工程总承包商权责利分配清晰、合理	4.26	7
设计失误与缺陷风险分配清晰、合理	4.24	8
融资环境变化（如利率波动）风险分配清晰、合理	4.23	9
工程地质相关风险分配清晰、合理	4.23	
索赔条件和流程描述清晰、合理	4.22	11
不可抗力风险分配清晰、合理	4.18	12
设计优化评估机制描述清晰、合理	4.16	13
征地移民风险分配清晰、合理	4.15	14

由表 4.2－2 可知，在杨房沟项目中，合同内容描述较为清晰、合理，各项指标得分均在 4 分以上。其中，对于变更流程和变更风险的描述得分分别为 4.36 分和 4.31 分，排名前两位，表明杨房沟项目合同中对变更事项的描述较为清晰、合理，这也在一定程度上

反映了 EPC 项目相较于 DBB 项目而言，变更事项处理过程中，对于双方的责任描述更加清晰，边界设置更加明确。

合同中对物价波动风险分配的得分为 4.30 分。杨房沟项目周期长，对于工程总承包商而言物价风险很大，且具有很强的不确定性，因此在合同中明确了对物价波动的调价公式，价差风险部分由业主承担，减轻了工程总承包商的风险，有利于项目顺利实施。

在设计优化方面，设计优化评估机制排名相对靠后。杨房沟项目合同中对设计优化问题描述尽管较为清晰，但在项目实施过程中，业主与工程总承包商在合同管理中争议较多的是设计优化问题，设计优化的审批流程较为复杂，周期较长。

"征地移民风险分配清晰、合理"排名最后，归因于征地移民问题涉及复杂的社会、政治和经济关系，完善征地移民风险分配需要长期的努力。

4.2.3　杨房沟项目合同管理过程情况

杨房沟项目合同管理过程情况见表 4.2 - 3，其中 1 分代表完全不符，5 分代表完全符合。

表 4.2 - 3　　　　　　　　杨房沟项目合同管理过程情况

合同管理过程情况	得分	排名
能够依照规范的流程起草和订立合同	4.36	1
合同签订后能明确合同的工作内容和关键时间节点，明确各项目参与方的具体职责	4.33	2
合同谈判时能明确谈判目的、内容和影响因素	4.30	3
能够保留充分的索赔证据和记录并有效处理合同索赔	4.30	
有专门人员负责对外和对内协调合同方面事宜，以及对合同履行情况进行实时跟踪	4.27	5
能够对因工程实际情况变化产生的合同问题及时进行协调与处理	4.26	6
合同部门会向其他业务部门进行合同内容的讲解和传递	4.24	7
能够对合同相关信息进行有效收集与存档	4.21	8
合同策划时能准确识别和规避潜在重要风险	4.13	9

由表 4.2 - 3 可知，各项指标得分均在 4 分以上，杨房沟项目合同管理过程情况总体较好。其中，"能够依照规范的流程起草和订立合同""合同签订后能明确合同的工作内容和关键时间节点，明确各项目参与方的具体职责"和"合同谈判时能明确谈判目的、内容和影响因素"3 项指标排名前 3 位，表明业主在合同拟定、谈判和签订过程中表现较好，且能较好地理解合同内容，并明确合同中的工作内容和关键时间节点以及参建各方的职责。"合同策划时能准确识别和规避潜在重要风险"排名靠后，归因于 EPC 项目的不确定因素较多，需要参建各方共同努力，深入分析各种潜在风险。

4.2.4　杨房沟项目合同管理问题

杨房沟项目合同管理问题发生频率见表 4.2 - 4，其中 1 分代表很少发生，5 分代表经常发生。

表 4.2-4   杨房沟项目合同管理问题发生频率

指 标	得分	排名
不利地质条件引发的问题	2.42	1
工程总承包商向业主提出索赔	2.41	2
业主与工程总承包商之间产生合同争议	2.33	3
费用超支	2.18	4
工期延误相关问题	2.18	
合同签订后法律法规变化	2.16	6
业主向工程总承包商提出索赔	2.16	
质量问题	2.01	8
环保问题	2.00	9
征地移民问题	1.99	10

由表 4.2-4 可知，杨房沟项目合同管理问题发生频率各项指标得分均在 2.5 分以下，情况较好。例如，"不利地质条件引发的问题"得分为 2.42 分。根据杨房沟项目的特点，业主在可行性研究基础上组织开展了深化设计工作，已排除了大部分地下工程地质风险问题，因此由不利地质条件引发的合同管理问题总体上发生较少，不利地质条件引发的问题主要集中在危岩体和断层处理方面，对此，参建各方应在 EPC 项目实施和合同管理过程中加以重视。"工程总承包商向业主提出索赔"得分也只有 2.41 分，相比 DBB 项目而言，索赔问题的发生频率大为下降，这是由于 EPC 项目中不利地质条件、设计变更和施工干扰等不再成为引起索赔的因素；较大的索赔事件主要由合同明确的现场条件与实际情况存在差异（受电网检修等原因存在较长时间停电的情况）、法律法规变化和业主新的要求等造成。

杨房沟项目合同管理问题影响程度见表 4.2-5，其中 1 分代表影响很小，5 分代表影响很大。

表 4.2-5   杨房沟项目合同管理问题影响程度

指 标	得分	排名
质量问题	3.19	1
不利地质条件引发的问题	3.12	2
工期延误相关问题	3.05	3
合同签订后法律法规变化	3.01	4
环保问题	2.92	5
征地移民问题	2.79	6
工程总承包商向业主提出索赔	2.75	7
费用超支	2.73	8
业主与工程总承包商之间产生合同争议	2.67	9
业主向工程总承包商提出索赔	2.49	10

由表 4.2-5 可知，质量问题在杨房沟项目实施过程中的影响程度最高，得分为 3.19 分，其余影响程度排名相对靠前的指标分别是"不利地质条件引发的问题""工期延误相关问题""合同签订后法律法规变化""环保问题"和"征地移民问题"，这些问题需要在项目实施过程中进行重点关注。

结合杨房沟项目合同管理问题发生频率的高低和影响程度的大小可将风险划分为 4 类，见表 4.2-6。

表 4.2-6　　　　　　　　　　杨房沟项目合同管理问题分类

分　类	特　点	杨房沟项目合同管理问题
Ⅰ类问题	发生频率较高且影响程度较大	不利地质条件引发的问题、工期延误相关问题、合同签订后法律法规变化
Ⅱ类问题	发生频率较低但影响程度较大	质量问题、环保问题、征地移民问题
Ⅲ类问题	发生频率较高但影响程度较小	工程总承包商向业主提出索赔、业主与工程总承包商之间产生合同争议、费用超支
Ⅳ类问题	发生频率较低且影响程度较小	业主向工程总承包商提出索赔

Ⅰ类问题：发生频率较高且影响程度较大，此类问题属于合同管理过程的关键问题，需要在合同管理过程中密切关注和高度重视，如不利地质条件引发的问题（如安全性问题）、工期延误相关问题和合同签订后法律法规变化（如项目实施过程中的合规性问题）。

Ⅱ类问题：发生频率较低但影响程度较大，这类问题属于合同管理过程的重点问题，需要在合同管理过程中时刻警惕，如质量问题、环保问题和征地移民问题。

Ⅲ类问题：发生频率较高但影响程度较小，这类问题属于合同管理过程的次重要问题，需要在合同管理过程中进行监控，一旦问题发生需要迅速响应，如工程总承包商向业主提出索赔、业主与工程总承包商之间产生合同争议、费用超支等。

Ⅳ类问题：发生频率较低且影响程度较小，这类问题属于合同管理过程的一般问题，对项目实施过程仍存在一定影响，需在合同管理过程中保持关注，如业主向工程总承包商提出索赔等。

4.2.5　杨房沟项目合同争议解决方式

杨房沟项目合同争议解决方式使用频率见表 4.2-7，其中 1 分代表几乎不使用，5 分代表经常使用。

表 4.2-7　　　　　　　杨房沟项目合同争议解决方式使用频率

争议解决方式	得　分	排　名
沟通协商	4.08	1
调解	2.52	2

由表 4.2-7 可知，在杨房沟项目中，各方主要采用"沟通协商"方式解决争议，有时通过"调解"的方式解决争议。业主和工程总承包商等项目参与方都倾向于选择合作策略，友好解决杨房沟项目实施过程中的合同争议，这与伙伴关系原则一致，即强调参建各方基于互信，通过有效沟通共同解决问题。

4.2.6 基于伙伴关系的 EPC 项目合同管理模型验证

4.2.6.1 合同管理体系与合同管理过程的关系

合同管理体系与合同管理过程的关系见表 4.2-8。

表 4.2-8 合同管理体系与合同管理过程的关系

合同管理过程 / 合同管理体系	准确识别和规避潜在重要风险	明确谈判目的、内容和影响因素	依照规范的流程起草和订立合同	明确合同的工作内容、时间节点和各方的具体责任	合同内容的讲解和传递准确	专人协调合同事宜并实时跟踪	及时协调处理合同问题	保留索赔证据并有效处理索赔	有效收集与存档合同相关信息
建立了完善的合同管理组织机构	0.517①	0.576①	0.561①	0.619①	0.521①	0.505①	0.568①	0.561①	0.384①
建立了完善的合同管理流程与制度	0.486①	0.609①	0.572①	0.633①	0.551①	0.556①	0.499①	0.572①	0.478①
建立了完善的针对典型合同风险的评估流程与制度	0.481①	0.358①	0.469①	0.459①	0.359①	0.444①	0.476①	0.453①	
建立了完善的合同履行情况监控流程与制度	0.567①	0.525①	0.522①	0.624①	0.576①	0.562①	0.484①	0.645①	0.442①
建立了完善的合同争议解决机制	0.525①	0.402①	0.440①	0.540①	0.465①	0.512①	0.477①	0.515①	0.302①
建立了完善的合同变更管理流程	0.501①	0.615①	0.451①	0.631①	0.601①	0.560①	0.485①	0.556①	0.569①
建立了完善的索赔管理流程	0.548①	0.537①	0.493①	0.604①	0.575①	0.506①	0.584①	0.525①	0.496①
建立了完善的合同管理信息系统	0.536①	0.516①	0.587①	0.584①	0.448①	0.550①	0.663①	0.506①	0.436①

① 表示相关显著性在 0.01 级别。

由表 4.2-8 可知,合同管理体系与合同管理过程的各项指标均显示出 0.01 水平下的显著相关关系(除"建立了完善的针对典型合同风险的评估流程与制度"和"有效收集与存档合同相关信息"外),表明 EPC 项目合同管理体系建设情况对合同管理过程有显著的正面影响。

4.2.6.2 伙伴关系与合同管理过程的关系

伙伴关系与合同管理过程的关系见表 4.2-9。

表 4.2-9 伙伴关系与合同管理过程的关系

合同管理过程 / 伙伴关系	准确识别和规避潜在重要风险	明确谈判目的、内容和影响因素	依照规范的流程起草和订立合同	明确合同的工作内容、时间节点和各方的具体责任	合同内容的讲解和传递准确	专人协调合同事宜并实时跟踪	及时协调处理合同问题	保留索赔证据并有效处理索赔	有效收集与存档合同相关信息
共同目标	0.465②	0.336②	0.385②	0.344②	0.329②	0.423②	0.350②	0.371②	0.345②
态度	0.388②	0.241①	0.244①	0.239①	0.353②	0.338②	0.268①	0.262①	0.332②

续表

合同管理过程＼伙伴关系	准确识别和规避潜在重要风险	明确谈判目的、内容和影响因素	依照规范的流程起草和订立合同	明确合同的工作内容、时间节点和各方的具体责任	合同内容的讲解和传递准确	专人协调合同事宜并实时跟踪	及时协调处理合同问题	保留索赔证据并有效处理索赔	有效收集与存档合同相关信息
承诺	0.303②	0.213①		0.271①	0.305②	0.244①		0.274①	0.308②
公正	0.298②	0.333②	0.240①	0.258①	0.309②	0.291②		0.280②	0.365②
信任	0.271②		0.241①	0.267①	0.310②	0.262①	0.293②	0.262①	0.268①
开放									
有效沟通	0.448②	0.325②		0.287②	0.273①	0.313②	0.269①	0.295②	0.306②
团队建设						0.218①	0.223①		
解决问题	0.293②	0.260①			0.272①	0.247①		0.257①	0.320②
及时反馈	0.229①	0.302②			0.243①		0.221①	0.295②	0.438②

① 表示相关显著性在 0.05 级别。

② 表示相关显著性在 0.01 级别。

由表 4.2-9 可知，除"开放"外，伙伴关系各要素对合同管理过程都有不同程度的显著促进作用，而"开放"与其他伙伴关系要素显著相关（表 2.2-6），该要素主要是通过促进"有效沟通""及时反馈"和"解决问题"等间接促进合同管理过程的有效进行。

4.2.6.3　合同管理过程与项目绩效的关系

合同管理过程与项目绩效的关系见表 4.2-10。

表 4.2-10　　　　　　　　　合同管理过程与项目绩效的关系

项目绩效＼合同管理过程	项目质量	项目成本	项目进度	职业健康	安全	环境	经济效益	社会效益
准确识别和规避潜在重要风险	0.373②	0.386②	0.460②	0.332②	0.567②	0.451②	0.239①	0.365②
明确谈判目的、内容和影响因素	0.363②	0.352②	0.422②		0.526②	0.431②	0.238①	0.401②
依照规范的流程起草和订立合同	0.414②		0.376②		0.514②	0.213①	0.218①	0.265①
明确合同的工作内容、时间节点和各方的具体责任	0.332②	0.381②	0.382②		0.482②	0.420②		0.241①
合同内容的讲解和传递准确	0.418②	0.319②	0.324②	0.296②	0.535②	0.372②		0.281②
专人协调合同事宜并实时跟踪	0.459②	0.414②	0.429②	0.334②	0.565②	0.416②	0.234①	0.421②
及时协调处理合同问题	0.328②	0.396②	0.553②		0.481②	0.386②	0.272①	0.333②
保留索赔证据并有效处理索赔	0.465②	0.432②	0.374②	0.307②	0.546②	0.350②	0.290②	0.278②
有效收集与存档合同相关信息	0.447②	0.464②	0.451②	0.218①	0.554②	0.409②	0.239①	0.377②

① 表示相关显著性在 0.05 级别。

② 表示相关显著性在 0.01 级别。

由表4.2-10可知，合同管理过程的各个方面对项目绩效指标均表现出显著相关关系，表明进行高效合同管理有助于从各个层面提升项目绩效。

4.2.6.4 基于伙伴关系理论的 EPC 项目合同管理模型验证

从图4.2-1可以看出，合同管理体系与伙伴关系要素之间呈现显著相关性，二者同时对合同管理过程产生显著正向影响，标准化路径系数分别为0.800和0.374，表明各利益相关方之间的良好伙伴关系有助于构建完善的合同管理体系并提高合同管理效率。合同管理过程对 EPC 项目绩效产生显著正向影响，标准化路径系数为0.561，表明高效的合同管理过程有助于提升 EPC 项目在各个方面的绩效。整体而言，调研结果验证了伙伴关系对于合同管理体系建设与合同管理过程的促进作用，表明参建各方良好的伙伴关系和高效的合同管理二者联系紧密，共同发挥作用，提升 EPC 项目绩效。

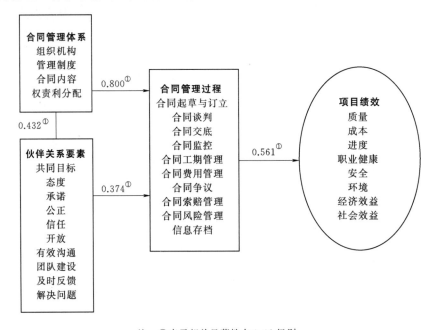

注：①表示相关显著性在0.01级别。

图 4.2-1　基于伙伴关系的 EPC 项目合同管理模型验证

4.2.7　杨房沟项目合同管理

4.2.7.1　杨房沟项目参建各方的合同责任界限及职能对接

1. 业主合同责任

业主合同责任主要有：委托并监督监理方行使部分业主权利；统筹提供合同约定业主应提供的条件；履行按照法律规定和（或）合同约定业主应负责办理的工程建设项目各类审批、核准或备案手续，对由工程总承包商负责的有关设计、施工证件和批件业主给予必要的协助；及时审核支付签证并支付合同价款；及时推动由业主组织的验收等。

2. 监理方合同责任

监理方在合同约定的权力范畴内履行部分业主的职责，主要有：组建现场监理管理体系；监督工程总承包商建立健全现场机构；督促工程总承包商按照工程需要和合同约定及时报审文件，对工程总承包商报审的文件进行审查或批准；在事先得到业主批准后，发布开工令、暂时停工或复工令；组织或参加工作例会、专题会等，及时协调技术经济委员会对重要、重大设计方案，较大及以上设计变更、设计调整方案等的审查和必要咨询；及时督促工程总承包商组织设计审查及设计交底等活动并视情况参加；督促工程总承包商定期提交采购计划，审核主要材料、设备的采购计划，审核确认供应商资质，监督并参与采购，负责对进场主要材料进行抽样检验，检查设备参数、性能指标、工况；负责审批新设备、新材料、新技术、新工艺的试验及推广使用；全过程参加业主、工程总承包商的联合采购活动；及时开展本工程的安全、质量、进度、环保水保及文明施工、投资等的检查、监督、控制；审核工程总承包商的控制测量成果；监督工程总承包商"三检"制的落实情况，检查强制性标准的执行情况，负责对工程总承包商验收评定资料（含支撑资料）和归档资料进行检查、监督、审核；负责对工程总承包商的施工工序进行监督、检查，并组织验收；审核工程总承包商提交的支付签证和工程款支付申请，并报业主审批；在事先得到业主批准后，批准工程延期、索赔、备用金的使用、变更估价、总承包商的分包、更换工程总承包商项目经理部主要人员等。

3. 工程总承包商合同责任

工程总承包商合同责任主要包括：组建项目现场管理体系，遵守并执行业主和监理方现场管理制度；完成合同约定的全部工作，并保证工程施工和人员的安全；编制设计、施工的组织和实施计划、方案，实施进展报告、总结报告等，并及时报监理方；参加业主和监理方召开的与本工程相关的会议；接受并积极配合业主或业主委托的机构对工程进行检查、检验及复核；工程总承包商应及时落实政府相关部门、业主及监理方在项目检查过程中提出的整改意见和要求，并及时上报相关文件；配合业主完成应业主履行的相关报批（备）手续；负责施工场地及其周边环境与生态的保护工作；负责做好所管辖施工区域内的治安综合治理、纠纷调解、群众阻工处理、道路交通管制、各类影响及风险所涉及的补偿（或赔偿）、施工区封闭管理等工程建设中的所有协调工作；应按合同约定或监理方的指示为他人提供可能的条件；对本合同施工区、生活区内消防工作全面负责；按合同约定负责工程的维护和照管；工程总承包商应履行合同约定的其他义务。

4. 职能对接

EPC 项目工程总承包商对工程安全、质量、进度、环保水保、投资等负总责，业主、监理方应履行监督管理责任。开工伊始，业主分别与监理方、工程总承包商就监理方合同、工程总承包商合同组织了合同交底，全面针对项目管理、施工管理、勘测设计管理、机电物资管理、合同商务管理、投标勘测设计方案清理、年度结算计划等进行了协商，形成合同交底备忘录并作为合同的组成部分。据此，参建三方通过日常沟通、来往文件、工作例会、履约考核、研讨会等方式对合同的理解和执行持续进行交流，合同责任界限日渐清晰，职能对接总体顺利。

4.2.7.2　杨房沟项目管理模式与 DBB 模式合同管理的异同

杨房沟项目管理模式与 DBB 模式合同管理的异同见表 4.2 - 11。

表 4.2 – 11　　　　　　　杨房沟项目管理模式与 DBB 模式合同管理的异同

序号	合同管理工作	DBB 模式	杨房沟项目管理模式
1	业主管理	业主配置的管理机构专业齐全，人力资源配置力量强、职工数量相对较多，对项目总体把控能力较强，能够较好发挥业主的项目管理主导作用	项目业主的管理工作量得以大大降低，业主将管理重心转移至对项目质量控制、安全监控、总体进度、总体投资的把控
2	机电设备管理	通常业主负责关键和重要机电设备的采购工作，质量有较好的保证，后期设备运行可靠性高	关键机电设备由业主和工程总承包商联合采购
3	材料物资管理	通常业主负责关键材料物资的采购工作，质量有较好的保证	1. 工程总承包商负责材料采购工作，减少了业主采购责任和风险，减少材料核销工作量。 2. 通过制定专项调差方式解决物价变化引起的风险。 3. 通过参与工程总承包商组织采购、材料抽检、试验检测等手段加强材料质量的管理
4	供电管理	施工区供电由业主统一管理和规划，用电安全管理规范，施工区安全文明生产落实比较到位，供电可靠性高	业主用电管理的工作量大大减少，施工单位提出索赔风险降低
5	安全管理	业主组织安全生产检查考核，参与安全管理力度较大，业主监管覆盖面广，对总体安全管理有一定掌控能力	1. 依据《中华人民共和国安全生产法》第三条，生产经营单位（工程总承包商）承担安全生产主体责任。 2. 依据《建筑工程安全生产管理条例》第二十四条，由工程总承包商对施工现场的安全生产负总责。 3. 业主的安全管理责任相对 DBB 模式有所减轻。工程总承包商组织开展安全生产检查考核，一定程度上分担了业主部分管理责任
6	质量管理	业主和监理执行全过程质量管控，从资源配置、工序准备、细节控制等进行深入管理，把控力度相对较强	业主和监理监控的重点是工程质量，工程总承包商对质量管理负总体责任。对质量管理从管理上、规范化作业上、实体质量要求上进行宏观把控
7	进度管理	招标文件对合同项目各部位进行约定，节点工期约定更明确；按照合同约定节点施工，过程控制更精细，管理更明细	1. 工程总承包商更加有积极性，通过合理的组织抓工程进度，控制工程建设成本。 2. 工程总承包商更有积极性通过缩短工期，获得业主的额外奖励。 3. 通过工程总承包商内部合理组织，施工干扰小，内部分工灵活调度，协调安排，出现窝工索赔可能性小。 4. 标的额大，工程总承包商总部更加重视，资源投入更到位，工期整体把控裕度大
8	监理管理	监理方执行全过程监督管理，代表业主开展现场监督、检查、旁站、验收、计量等各项工作，监理职能全、广，管理面面俱到	监理管控重点突出，能发挥监理方的特长，把精力集中在工程建设设计方案、统筹管理、质量、进度和总体方案的把控

序号	合同管理工作	DBB 模式	杨房沟项目管理模式
9	设计管理	主设单位由业主委托或招标引进,负责项目施工详图与技术要求编制、地质跟踪分析、设计变更、现场设代服务等,设计变更需经业主审查,设计人员配置、现场设计服务质量等均由业主负责监督、检查、考核,业主对设计管理深入,业主对设计掌控力度相对较强	1. 设计方案与经济利益挂钩,设计主动优化工程积极性高,激发自行优化工程的积极性。 2. 设计单位和施工单位形成紧密的联合,设计机构可主动吸收施工单位一些合理化建议,设计产品的可施工性符合现场实际需要。 3. 通过设计监理职能严控设计优化。 4. 业主设计管理的工作重心转移至设计优化把关
10	优化控制	目前因定性困难等因素限制,尚无对设计优化和参建单位合理性优化的高效奖励措施和办法	工程总承包商优化积极性和主动性很高,同时工程总承包商也承担了设计增加的责任,总体工程投资可控
11	结算管理	结算工作细化到实际发生工程量,能有效监控工程变化	结算管理调整为节点目标支付管理方式。该方式在总承包模式下能够最大限度地调动工程总承包商的积极性
12	价差管理	价差一般通过具体完成工程量和发布的定额指数进行调整。该模式反映价差变化相对较为科学精细	对建安工程按分类工程价格指数进行价差调整
13	风险管理	各类风险基本由业主承担,承包商的风险相对较小	将地质变化、设计变更、施工干扰等工程总承包商更容易管理的风险,由工程总承包商负责承担和控制,从而优化风险管理主体,业主承担的工程建设风险减少

4.2.7.3　杨房沟项目 EPC 合同较 DBB 合同的优势

1. 业主

(1) 业主总体投资可控程度相比 DBB 模式有较大提高。一般情况下合同总额基本不变,业主投资风险减小。

(2) 业主安全责任风险大大降低。相比于 DBB 模式,业主不承担直接安全责任,只承担监管责任,安全责任风险和压力减小。

(3) 业主协调工作压力减小。DBB 模式中,业主需要与多个利益相关方开展协调工作,而杨房沟项目中,业主基本只与工程总承包商和监理方进行接口,协调工作压力大为减小。

(4) 变更、索赔事项发生数量上得到减少,业主有精力投入到总承包项目过程的投资分析工作中。

(5) 相比于 DBB 模式,EPC 模式下业主对项目实施的直接干预程度减弱,工程总承包商对于项目变更更为主动。

2. 工程总承包商

(1) 工程总承包商设计施工一体化管理能力强。工程总承包商项目部的设计、施工人员交叉进入各部门,有效实现了设计施工一体化管理。

(2) 设计工作流程由过去的"设计部提交设计产品—监理审批—施工"转化为"设计

＋施工联合协商会签—设计监理审批—施工"，使得设计工作具有效率高、周期短、深度深、可施工性好的优势。

（3）资源整合利用的能力极大加强。在 DBB 模式下，不同标段由不同承包商承包，资源较为分散；在 EPC 模式下，由工程总承包商进行资源的协调利用，有利于不同工区的资源整合利用。

（4）工程总承包商在成本控制、进度控制和安全意识等方面主动作为的意识加强。

4.2.7.4　合同管理过程需关注的重点

1. 工程款结算

业主和工程总承包商合同管理部门的主要职责之一是负责工程统计与预、结算工作。杨房沟项目采用"形象节点"的结算方法，即不以工程量为结算依据，而是以现场施工的状态划分节点作为结算依据，例如，以某工区开挖到某高程为节点，在计划时间内达到节点则可申请经费结算。支付流程为：工程总承包商撰写节点完成情况报告→监理审核→业主审批→支付。结算工作一般按季度进行，一般不会对是否达到节点产生争议。在杨房沟项目实施过程中，年度结算计划一般偏差不超过 5％，说明在 EPC 模式下工程总承包商有充分的资源调度能力和施工组织能力，即使有时存在对不利因素［如各工区干扰因素、采购流程因素、地质条件因素、特殊时期（如春节）劳务流失等］考虑不足而导致季度计划出现偏差，也可以通过自身的施工组织和资源调配合理安排工期最终完成年度或里程碑目标。

2. 变更

相对于 DBB 项目，业主在 EPC 项目中需要额外支付费用的变更问题明显减少，但仍然存在。EPC 模式下，合同界面比较清晰，业主额外支付费用的变更多为业主要求增加工作范围或提高标准，一旦出现这类变更，由于工程总承包商集中了设计和施工的优势资源，在设计方案和施工方式选择上更为主动，对变更项目造价影响较大，这就要求业主和监理方进行变更审核的技术管理和商务管理人员具有更高的业务水平。

3. 索赔

根据合同约定，工程总承包商提出索赔的原因主要有法律法规、标准和规范变化，业主提供的条件变化，业主提出工作范围变更等。从杨房沟项目的执行情况看，由于合同界面的进一步简化，索赔事件的原因类型和数量较 DBB 模式均有所减少。

4.3　水电 EPC 项目合同激励

激励机制是通过一套理性化的制度来反映激励主体与激励客体相互作用的方式。激励既包括正面的奖励，如物质奖励、荣誉奖励等，也包括适当的惩罚措施。水电 EPC 项目合同中常见的合同激励包括成本激励、进度激励和技术激励等。建立合适的激励机制，可使利益、风险分配更为公平，有助于调动利益相关方的积极性，减少机会主义行为发生，提高项目绩效。

4.3.1　合同激励的类型

4.3.1.1　成本激励

成本激励是一种通过对工程总承包商进行奖励或惩罚以促进实现项目成本目标的激励

方式。项目盈利是工程总承包商的基本目标，所以成本激励是对工程总承包商最为直接有效的激励方式。EPC 合同属于固定总价合同，当工程实际费用低于合同价格时，工程总承包商能够享受差额部分的全部利润，更有动力控制和节约工程成本以获得更高利润。因此，EPC 合同本身可视为一种成本激励。

4.3.1.2　进度激励

进度激励是一种通过对工程总承包商进行奖励或惩罚以促进实现项目进度目标的激励方式。项目提前竣工投入生产运营意味着提前实现收益和提早占有市场，项目延期完工会给业主带来经济等方面的损失。当项目提前竣工时，业主给予工程总承包商一定奖励，将项目提前完工的收益与工程总承包商分享；当项目延期完工时，业主给予工程总承包商一定惩罚，将工程延期竣工的风险与工程总承包商共同分担，这两种激励措施都能够促进项目进度目标的实现。其中，一种特殊的进度激励措施是形象节点结算，即当项目形象施工达到合同或计划约定的进度时业主支付相应的工程进度款。在这种将成本管理与进度管理相结合的合同价款支付方式下，如果工程总承包商施工进度未能达到进度计划约定的形象节点，业主将推迟支付相应的工程款，能够对工程总承包商产生较强的进度激励效果。

4.3.1.3　技术激励

技术激励是通过对工程总承包商进行奖励或惩罚以促进实现项目技术目标的激励方式，包括质量激励、安全激励、环保激励等。技术激励能够为工程总承包商提供资源和动力，促进其主动优化资源配置以实现相应的技术目标，并减少业主监督和管理的投入。大型水电项目情况复杂、目标多元，建立合理的绩效评价体系是实现技术激励目标的关键。

4.3.1.4　综合激励

综合激励是平衡项目多个激励目标后制定的综合运用成本、进度、技术等多种激励的措施。某一单一的激励目标可能会影响其他激励目标的实现，如工程总承包商一味追求加快进度获得合同激励而忽略工程质量目标。因此，激励机制的设置需要综合考虑和平衡全部的激励目标，并通过设置不同的激励措施和激励额度来反映不同激励目标的优先次序，以促进项目综合目标的实现。

4.3.2　激励机制的作用

大型水电项目利益相关方众多，各方都希望项目能够成功完成、项目目标能够顺利实现，但不同项目具体目标对不同利益相关方来说优先次序往往有差别：业主希望能够均衡实现项目的进度、成本、质量、安全、环保等目标，达到全局最优；工程总承包商最关注工程项目的技术风险和履约成本；监理方最重视工程质量与安全。激励机制能有效协调 EPC 项目参与各方目标的差异性，改善传统模式中利益与风险分配不公的局面，有助于项目参与各方摆脱传统 DBB 模式下的紧张关系，形成更加紧密的合作关系，提高项目绩效。

4.3.3　杨房沟项目合同激励

4.3.3.1　杨房沟项目绩效评价措施

杨房沟项目绩效评价措施使用情况见表 4.3-1，其中 1 分代表不符合，5 分代表完全符合。

表 4.3 - 1　　　　　　　　　　　杨房沟项目绩效评价措施使用情况

指标	得分	指标	得分
对项目实施过程进行评价	4.21	对项目实施结果进行评价	4.18

实践表明，在杨房沟项目中，综合采用了基于过程及结果的绩效评价方法。在过程评价与结果评价相结合的评价方法下，项目管理人员能够有效地跟踪正在进行的活动，及时发现和修正项目实施过程中出现的偏差，确保项目实施朝着项目目标更加顺利、高效地进行。这种结果与过程并重的、延伸到项目实施全过程的绩效评价方式，有利于加强管理人员对于项目的控制力，为激励机制的实施提供合理的依据，有助于提升项目实施绩效。

杨房沟项目绩效评价在具体实施程序上包含了业主对工程总承包商的合同履约评价和工程总承包商内部绩效评价。

1. 业主对工程总承包商的合同履约评价

在杨房沟项目中，业主设置了季度合同履约评价机制，对工程总承包商在安全管理、质量管理、进度管理、合同商务管理、环保水保管理及综合管理等方面的履约情况进行评价。按评价得分情况分为"优良［85 分（含）以上］""合格［85 分以下、70 分（含）以上］"和"不合格（70 分以下）"3 个等级。针对工程总承包商合同履约评价等级情况，业主设置有相应的奖励和惩罚措施，并监督工程总承包商对不合格的工作进行整改。

2. 工程总承包商内部绩效评价

工程总承包商将与业主约定的履约目标分解为子目标，对子目标落实情况的考核条目具体见表 4.3 - 2。

表 4.3 - 2　　　　　　　　　　工程总承包商内部考核条目与权重

考核条目	考核权重	考核条目	考核权重
工程进度	35%	协调与配合	5%
工程质量	20%	请销假执行情况	5%
安全文明施工与环保水保	20%	财务管理	5%
经营管理	10%		

在绩效考评条目中，质量、安全实行一票否决制，即工程质量当年发生 1 次较大及以上事故时，工程质量项得分为 0；安全生产出现较大安全生产责任事故时，安全文明施工与环保水保项得分为 0。按照进度、质量、安全文明施工与环保水保每月的考核结果及其他项年终的考核结果，在次年年初分别进行汇总取平均值。年度考核实得总分＝∑［每一项考核内容的考核得分（百分制）×该项考核内容权重］。

4.3.3.2　杨房沟项目激励措施

杨房沟项目激励措施目的实现情况见表 4.3 - 3，其中 1 分代表不符合，5 分代表完全符合。

表 4.3 - 3　　　　　　　　　　　杨房沟项目激励措施目的实现情况

指　标	得分	排名
工程满足进度目标	4.43	1
工程满足安全目标	4.43	
工程满足环保目标	4.30	3
工程满足质量目标	4.28	4
工程满足信息化管理目标	4.20	5
工程成本控制在预算内	4.08	6
项目技术方案优化	3.99	7
工程提前完工	3.88	8

　　杨房沟项目激励措施主要目的是促进实现项目进度目标（4.43 分）、安全目标（4.43 分）、环保目标（4.30 分）和质量目标（4.28 分），归因于按时完工发电蕴含经济效益、达到安全与环保目标是履行法律和社会责任，而保证工程质量是项目履约的基本要求。"工程满足信息化管理目标"得分为 4.20 分，表明运用信息技术提升项目管理效率也受到了重视。"工程成本控制在预算内""项目技术方案优化"和"工程提前完工"得分相对较低，体现了业主理性的管理理念，不盲目追求以尽可能低的成本尽快完成项目。

　　杨房沟项目激励措施作用情况见表 4.3 - 4，其中 1 分代表不符合，5 分代表完全符合。

表 4.3 - 4　　　　　　　　　　　杨房沟项目激励措施作用情况

指　标	得分	排名
使利益相关方的目标趋于一致	4.09	1
使项目风险分配趋于合理	3.99	2
使各方利益分配趋于合理	3.97	3
均　值	4.02	

　　由表 4.3 - 4 可知，3 种激励措施作用的平均得分为 4.02 分，总体评价较高，表明激励措施对于促进项目有效实施具有较大的作用，杨房沟项目的激励方案总体有效。激励效果来源于 3 个方面：①激励能够实现利益的重新分配，通过调整利益分配结构使得项目各利益相关方能够更加公平地享受项目成功实施带来的收益，为各利益相关方实现项目具体目标提供动力和资源；②激励也可以被看作是一种对项目风险的再分配，当项目风险发生时，由各参与方承担相匹配的风险；③激励通过实现利益和风险的再分配，让项目中原本具有利益冲突、目标不一致的各利益相关方拥有共同目标，并为之共同努力。

　　杨房沟项目采用了以进度激励、质量激励和安全环保激励等多种激励方式相结合的综合激励方案，以促进项目目标的实现。上述合同激励措施体现了业主将项目进度、质量、安全环保和投产运行视为重点风险进行管理。杨房沟项目激励措施见表 4.3 - 5。

表 4.3 - 5　　　　　　　　　　　　　　　　杨房沟项目激励措施

激励类型			具体奖励措施	
成本激励			EPC 总承包合同	
进度激励			关键节点激励	
			提前发电激励	
技术激励	质量激励	质量专项激励		质量考核
				样板工程
				质量先进
		机组安装质量考核激励		
		工程创优激励		
	安全环保激励	安全考核		
		安全标准化达标评级		
		安全生产特别贡献		
		安全先进专项		
		环保水保先进		
		综合治理先进		
	生产运行激励	机组安全稳定运行激励		

1. 成本激励

杨房沟项目合同中没有设置成本相关的奖励措施，但 EPC 总价合同本身可视为一种成本激励。工程总承包商降低成本的途径包括设计优化、改进施工方案、精细化成本管理等，其中项目设计优化激励对工程总承包商的重要性较高。杨房沟项目合同是 EPC 总承包合同，合同总价格固定，业主不参与设计优化节约费用的分成，设计优化节约的费用都归于工程总承包商。为防止过度优化降低工程的安全裕度，业主通过对设计优化审批制度、流程和额度进行规范来约束工程总承包商的设计优化，包括对超过一定额度的优化方案进行监理方和业主双重审批、优化方案的安全性能要一定程度高于规范要求等。由于业主不参与设计优化分成，缺乏激励和动力去批准工程总承包商的设计优化方案，有可能导致出现设计优化审批流程过长、通过率低等现象。

2. 进度激励

杨房沟项目总承包合同约定，由于工程总承包商原因，未能按合同进度计划完成工作，或监理方认为工程总承包商工作进度不能满足合同工期要求的，工程总承包商应采取措施加快进度，并承担加快进度所增加的费用。由于工程总承包商原因造成工期延误，工程总承包商应支付逾期竣工违约金，逾期竣工违约金的计算方法和最高限额在专用合同条款中约定。工程总承包商支付逾期竣工违约金，不免除工程总承包商完成工作及修补缺陷的义务。与之相对应，业主要求工程总承包商提前竣工，或工程总承包商提出提前竣工的建议能够给业主带来效益的，应由监理方与工程总承包商共同协商采取加快工程进度的措施和修订合同进度计划。业主应承担工程总承包商由此增加的费用，并向工程总承包商支付专用合同条款约定的相应激励费用。

杨房沟项目合同中约定了 5 个关键节点：①大江截流；②首仓混凝土浇筑；③厂房开挖支护完成；④枢纽工程具备度汛条件；⑤枢纽工程具备蓄水条件。如果工程总承包商未能按照合同约定的期限完成关键节点目标，则业主对工程总承包商处以与激励费用相同的违约金处罚，且每逾期一天完成关键节点目标将处以一定金额的累计违约金处罚。若第 5 项目标按期实现，则业主将中间过程第 2～4 项目标未实现的违约金返回工程总承包商。若第 5 项关键节点未完成或首台机组具备投产发电条件未按期实现，则业主将中间过程第 2～4 项目标实现的激励费用扣回。此外，杨房沟项目合同约定，水电站首台机组于约定日期前并网发电，业主将按提前天数给予工程总承包商每天一定的激励费用；末台机组于约定日期前并网发电，业主将按提前天数给予工程总承包商每天一定的激励费用，提前发电奖励总额设置了上限。

关键节点激励、提前发电激励和相对应的违约处罚相结合，可有效激励工程总承包商在工程实施过程中合理进行施工组织设计和资源配置，严格进度管理，努力保证进度目标的实现。

3. 工程创优奖励

杨房沟项目业主非常看重该项目为企业带来的社会效益和声誉，重视工程创优的成果，故在总承包合同中通过奖励和违约处罚的形式对工程创优进行了约定：若杨房沟水电站获得国家级优质工程奖，业主将一次性给予工程总承包商一定金额的奖励；若未获得电力行业优质工程奖，业主将对工程总承包商处以一定金额的违约金处罚。即业主要求杨房沟水电站必须获得电力行业优质工程奖，争取获得国家级优质工程奖，"保电优，争国优"。在杨房沟项目监理合同中也有关于工程创优的相关奖励和违约责任约定。实践结果表明，工程总承包商和监理方对工程创优奖励重视程度较高，说明相关合同激励机制设计较为成功，使参建各方形成了共同的荣誉追求目标。

4. 生产运行奖励

杨房沟项目总承包合同激励机制的设计不仅考虑到项目的施工阶段，还考虑到电站机组的验收和生产运行阶段。合同针对生产运行设置了机组安全稳定运行奖励和违约处罚，约定如下：每台机组通过 72h 试运行移交给业主运行时，开始机组安全稳定运行考核。每台机组的考核期限为 1 年。在安全稳定运行考核期内，工程总承包商负主要责任引起的非计划停运事件不超过 0.5 次/台（即 4 台机合计不超过 2 次，每台机均按 1 年统计）。若满足此条件，业主一次性奖励一定金额奖金。如果 4 台机组因工程总承包商负主要责任引起的非计划停运事件超过 2 次，则业主按超过次数对工程总承包商进行违约处罚，每次处罚一定金额的违约金。

4.3.3.3　杨房沟项目违约处罚

杨房沟项目合同还约定了一系列违约处罚来约束工程总承包商的行为。当工程总承包商发生如下 10 个方面的违约（违章）情形时，业主对工程总承包商处以违约金处罚，并从最近一期工程进度付款中扣除。

（1）人员管理方面：未按要求常驻工地或驻地办公时间不足、未按规定参与会议、未按规定请假等。

（2）安全管理方面：发生各类安全事故、发生各类违章行为、未按规定文明施工、安全考核绩效分数过低等。

（3）质量管理方面：违反有关质量规定和规范、发生各类质量事故、档案管理出现问题、质量绩效考核分数过低等。

（4）环保水保管理方面：受到各级行政主管部门处罚、发生违章行为、未通过验收、检测指标超标、环保水保绩效考核分数过低等。

（5）工程管理方面：发生与施工相关的工程总承包商负主要责任的事故等。

（6）资金管理：发生违规转账、资金挪用等行为。

（7）安全稳定运行：安全稳定运行考核期内，非计划停运事件合计超过 2 次。

（8）进度节点目标：未达到进度节点目标。

（9）工程达标投产：未能通过达标投产验收（复验）。

（10）工程创优：未获得电力行业优质工程奖。

这些处罚措施除包含进度、质量、安全、环保等方面内容以外，还包含人员管理等方面的内容，例如，对工程总承包商各部门负责人、主管和副职以上主要人员的驻地办公、参加会议、请假等做出了具体规定并给出了明确的违规处罚金额，以此约束工程总承包商主要管理人员的行为，进而提升项目管理绩效。此外，杨房沟项目合同中约定业主有权对合同中未尽事宜进行一定金额的违约金扣款。

4.4 小结

4.4.1 杨房沟项目合同管理创新

（1）立足行业特点，合理设置合同条款。针对《中华人民共和国标准设计施工总承包招标文件》（2012 年版）行业覆盖面广、部分条款与水电建设管理模式存在较大差异的情况，业主立足行业特点，结合管理经验，在杨房沟项目设计施工总承包模式实践过程中，充分尊重《中华人民共和国标准设计施工总承包招标文件》（2012 年版）立约精神，综合考虑 FIDIC 合同范本和国内总承包合同的特点，合理地进行合同条款设置，形成了一套适合大型水电项目的设计施工总承包合同范本、一套成熟的招标控制价编制方法、一套规范的招标采购流程和一套相对完整的总承包项目管理流程，具备较强的可复制性，对于后续开发项目采用 EPC 模式具有重要的推广价值和借鉴意义。

（2）合理划分风险。物价波动风险采用调价公式进行调节，由业主承担，法律法规及标准变化导致的变更风险也由业主承担，有效解决了 EPC 模式不适用建设周期长的大型工程的问题。这样的处理一方面有利于工程总承包商在投标报价过程中降低保守程度，充分发挥市场的竞争性条件，使业主更有机会获得充分竞争的报价；另一方面合理的风险分摊避免了工程总承包商承担过多的其不能控制的风险，有效保证了项目顺利实施，达成共赢。

（3）在合同中明确采用节点支付的方式，通过划分形象节点并制定进度计划和支付计划，明确了支付条件和支付方式；通过结算与进度和质量管理的有机结合，以经济手段促进了进度和质量管理工作。

（4）在招标工作开始前提前分析研判潜在风险，并在合同中设立风险费款项，允许工程总承包商在投标报价时通过风险费反映其对项目风险的认识，有效缓解 EPC 模式在地下工程较多的工程中的不适应性问题。

（5）根据收益与风险对等的原则，在 EPC 模式下工程总承包商享受设计优化收益，激励工程总承包商主动进行成本控制，有效节约社会资源，有利于可持续发展。

（6）采用综合合同激励方案，减小了各利益相关方目标的差异性，促进了利益和风险的公平分配，有助于提高项目绩效和实现项目目标。

（7）设置了多层次的绩效评价体系，包含成本、进度、质量、安全、环保等多重目标，并通过设置相应的激励措施将责任分配到相关部门与个人，以促进项目目标的实现。

4.4.2　合同管理建议

（1）在编制合同文件的过程中充分考虑工程总承包商在执行合同时应遵循的规则和标准，使其清晰明确。

（2）招标过程中认真比选出最合适的工程总承包商，不同设计方案有不同的优势，不能只考虑报价水平。

（3）在合同策划阶段与参建各方进行充分沟通，积极分享相关信息，深入分析各种潜在合同风险，建立更为完善的风险评估流程与制度，各职能部门要明确各自业务相关的潜在风险，并在项目实施过程中进行长期预警和监控。

（4）在 EPC 项目实施和合同管理过程中重视由不利地质条件引发的合同管理问题（如危岩体和断层处理引起的变更索赔相关问题）。

（5）伙伴关系对于合同管理过程和项目绩效有显著的促进作用，参建各方应建立基于信任的伙伴关系，本着共赢理念，友好解决合同管理过程中的争议与问题，以提升 EPC 项目绩效。

第 5 章

大型水电 EPC 项目质量管理

5.1 EPC 项目质量管理理论

项目质量管理是制定质量政策、目标并采取措施予以落实的过程和活动，旨在使项目满足其预定要求。项目质量管理不仅关注项目可交付成果的质量，还关注项目管理过程的质量。项目质量管理可分为三个过程：规划质量管理、实施质量保证和控制质量。

5.1.1 规划质量管理

规划质量管理在项目规划阶段进行，旨在通过识别项目或其可交付成果质量要求，书面描述如何证明项目符合质量要求，从而为管理质量和确认质量提供指南。这些指南包括质量管理相关实施计划、过程改进计划等，且质量管理计划与整个项目计划是相协调一致的。我国大型水电 EPC 项目的质量规划需根据项目内外部环境、合同质量要求以及政府法律法规等，制定项目质量目标和计划，并明确实现质量目标需配置的资源。主要内容包括以下几个方面。

1. 确定项目质量目标

项目质量目标是项目各参与方关注的焦点，是各方共同追求的目标之一。质量目标可以指导项目部合理分配和利用资源，以达到质量管理规划的结果。工程总承包商应根据业主要求和有关法律法规，遵循方便可行、指标先进、便于度量的原则，确定质量目标。

2. 制定项目质量计划

EPC 项目质量计划是为保证实现项目可交付成果质量要求所需的活动、标准、工具和过程的描述。工程总承包商应结合我国大型水电项目特点，制定项目质量计划，并提交业主、监理方审查和批准，批准后的质量计划应予以贯彻执行。

3. 建立健全质量管理组织机构

质量管理组织机构是为了高效实施项目质量管理工作而建立的临时性组织机构，在我国大型水电项目中一般设有质量管理委员会、质量管理委员会办公室。根据 EPC 项目规模大小和需求，可设置质量经理、副经理、工程师等岗位。质量管理部门由项目质量经理负责领导，向 EPC 项目经理和 EPC 项目企业质量管理部门经理负责。

4. 构建完善的项目文件管理流程

在质量管理规划阶段，项目质量经理需牵头组织设计、采购、施工等部门负责人分析各自岗位的文件类型及清单，制定文件的格式、分类、编号、归档、检索原则等，形成一整套受控的项目管理文件，使得项目文件管理流程更加规范，也更加便于检索。

5.1.2 实施质量保证

1. 制定质量保证计划

质量保证计划一般在整个项目质量计划完成编制后制定，设计、采购、施工等部门负责人按照项目质量计划要求，编制各部门的质量保证分项计划，内容主要包括质量管理目标、控制依据、标准要求等。质量保证分项计划的编制、变更必须由工程总承包商审核、批准，当分项计划与项目质量计划有所冲突时，应保证项目质量计划的纲领地位，及时调整分项计划。

2. 实施过程质量监督

我国大型水电 EPC 项目的质量管理方主要包括政府、业主、监理方、工程总承包商以及外部专家等。工程总承包商是实施质量保证的主体，负责对设计图纸、设备和材料、施工过程等方面进行过程质量管理。政府主要对实施过程进行监督检查。监理方受业主委托对设计、施工过程质量进行检查验收。

3. 持续改进质量管理体系

大型水电 EPC 项目持续周期长，项目质量管理体系需不断改进更新，才能够适应项目的发展变化。项目参建各方应定期检查项目质量管理体系的运行情况，及时发现管理体系存在的问题；定期召开质量问题剖析会，制定切实可行的改进方案，并且建立跟踪机制，检查改进效果。

5.1.3　控制质量

控制质量主要是监督和记录质量活动执行情况，进而评估工作绩效，并根据项目质量状况推荐必要的变更过程，以达到两个目的：①及时识别导致过程低效和质量低劣的因素；②确保项目质量满足客户要求，足以进行最终验收。主要内容包括以下几个方面。

1. 设计过程

设计是工程总承包的龙头，设计质量直接决定了整个项目的质量，设计质量控制需重点关注设计策划、接口、评审、确认、变更等环节。例如，对于设计各专业间的接口要建立专门的台账实施跟踪管理，防止因为相互之间的遗漏或错误导致施工无法进行；设计图纸技术交底和会审环节，工程总承包商必须首先进行正式的书面记录并予以存档，同时要录入质量管理信息系统备案，以便于统一管理设计、采购和施工过程中的变更。

2. 采购过程

需重点关注供应商的评估与选择，合同的签订，设备（材料）的监造、检验、存储及缺陷处理等环节。例如，设备（材料）的监造过程，尤其是在委托第三方监造的情况下，工程总承包商应不定期进行巡检监督，确保监造效果符合要求；发货和到货检查要严格按照预定检查项目逐一检查，同时做好记录并录入质量管理信息系统备案；设备入库后则要按照存储要求保存，做好记录并录入质量管理信息系统备案。

3. 施工过程

施工过程质量检查需通过健全的制度和严格的岗位责任来约束现场施工管理人员以及施工操作人员，应重点关注图纸会检、技术交底、施工过程检测、检验验收等环节。例如，建立不符合项处理程序，包括记录、原因分析、纠正措施、处理结果确认、持续改进建议及不符合项处理报告等，以免发生重复质量问题。

4. 设备安装调试过程

设备安装调试直接关系到项目后期的运营效果，需重点关注过程检测、可靠性试验、性能检验及缺陷处理等环节。

5. 检查验收

工程总承包商首先根据验收标准自行组织内部验收，验收合格后，向业主提交竣工验收报告。对于竣工初验时业主、监理方提出的质量缺陷需制订计划表，并按计划进行修复。

水电机组启动验收应会同电网公司共同组织机组启动和试运行验收，成立机组启动验收委员会，进行机组启动试运行，检查机组带负荷连续运行可靠性情况。

6. 初期蓄水运行

当水电工程建设达到水库蓄水条件时，编制工程蓄水验收申请报告，报送相关主管部门批复；按规定蓄水运行后，编制安全鉴定自检报告和验收报告，协助相关主管部门完成安全鉴定工作。

5.1.4 基于伙伴关系的质量管理机制

EPC 模式下水电项目建设质量由参建各方共同决定，参建各方需建立基于信任和自律的伙伴关系，共同实现项目质量目标。应从以下方面建立各方基于伙伴关系的质量管理机制。

1. 识别共同目标

虽然 EPC 项目参与各方的具体目标的优先次序有所区别，但总体而言，无论业主、工程总承包商、监理方，还是供应商，都非常重视质量目标的实现。共同质量管理目标是项目各方建立基于伙伴关系的质量管理机制的基础。

2. 建立完善的沟通机制

及时准确的信息是做出正确决策的前提，DBB 模式下各方信息共享率低，不仅降低了参建各方的决策效率，也提高了相关各方进行质量监管的成本。在 EPC 模式下，各方需从合作共赢的角度，建立完善的信息共享机制和高效的沟通方式，以确保信息及时有效地传递；同时可进一步建立信息化的数据共享平台，实现信息的实时共享，以便高效管理项目质量。参建各方共享质量管理相关数据、信息和知识，实际上是组织间学习机制，能够持续提升质量管理水平。

3. 建立评价与激励机制

在业主和工程总承包商之间运用激励机制，是伙伴关系理论共赢理念的体现。激励机制则是通过另外一种方式为工程总承包商提供了增加利润的机会，也就是工程总承包商通过合理的控制，使得质量满足甚至超出业主预期，从而获得额外的奖励收入。评价与激励的对象通常包括组织和人员，例如，对于工程总承包商，需考核评价其质量管理的过程和结果；对于项目人员，主要是考核评价其质量管理过程中的履职是否符合质量要求。

5.2 大型水电 EPC 项目质量管理关注重点

1. 工程总承包商质量管理能力要求更高

不同于 DBB 模式，EPC 工程总承包商要对项目质量全面负责，质量管理范围显著扩大，沟通对象明显增多。这对工程总承包商质量管理的能力提出了更高要求，尤其是设计、采购和施工一体化管理能力。

2. 参建各方项目目标存在一定程度不一致

尽管参建各方都希望项目各项目标能够顺利实现，但项目各具体目标的优先次序对于各方而言仍存在一定程度的不一致。例如，业主考虑的是如何最优化均衡实现质量、进度、成本、安全、环保水保和移民安置目标；工程总承包商最为关注的是如何在完成质量和进度目标的同时获得满意的利润；监理方最为重视的是质量和安全问题。目标的不一致会导致参建各方在设计和施工方案选择上出现分歧，使质量管理难度加大。

3. 业主质量管理介入深度

国际 EPC 项目质量主要靠工程总承包商自律管理和咨询工程师的监管，业主对质量管理的介入较少。目前国内水电建设市场信用监管还不完善，业主对工程总承包商的自律和诚信履约还有所担心，从而导致业主在质量管理中深度介入，不仅增加了质量管理环节，也加大了业主资源的投入。

5.3　杨房沟项目质量管理

健全的质量管理组织机构是实施质量管理的组织保证。在杨房沟项目中，业主、工程总承包商根据项目特点，及时建立了各自的质量管理组织机构。

5.3.1　业主质量管理组织机构

杨房沟项目质量管理组织机构如图 5.3-1 所示。

杨房沟项目参建各方通过分工合作能够实时准确地掌握工程质量状况，及时发现工程质量问题并落实整改，工程质量管理工作有序推进。例如，业主针对 EPC 项目特点，对土建项目管理部门人员进行职责分工，设大坝组、厂房组、综合组、技术组、质量组，明确各组人员配置及岗位职责，制定员工工作手册，强调管项目管质量的要求，使各级管理人员牢固树立"好字当头，质量第一"的理念。

5.3.2　工程总承包商质量管理组织机构

工程总承包商质量管理组织机构如图5.3-2所示。

工程总承包商建立了项目质量管理体系，主要内容包括以下几个方面：

（1）责任体系。把责任落实到人，人人对质量负责。

（2）制度体系。制度体系是质量管理运行的保障，有助于有法可依、有章可循。

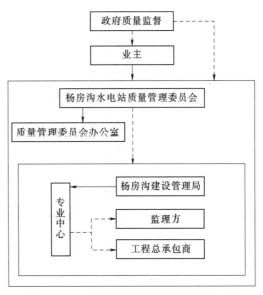

图 5.3-1　杨房沟项目质量管理组织机构图

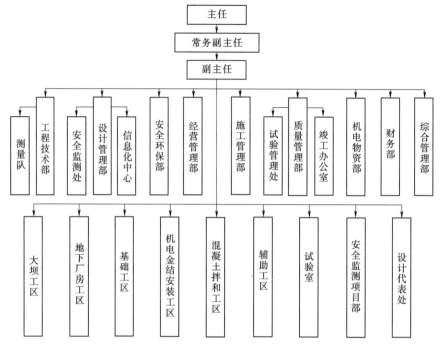

图 5.3-2　工程总承包商质量管理组织机构图

（3）检查体系。全面落实"三检制"是核心。

（4）激励机制。激励机制是质量管理的重要方面，要求做到标准统一、常抓不懈和奖优罚劣。

杨房沟项目质量管理绩效调研结果如图 5.3-3 所示，其中 1 分代表非常差，5 分代表非常好。

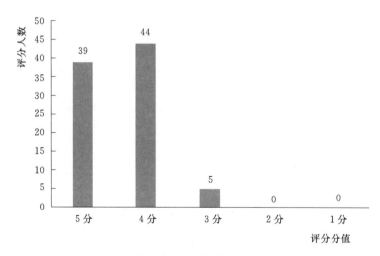

图 5.3-3　杨房沟项目质量管理绩效调研结果

图 5.3-3 显示，项目质量管理绩效得 4 分及以上的约占 94.3%，与已完成分部分项工程质量验评结果一致：各工程项目单元（分项）工程质量验评合格率为 100%，土建单

元工程优良率大于 95％。调研结果表明，杨房沟水电站质量管理工作取得了较好效果，项目总体质量可控。

5.4　杨房沟项目质量管理创新

5.4.1　自律管理

在杨房沟项目中，业主在规划阶段提出项目质量目标是"通过达标投产验收，确保获得电力优质工程奖，争创国家级优质工程奖"，随后将该目标正式写入 EPC 项目招标文件；在招投标阶段，工程总承包商积极响应并提出 EPC 模式下"自律"的项目管理思路，在进场后相应制定了具体的自律管理细则，并在合同履约过程中严格执行。主要内容包括以下几个方面：

（1）全面落实"三检"验收制度，终检由工程总承包商质量管理部负责，具有一票否决权，使得验收标准更加严格。

（2）通过制作作业指导书和质量卡的方式使质量标准能够传达到所有操作人员。

（3）由于业主、监理方考核更加严格，工程总承包商注重实施内部质量考核工作，以检验可交付成果满足 EPC 合同要求。

（4）业主和监理方通过对一些重点工序、重点管理岗位采取必要的检查等手段，促进工程总承包商自律意识的不断提升。

工程总承包商"执行力"和"自我约束能力"表现情况评价结果如图 5.4-1 所示，其中 1 分代表很差，5 分代表很好。

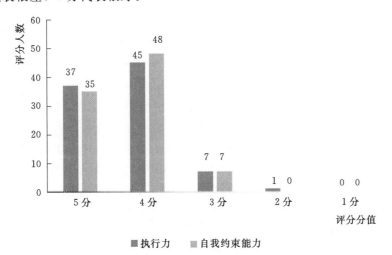

图 5.4-1　工程总承包商"执行力"和"自我约束能力"表现情况评价结果

评价结果表明，工程总承包商在"执行力"和"自我约束能力"方面表现整体较好，分值在 4 分及以上的比例分别为 91.11％、92.22％，反映出工程总承包商能够较好地贯彻自律管理理念。

5.4.2 精细化管理

1. 设计—施工质量控制

在杨房沟项目中，设计方案坚持优中选优，每一张设计图纸，设计方都会主动听取并积极吸纳施工方意见，以增强设计方案的可施工性。施工质量追求精益求精，例如，在开挖施工过程中，隧洞光面爆破和预裂爆破效果应达到在开挖轮廓面上，相邻两孔间的岩面平整，残留炮孔痕迹均匀分布，残留炮孔痕迹保存率达 85% 以上；孔壁表面不得有明显的爆破裂隙。相邻两茬炮之间的台阶或预裂爆破孔的最大外斜值不大于 20cm，超过这个范围将面临停工处罚。工程总承包商对每茬炮进行爆破后的效果评价，及时收集爆破参数，并不断调整、优化参数。

2. 质量检测工作管控

工程总承包商要通过精细化的质量检测工作，掌握采购的材料、设备等质量状况。杨房沟项目引进了试验检测中心、物探与灌浆检测中心、测量中心等专业质检机构，以各项检测数据为基础，客观评价工程质量状况。

3. 开展质量评比提升活动

工程总承包商通过开展质量专项检查、质量月、观摩学习、技能比武、经验交流等活动，增强全员精细化管理意识，以提升工程实体质量水平。例如，工程总承包商对参建单位开展施工质量季度考核，结合施工过程质量控制情况，严格考核打分、强制排序，并在质量会议上通报考核情况，形成了"比、学、赶、帮、超"的良好氛围；业主每季度组织召开质量管理委员会工作会议，总结、研究和解决质量管理的有关问题；工程总承包商结合现场实际以提升现场一线工人实操工艺的质量专项活动取得了较好成效。

4. 开展生产性试验

通过生产性试验，可以进一步对设计参数、施工方法、施工工艺、施工设备配置和质量控制措施等进行验证，固化施工工艺措施，形成可借鉴的施工措施，确保工程施工质量满足合同和规范要求。在施工过程中，工程总承包商按照合同、规范要求，及时进行生产性试验，并将试验成果报监理方，待组织评审或批准后，工程总承包商则编制形成相应的施工作业指导书或标准化工艺作业手册，包括但不限于质量控制标准（不低于国家、行业、企业标准）、工序质量控制要点、工艺流程图、工序控制措施、主要施工设备等内容，作为现场施工的指导性作业文件。尾闸室及厂房岩锚梁开挖、支护，清水混凝土浇筑和坝基开挖等生产性试验均取得了较好的效果，为后续规模性施工创造了有利的条件。

5.4.3 标准化管理

1. 建立质量管理制度

在杨房沟项目中，各参与方积极建立管理制度，以满足工程质量管理需要。业主制定了质量管理制度 10 项，监理方制定了质量管理制度 15 项、实施细则 24 项，工程总承包商制定了质量管理制度 16 项、实施细则 12 项，编制了标准化手册 10 本。这些管理制度对项目各环节均明确了相应的标准要求，为实现质量目标提供了制度保证。

2．设置质量展厅

在杨房沟项目中，业主设置了质量展厅，放置了施工标准样板，以便于各作业面（如边坡开挖、地下洞室开挖、混凝土浇筑等）全部按照对应的样板标准进行施工。水电项目工序多、工程种类多，加之大体积建筑物比较多，为更好地展示标准化效果，质量展厅共划分为总展厅、机电项目展厅、土建项目展厅、培训厅以及室外展区。通过质量展厅，达到了统一质量标准，提高施工质量的效果。

3．项目文件管理标准化

大型水电 EPC 项目时间跨度长、隐蔽施工多、覆盖范围广，如果不及时整理施工文件，会给质量追踪带来一定困难。工程总承包商在工程开始实施前编制档案，并将编制计划报监理方审批。业主设置了相应的激励机制，以确保项目文件管理的及时性、系统性、完整性和真实性，这为后期质量检查追踪提供了条件。

5.4.4　信息化管理

利用信息化技术和手段对工程建设质量进行全面管控，可以提高工程建设管理水平和效率。在杨房沟项目中，引进 BIM 系统，同步开发质量管理等功能，参建各方可通过 BIM 系统对设计图纸进行审查，现场质量验评已在左右岸坝肩开挖、地下厂房引水系统中投入使用，同时完善了单元内验评资料、工序内附件资料、影像资料上传等功能，并可通过视频监控系统实时查看厂房三大洞室、左右岸坝肩、进出口围堰、旦波崩坡积体、高线混凝土拌和系统等部位现场情况。BIM 系统的引进，能够及时发现设计冲突以及施工过程中的问题，质量监视范围更广，质量管理效率和水平得到了较大提升。

5.4.5　创新监理管理模式

在 DBB 模式下，只有工程施工监理根据业主的授权对施工过程进行全面管理。而 EPC 模式下，设计施工全部由工程总承包商负责，对此，杨房沟项目引入了设计监理，对工程总承包商的设计成果进行监理，实现了对设计的专业化管理。在项目管理过程中，设计监理与施工监理密切配合，充分发挥各自的技术和管理优势，加强对设计方案、施工技术方案的审查，取得了较好的设计施工统筹管理效果。

5.4.6　加强机电设备物资管理

在采购模式上，杨房沟项目采取主要机电设备（水轮机、发电机等设备）和水泥、钢筋、粉煤灰等三大主材联合采购，部分机电设备和辅材由工程总承包商自购的混合模式。该模式充分发挥了业主流域统筹的优势，调动了设备制造厂商和物资供应商的主动性，既降低了机电设备物资采购成本，又保证了机电设备物资质量和采购进度。

在采购过程质量把控上，形成了分级负责，采购供应链一体化的管理模式，对到货验收、现场质量检测、中期质量巡检、外送检测、业主派驻驻厂监造、月度定期协调例会等质量监管环节实施全过程质量管控，取得了较好的效果。

5.4.7　发挥第三方质量监管作用

邀请专家进行咨询、培训，既是对项目技术人员和管理人员进行质量培训的重要方式，也是发现、解决质量问题的一个重要途径。发挥第三方力量进行质量检查是对内部质量检查与控制方法的重要补充。杨房沟项目发挥试验检测中心、物探与灌浆检测中心以及外部专家在项目质量管理中的重要作用。例如，业主多次邀请专家赴现场开展咨询、培训、检查指导工作，并专门开展"走进管理"专题讲座；监理方邀请专家开展大坝混凝土配合比设计试验大纲评审、围堰防渗墙安全性评价报告咨询评审等活动；工程总承包商邀请专家专门进行达标创优咨询，并请专家提出切实可行的质量控制咨询建议，这些活动有效地促进了项目施工质量的提升。

5.4.8　发挥 EPC 管理模式促进承包商主动控制施工质量的作用

EPC 模式下，施工质量的成本风险主要由工程总承包商承担，工程总承包商会通过优化设计方案、完善施工流程等手段，以提升质量控制水平，避免因为质量不达标引起返工或者质量控制不力导致施工量增加等带来的成本风险。

例如，开挖质量控制是业主关注的重点环节。在 DBB 模式下，由地质缺陷引起的超挖、超填通常由业主负责，工程总承包商对开挖体型和开挖质量控制重视程度不够，从而导致不易控制开挖成型质量。同时，一旦出现超挖、超填现象，到底是归因为施工原因还是地质原因往往也比较困难，因此，超挖和超填工程量所引起的成本多数情况下由业主承担。EPC 模式下，合同边界清晰，开挖过程中的超挖和超填均由工程总承包商负责，开挖体型的控制直接与工程总承包商的经济利益挂钩，开挖控制不好，超挖、超填多必然导致成本增加，这就使得工程总承包商具有更大的内在动力控制开挖成型质量。在这种情况下，EPC 模式使业主和工程总承包商目标趋同，有利于工程质量管理和控制。在杨房沟项目中，合同要求开挖允许偏差按超挖 20cm 以内控制，在实际施工过程中（图 5.4-2），厂房第Ⅰ～Ⅲ层平均超挖 8.1cm，厂房第Ⅳ～Ⅸ层平均超挖 16.5cm；坝肩左、右岸平均超挖分别为 11.2cm、11.6cm，左、右岸拱肩槽平均超挖分别为 11.8cm、11.4cm，平均值均控制在合同要求范围内；以上开挖结果体现了在 EPC 模式下，工程总承包商具有提高工程质量管理水平的内在动力，在有效控制项目施工成本的同时，较好地控制了质量效果。

图 5.4-2　杨房沟项目厂房上游侧边墙开挖效果

5.5　小结

5.5.1　质量管理创新

1. 精细化管理

（1）设计—施工质量控制。设计方案坚持优中选优，每张设计图纸都充分吸纳施工方意见，以进一步增强设计方案的可施工性。施工质量追求精益求精。工程总承包商及时评价施工效果并进行方案优化，以提升施工质量和效益。

（2）质量检测工作管控。引进了试验检测中心、物探与灌浆检测中心、测量中心等专业质检机构，以各项检测数据为基础，客观评价工程质量状况。

（3）开展质量评比提升活动。以开展质量专项检查、质量月、观摩学习、技能比武、经验交流等活动为抓手，增强全员精细化管理意识。

（4）开展生产性试验。通过生产性试验，验证设计参数、施工方法、施工工艺、施工设备配置和质量控制措施等，固化施工工艺措施，形成可借鉴性施工措施。

2. 标准化管理

（1）建立质量管理制度。业主、监理方和工程总承包商分别制定了相应的质量管理制度文件，对项目各环节明确了相应的质量标准要求。

（2）设置质量展厅。制作施工标准样板，纳入质量展厅，各作业面（如边坡开挖、地下洞室开挖、混凝土浇筑等）全部按照样板标准开展施工。

（3）项目文件管理标准化。工程合同文件明确规定项目文件必须同步形成，确保项目文件能及时、系统、完整、真实，为后期质量检查追踪创造了有利条件。

3. 质量监管

（1）设计施工一体化监理。引入设计监理，对设计及施工过程进行全过程监理，以实现项目设计、施工质量统筹管控。

（2）联合把控机电设备物资采购质量。发挥了业主流域统筹和采购经验丰富的优势，降低了机电设备物资采购费用，保障了机电设备物资质量，提高了工作效率。

（3）自律管理。工程总承包商制定了详细的自律管理细则；业主和监理方通过对重点工序、重点管理岗位采取必要的检查等手段，促进了工程总承包商自律意识的提升。

（4）外部监督。发挥试验检测中心、物探与灌浆检测中心和外部专家等在质量管理中的作用，邀请外部专家展开检查并提供技术指导，推动质量管理水平的提升。

5.5.2　质量管理建议

（1）加强工程总承包商资质审核。除设计、施工资质外，工程总承包商的 EPC 项目管理能力、EPC 项目质量管理经验以及诚信水平等也很重要。

（2）建立良好的伙伴关系。工程总承包商要加强培训和制度建设以实现企业自律，形成完善的自律管理文化环境，为建立良好的伙伴关系打下基础。参建各方还应加强高层对话，确定一致的质量目标，及时进行信息、资源共享，以提升项目质量管理决策水平和加强质量管理制度执行能力。

（3）建立质量评价与激励机制。工程总承包商通过合理的控制，使得项目质量管理过程和结果满足甚至超出业主预期，从而实现互利共赢。企业内部以制度的形式建立质量评价与激励机制，作为员工遵守的行为准则。

（4）重视设计质量把控。对于重大设计方案和项目实施过程中遇到的难题（如不利地质条件等），需聘请专家进行咨询把关，确保工程设计质量。明确设计监理职责和设计审核范围与深度，与施工监理密切协作，对设计采购施工质量进行统筹管理。

（5）推进质量管理信息化。引入 BIM 系统和视频系统，使业主、监理及时了解项目设计质量和施工质量；建立质量管理 APP，实现质量管理全方位的数据化、信息化，降低管理人员工作强度，以利于数据资料积累、文档归档整理和业主实时检查。

第 6 章

大型水电 EPC
项目进度管理

6.1 水电项目进度管理理论

6.1.1 项目进度管理

项目进度管理是衡量项目绩效的主要指标之一，也是项目管理的核心内容。项目进度管理指的是为确保项目完成而进行的各项管理活动，其过程通常包括规划进度管理、活动定义、活动顺序排列、活动持续时间估算、进度计划制定、进度控制。其中，进度计划是进度管理的核心，其作用在于提出详尽的计划，说明项目实施过程中所需交付项目成果的时间和方式，并且指出应采用的进度管理方法。项目进度计划为项目各参与方进行进度管理与沟通提供了有效的工具，同时也可用于衡量项目绩效。项目进度计划的编制需要选择适当的方法和编制工具，并且依据项目信息（如工作、活动、资源、时间、制约因素等）确定项目所需的进度模型，其表示方法通常包括活动清单、横道图和网络图等。随着经济全球化发展，市场的不确定性和不可预测性增加，项目进度管理也在不断创新。

6.1.2 工程项目进度管理

工程项目进度管理通常指在满足合同要求的条件下，通过对工程项目进行组织、计划、协调、控制等多种方式进行进度计划与控制的各项活动，其目的在于实现项目的工期目标，在不影响工程质量安全的前提下缩短工期以尽早实现工程效益。

1. 工程项目进度影响因素

（1）业主因素。在工程项目中，业主相关工作的进度往往对项目进度具有决定性影响。首先，出于对项目融资问题和实现工程效益的考虑，业主希望将工期控制在合理范围内，同时使工程满足质量、安全和环保要求，因此会为项目提供必要的支持，例如，与各方保持良好的沟通并建立合作关系、依据项目计划进行管理和控制、及时提供项目所需的各类资源等。但面对复杂的政策和市场环境，业主决策不够及时或征地移民等相关工作迟缓会对项目进度造成不利影响。

（2）承包商因素。承包商的设计水平、物资设备采购、施工方式等技术因素都与项目进度关系密切。同时，承包商的综合管理能力也是影响项目进度的关键因素，例如，项目进度计划不当、资源分配不合理、现场协调效率低、施工管控不力等都会影响项目进度。

（3）监理方因素。在工程项目中，监理方代表业主对项目进行管理和工作审批，监理方的审批权限、流程和资源投入都会对项目进度造成影响。例如，当监理方审批权限不足时，需要上报业主进行审核，再由监理方反馈给工程总承包商，流程加长；当监理方投入资源不足时，审批效率会降低，进而影响项目进度。

（4）物资设备采购因素。物资、设备发生质量问题会导致重新检测、各方之间花大量时间进行协商甚至重新采购。物资供应不及时会造成施工停工待料，严重影响工程进度。

（5）工作流程因素。项目实施过程中设计、采购和施工各项工作流程是否合理、参建各方工作流程衔接是否高效都与项目进度关系密切。

2. 工程项目进度管理

（1）进度计划与进度控制。工程项目进度管理方法主要包括甘特图（横道图）法、各类曲线比较法、计划评审技术和关键路径法。项目人员可利用软件进行进度计划编制，在项目实施过程中需落实进度计划目标、跟踪检查施工进度，实现对项目进度实时和动态管理；也可运用工程量清单和形象进度等方法对进度计划实施情况进行监控。

项目进度控制具体包括：发现进度偏差并分析其原因；分析后续工作和项目总体工期可能受到的影响；确定造成不利影响的关键因素和限制性条件；采取适当的措施调整现有进度计划和施工进度；后续项目实施按照调整后的进度计划进行。

（2）基于 BIM 系统的进度管理。BIM 技术在建设项目中得到越来越广泛的运用。在项目前期，应用 BIM 技术能够实现施工进度计划的制订和可视化模拟，从而进行更加细致的分析，找到现有计划的缺陷，进行不断完善；在项目实施过程中，有效保证设计方案能够迅速获得各方意见并得到顺利批复，同时能够实现物资设备采购、运输和库存全方位一体化管理，提高资源获取和利用效率；此外，利用 BIM 技术有利于各个专业技术人员之间的信息交流，通过高效的信息沟通来提高项目进度管理水平。

6.1.3　EPC 模式下的进度管理

在 EPC 模式下，建设过程不再是先设计、再采购、最后施工，而是在项目实施过程中设计、采购和施工 3 个阶段能够相互搭接、互相交叉，从而大幅缩短项目实施流程，因此，采用 EPC 模式进行项目实施对进度管理具有积极作用。在 EPC 模式下，设计人员充分吸收施工方的意见，可使设计方案具有更好的可施工性；设计方参与施工组织计划的编制能够让施工方更深刻地理解设计意图，从而制定更好的施工方案；采购工作充分考虑设计目的和施工需求，有助于设计、采购、施工的高度一体化，提升项目整体实施效率。

尽管 EPC 模式相对 DBB 模式在进度管理方面有其优势，但其进度管理复杂性也较高。工程总承包商需要对工程设计、采购和施工等全过程进行进度计划与控制，在三者进度相互交叉融合的情况下，管理难度加大，当组织间和组织内的协调配合不到位时，会对项目进度造成影响。

6.2　杨房沟项目进度管理

6.2.1　项目进度管理情况

杨房沟项目进度管理情况见表 6.2-1，其中 1 分代表完全不符，5 分代表完全符合。

由表 6.2-1 可知，杨房沟项目进度管理各项指标平均得分为 4.18 分，表明该项目进度管理总体情况很好。其中，"建有规范的进度管理流程"得分为 4.33 分，体现出该项目

表 6.2-1 杨房沟项目进度管理情况

指　标	得分	排名
建有规范的进度管理流程	4.33	1
对各项工作的工期有合理的估算	4.23	3
各方能够充分协调进行进度控制	4.23	
各方能够良好地合作为各项工作及时提供资源	4.22	4
进度出现延误时各方能够通过有效协调使进度满足要求	4.21	5
各利益相关方积极参与项目进度计划的制订工作	4.19	6
能够充分利用信息技术支持进度控制	4.15	7
物资采购能够按照进度计划完成	4.10	8
设计能够按照进度计划完成	4.09	9
施工能够按照进度计划完成	4.08	10
均　值	4.18	

的进度管理流程规范。在招标文件中，业主明确地规定了各类进度管理计划应采用进度管理软件进行逐级编制，编制形式主要采用关键路线网络图和工作横道图等，并且内容和格式应符合合同文件和技术标准的相关要求。在工程进度控制方面，明确地规定了工程进度的目标及各项时间节点，并提出调整关键路线及各类进度目标时应遵循的流程。EPC模式下，工程总承包商较DBB模式下有较强的进度控制能力，并且该项目设置的进度里程碑和合同节点奖等激励措施，不仅起到了考核作用而且为实现进度目标提供了动力。

"对各项工作的工期有合理的估算"得分为4.23分，得益于杨房沟项目开展了充分的前期工作，并且EPC模式下能够发挥设计、采购、施工的一体化优势，各方对项目工期有合理的估算。

"各方能够充分协调进行进度控制""各方能够良好地合作为各项工作及时提供资源""进度出现延误时各方能够通过有效协调使进度满足要求"和"各利益相关方积极参与项目进度计划的制订工作"得分分别为4.23分、4.22分、4.21分和4.19分。在进度计划和控制过程中，各方能够共同参与、有效沟通与协调，并在进度出现滞后时能够合作进行资源调整，以满足进度要求。同时，杨房沟项目设置了多项直接与进度挂钩的激励措施，包括形象节点支付、合同激励、风险费等，有效促进了工程总承包商重视进度管理、落实进度目标。

例如，设计施工一体化的优势在现场安全抢险施工中得到充分体现，设计和施工快速联动有效提高了现场应急处理能力。以左岸坝肩 f_{27} 断层处置为例，2018年4月底，左岸坝顶2102.00m高程平台出现裂缝，为确保施工安全，工程总承包商充分利用设计资源的优势，快速反应，在两周内确定了最终加固处理方案。随后，工程总承包商调动施工区域内主要施工资源，克服汛期恶劣气候及复杂施工条件影响，在70天内完成了超过300根大吨位锚索的施工抢险工作，确保了工程安全并保证了后续施工项目进展。以上体现了参建各方良好的伙伴关系及运用激励机制对进度管理的积极作用。

"能够充分利用信息技术支持进度控制"得分为4.15分，表明信息技术在该项目的进度管理中发挥了重要作用。杨房沟项目信息化、数字化和智能化管理同步推进，BIM 系统包含进度管理、设计管理、质量管理、投资管理、安全监测、视频监控各功能模块。总承包项目设计成果（设计图纸、修改通知、设计报告）可通过 BIM 系统进行审查；运用视频监控能实时了解现场工作情况。通过利用信息化技术和手段对工程建设安全、质量、进度、投资、信息进行全面管控，有效提高了工程建设管理水平和效率。

"物资采购能够按照进度计划完成""设计能够按照进度计划完成"和"施工能够按照进度计划完成"得分分别为 4.10 分、4.09 分和 4.08 分，表明该项目具体的设计、采购、施工工作按进度计划完成的情况较好。招标文件中，对设计、采购和施工进度计划与控制进行了明确的规定，并且各项工作均制定了完善的流程。对于物资采购而言，通过联合采购和工程总承包商自购两种方式的运用，充分发挥业主长期积累的采购经验，能够保证采购工作按进度计划完成。在杨房沟项目中，项目设计方与施工方组成联合体，使设计与施工深度融合，有效保证了设计与施工工作满足项目进度要求。此外，工程总承包商建立了设计方案、施工方案互审等机制，使设计方案具有较好的可施工性，能够避免设计施工业务衔接不畅造成的进度延误问题。

6.2.2　项目进度影响因素

杨房沟项目进度影响因素评价结果见表 6.2-2，其中 1 分代表没有影响，5 分代表影响很大。

表 6.2-2　　　　　　　　　杨房沟项目进度影响因素评价结果

指　标	得分	排名
施工问题导致工期延长	3.85	1
机电设备未能满足要求	3.79	2
设备采购拖延	3.77	3
安全问题	3.76	4
不利的地质条件	3.72	5
设计失误、缺陷导致无法施工	3.70	6
设计方案难以满足要求	3.67	7
设计图纸滞后	3.65	8
移民问题	3.58	9
环保问题	3.53	10
合同变更	3.43	11
均　　值	3.68	

由表 6.2-2 可知，"施工问题导致工期延长"得分为 3.85 分，表明施工因素对该项目进度的影响程度最大，与工地位于高山峡谷、场地狭小、施工布置难和危岩体处理难度大有关。

"机电设备未能满足要求"和"设备采购拖延"得分分别为 3.79 分和 3.77 分，表明设备采购问题对项目进度也存在一定影响。该项目机电设备采用联合采购和工程总承包商自购两种模式，由于我国工程市场的规范程度还需提升，并且机电设备本身较为复杂、管理工作众多，导致采购流程复杂、审批周期长，需要各方共同努力加强采购供应链一体化管理，以提升采购绩效。

"安全问题"得分为3.76分，表明安全问题在一定程度上会影响项目进度。对此，杨房沟项目重视安全问题的管理，建立了安全风险教育及监测系统，深化了安全管理，逐步实现了安全行为规范化、安全管理程序化、文明施工秩序化和安全防护标准化，并使安全教育更加高效。通过这种方式，有效地避免了安全问题对进度的影响。

"不利的地质条件"得分为3.72分，表明项目进度在一定程度上会受到不利地质条件的影响。对此，在杨房沟项目中，如遇上特殊的地质条件，需请设计、监理和外部咨询专家到现场查勘，帮助确定基本方案，以及时消除不利地质条件造成的隐患。

"设计失误、缺陷导致无法施工""设计方案难以满足要求"和"设计图纸滞后"得分分别为3.70分、3.67分和3.65分，表明设计相关问题较少影响项目进度。该项目中设计方与施工方充分融合，在组织机构和各项业务实施过程中实现充分一体化，使设计方案和施工方案能够综合考虑设计方和施工方的需求，设计方案具有较好的可施工性。

"移民问题"和"环保问题"得分分别为3.58分和3.53分，排名较为靠后，表明移民和环保问题对项目进度影响相对较少，归因于业主等项目参与方与当地利益相关方的充分交流与协调，注重环境保护，以及对国家移民、环保相关法律法规要求的严格遵循。

"合同变更"得分为3.43分，表明合同变更对项目进度的影响程度低。由于杨房沟项目前期工作开展已较为深入，合同变更情况发生得较少。

6.3 小结

6.3.1 进度管理创新

杨房沟项目中，通过对各种进度管理影响因素的有效管理，较好地确保了进度目标的实现。进度管理主要创新点如下：

（1）通过设计采购施工一体化高效管理，保障项目进度：设计过程充分考虑施工条件，设计方案具有更好的可施工性；设计参与施工组织计划的编制，施工方案更为合理；采购工作充分考虑设计目的和施工需求，实现设计、采购、施工高度一体化管理，提升了项目整体实施效率。

（2）设置多项直接与进度挂钩的激励措施，包括形象节点支付、合同激励、风险费等，有效促进了工程总承包商重视进度管理、落实进度目标。

（3）对于特殊地质条件等重要风险，业主、监理方、设计方、施工方和外部专家共同进行研讨，及时提出解决方案。

（4）利用BIM等信息化管理技术提高项目实施效率。

（5）重视安全与环保管理，以避免相关问题对项目进度的影响。

6.3.2　进度管理建议

（1）建立规范的进度管理流程。

（2）充分估算各项工作的工期，合理设置形象节点。

（3）详细分析影响进度的关键制约因素，提出对应措施。

（4）基于利益相关方合作，有效协调项目各项工作，确保进度满足要求。

（5）合理设置进度管理激励机制，使项目参与方有动力和资源完成进度目标。

（6）运用 BIM 等信息化技术支持设计采购施工一体化管理，提升项目实施效率。

第 7 章

大型水电 EPC 项目
投资与成本管理

7.1 水电 EPC 项目投资与成本管理理论

7.1.1 目标成本管理

目标成本管理（Target Cost Management，TCM）是指企业或项目在进行成本管理时，首先计算出产品或服务满足客户需求所必须付出的成本后，叠加企业或项目的合理利润得到企业或项目的成本控制目标，然后依据此目标进行成本的管理与控制。目标成本管理有利于企业或项目控制成本风险、减少浪费，保证企业或项目的合理利润，对于企业或项目平稳发展具有重要意义。大型水电项目自然环境不确定因素多、设计与施工条件复杂、项目实施周期长，材料、设备和人力等资源的价格随市场波动大，这些因素都会影响成本，应在制定目标成本时充分考虑。

7.1.2 并行工程

并行工程（Concurrent Engineering，CE）是指对项目的设计和实施进行并行和系统管理的方法。并行工程强调，在项目设计时尽可能充分地考虑项目其他专业的需求和目标，包括采购、施工、运行维护等工作的需求。在 EPC 项目中，工程总承包商全面负责工程的设计、采购和施工工作，在项目中实施并行工程能够促进不同专业和职能的主要工作人员实现信息共享和协同工作，优化各环节的衔接，提高设计的可靠性和可施工性，进而缩短工期、降低成本。

7.1.3 价值工程

价值工程（Value Engineering，VE）是指通过最小化生产成本实现产品必需的功能，以提高产品价值的管理方法。在建设工程中运用价值工程对项目的价值进行分析，协调项目需求与成本的关系，能够达到优化技术方案、降低成本的目的。大型水电项目运用价值工程进行成本管理时，要综合考虑工期、质量、安全、资源配置、自然条件和市场环境等影响因素，做到统筹规划，其中，设计工作中运用价值工程对于降低成本效果最为显著。

7.1.4 项目全生命周期成本管理

全生命周期成本管理（Life Cycle Cost Management，LCCM）指的是在进行成本管理时综合考虑项目从设计到采购、施工、运营直到报废处理整个生命周期的成本。进行项目的全生命周期成本管理要兼顾项目利益相关方的需求，在保证项目安全、质量和功能目标以及考虑社会环境影响的基础上，合理地进行设计、采购与施工，并充分考虑项目运维成本，实现项目全生命周期投资价值的最大化。

7.2　杨房沟项目投资与成本管理

7.2.1　杨房沟项目投资与成本影响因素

杨房沟项目投资与成本管理影响因素见表 7.2-1，其中 1 分代表影响很小，5 分代表影响很大。

表 7.2-1　　　　　　　　　　杨房沟项目投资与成本管理影响因素

影响因素	总分		业主		工程总承包商	
	得分	排名	得分	排名	得分	排名
不利地质条件	4.00	1	4.14	1	3.92	2
自然灾害	3.91	2	3.95	2	3.63	7
材料设备成本上升	3.87	3	3.84	5	4.04	1
安全管理成本上升	3.84	4	3.91	3	3.88	4
项目范围变更	3.69	5	3.86	4	3.91	3
交通运输成本上升	3.65	6	3.79	6	3.76	5
人力资源成本上升	3.64	7	3.70	8	3.71	6
环保成本上升	3.64		3.70		3.58	8
征地移民成本增加	3.55	9	3.79	6	3.29	9
均值	3.75		3.85		3.75	

由表 7.2-1 可以看出，总体上"不利地质条件""自然灾害""材料设备成本上升"和"安全管理成本上升"对项目投资影响较大。影响业主投资的主要因素包括"不利地质条件""自然灾害""安全管理成本上升""项目范围变更""材料设备成本上升"和"征地移民成本增加"等。影响工程总承包商成本的主要因素为"材料设备成本上升""不利地质条件""项目范围变更""安全管理成本上升"和"交通运输成本上升"等。

"不利地质条件"业主得分为 4.14 分，表明不利地质条件对业主投资影响较大。EPC 合同要求工程总承包商在合同签订时，充分分析对工程可能产生影响的有关风险、意外事件等特殊情况，包括工程现场水文地质、地形地貌、自然环境条件等数据。工程总承包商在投标报价过程中会仔细地审查业主提供的初步设计、可行性研究等资料，核实业主提供的地质条件信息，并在报价中充分反映已查明不利地质条件的处置费用以及未能预见不利地质条件的风险费用；这些报价一旦在合同中达成一致，就转化为业主的投资成本，造成业主投资增加。

"不利地质条件"工程总承包商得分为 3.92 分，对于工程总承包商成本的影响也较大。在杨房沟项目 EPC 合同中，设置了合同备用金，用于招标文件约定的价格调整、招标文件约定的奖励，以及在签订协议书时尚未确定事项的费用。该备用金的一个重要用途是用于支付包括地质风险在内的不确定事项发生所造成的费用，其目的是希望减轻工程总承包商应对风险的压力，尽可能实现在 EPC 合同中风险与利益的对等。在杨房沟项目实施过程中，发现项目不利地质条件如崩坡积体和危岩体的体积比前期地质勘查的结果要大很多，为保证项目的质量与安全，处理此类地质风险上的资源投入大大增加，增加了施工成本，工程总承包商需承担的地质风险超出了预期。

"安全管理成本上升"业主得分为3.91分，工程总承包商得分为3.88分，表明杨房沟项目中安全管理的相关成本上升对业主的投资和工程总承包商的成本影响都较大。在现有的社会环境、政策环境和法律条件下，大型水电项目一旦发生较大安全问题，所带来的政治影响、社会影响和经济损失都十分严重，相关的行政处罚和法律惩罚也很严厉。杨房沟项目业主和工程总承包商都具有较高的安全意识，将确保项目安全作为优先事项来进行管理。参建各方应在重视安全管理的同时，合理对安全管理进行投入，确保足够的安全管理资源和条件，避免因发生安全事故而大幅增加事故处置成本。

"项目范围变更"工程总承包商得分为3.91分，业主得分为3.86分，表明项目范围管理也值得重视。在杨房沟项目中，发生由业主提出的项目工作范围的变更、业主提出的标准提高的变更和合同约定的索赔事项时，工程总承包商可以向业主提出索赔，相关的经济损失由业主承担，例如，临时营地搬迁到永久营地、追加额外明细项目、年度累计停电超过30天等。此外，杨房沟项目EPC合同中约定，法律法规和政策变化风险由业主和工程总承包商共同承担；在项目实施过程中，因法律变化、政策变化和标准变化等导致工程总承包商在合同履行中所需费用变化时，如"营改增"政策出台造成工程税费增加等，工程总承包商可根据法律和国家或省、自治区、直辖市有关部门的规定，提出进行合同费用的补偿。

"材料设备成本上升"工程总承包商得分为4.04分，表明材料设备成本上升对工程总承包商的成本影响很大。杨房沟项目EPC合同中，符合合同约定条件的物价调整费用包含在合同备用金中，由物价波动引起的价格调整根据合同中约定的价格调整公式进行计算，调价公式中的基本价格指数采用水电水利规划设计总院可再生能源定额站发布的"水电建筑及设备安装工程价格指数"中的"分类工程价格指数（川渝地区）"，且业主在招标文件中要求投标人在投标报价中考虑物价变动风险，以求平衡发承包双方的利益，尽量维护合同的公平。但是，在我国目前的定额管理体系下相关机构发布的价格指数数据与实际工程发生的费用之间存在较大差异，且价格指数在反映市场物价变化上存在时间上的延迟。工程总承包商在采购工程主材时依据当期价格进行当期支付，主材价格为市场价格，导致根据物价调整公式得到的物价调整金额无法真实反映工程总承包商在工程实施过程中实际的材料采购价格与投标报价之间的差额，使得工程总承包商承担了较大的物价变动风险。

7.2.2　杨房沟项目投资与成本管理情况

杨房沟项目投资与成本管理情况见表7.2-2，其中1分代表完全不符，5分代表完全符合。

杨房沟项目投资与成本管理各项指标得分平均值为4.17分，表明杨房沟项目投资与成本管理整体表现较好。"通过各方协调与合作进行成本控制"得分最高（4.22分），表明在杨房沟项目中参建各方在成本管理上能够积极合作促进项目成本目标顺利实现。

表 7.2-2　　　　　　　　　　　杨房沟项目投资与成本管理情况

成　本　管　理	得分	排名
通过各方协调与合作进行成本控制	4.22	1
通过设计与施工技术方案优化节约成本	4.21	2
基于采购全过程管理提高物资设备的性价比	4.20	3
合理处理项目范围变更	4.18	4
利用信息技术精细化管理成本	4.17	5
对各分部分项工程成本有合理的估算	4.16	6
建有规范的成本管理流程	4.15	7
成本管理各项工作内容定义清晰	4.15	
成本管理与进度管理统筹安排	4.12	9
均　　　值	4.17	

　　"通过设计与施工技术方案优化节约成本"得分为 4.21 分，归因于工程总承包商为设计施工紧密型联合体，设计方与施工方能够通过及时沟通和信息共享，有效进行设计优化、提高设计方案的可施工性和减少设计变更，从而降低成本。

　　"基于采购全过程管理提高物资设备的性价比"得分为 4.20 分，表明项目采购成本与质量控制较好；杨房沟项目主要机电设备（水轮机、发电机等设备）与大宗主材由业主与工程总承包商联合采购，其他设备与材料由工程总承包商自购，充分发挥了业主的流域多项目统筹采购优势和工程总承包商精细化技术管理优势，在保证设备品质的基础上，较好地控制了采购成本。

　　"合理处理项目范围变更"得分为 4.18 分，得益于 EPC 模式下合同界面比较清晰。对于业主要求增加工作范围或提高标准这类影响合同总价的变更，业主会非常谨慎，层层审核严格控制。对于不调整合同总价的工程变更，由工程总承包商进行详细技术经济评价后合理确定。

　　"利用信息技术精细化管理成本"得分为 4.17 分，也表现较好。杨房沟项目采用BIM 系统进行投资与成本的全面管控，系统整合了已完成结算项目的投资数据，投资管理人员可以实时对项目进度和成本进行监控，具有可追溯和不可篡改的优势，保证了成本管理精确有效。

　　此外，杨房沟项目在"对各分部分项工程成本有合理的估算""建有规范的成本管理流程""成本管理各项工作内容定义清晰"和"成本管理与进度管理统筹安排"等方面也取得了较好的效果。

7.2.3　杨房沟项目投资与成本管理措施

7.2.3.1　合同条款创新

　　业主通过合同条款创新来实现项目投资的有效管理，保障在合同履行过程中达到预期的成本管理目标。业主在《中华人民共和国标准设计施工总承包招标文件》（2012 年版）的基础上就合同价格、合同风险与合同价款支付等进行了创新。在招标准备阶段，对项目成本管理进行整体策划，对总承包的工作范围进行明确，确保合同标的物的清晰完备描述，对成本管理及相关项目管理板块进行整合。同时，在广泛调研、专家咨询的基础上，结合项目特点和管理要求，明确由工程总承包商承担地质风险的同时，通过设置风险费、设计优化、工程保险、物价调整条款等途径降低工程总承包商合同风险，在合同条款中对风险进行较为合理的分配。

7.2.3.2 形象节点结算

杨房沟项目采用形象节点结算模式，将结算与形象目标及质量验评相关联。形象节点结算对进度和质量管理工作具有明显的促进作用。将结算完成情况与形象进度相匹配，未达到既定形象目标时工程总承包商无法得到结算款，促使工程总承包商按计划完成相应形象目标；严格执行质量未验评结算扣款约定，通过经济约束促使工程总承包商推进相关质量验评工作。

形象节点结算的具体实施方法为：在总承包合同期内，工程总承包商根据进度计划制定下一年的形象节点结算计划并计算相对应的成本费用，经监理方和业主审核后，形成正式的年度结算计划。当工程进度达到形象节点目标（如坝体浇筑至某一高程）时，其相应单元工程全部验收合格后可进行结算，工程总承包商需提供相应的质量验收评定资料；如工程总承包商没有按时按计划完成形象节点目标，该节点目标包含的价格清单项目全部不予结算，直至该节点目标完成时再纳入节点完成当期结算。当工程总承包商当年的形象节点结算计划完成率超过±5％时，业主会对工程总承包商进行一定的违约金处罚，促使工程总承包商严格按照结算计划进行施工组织和成本控制，以利于业主进行投资管理和融资成本控制。

7.2.3.3 投资过程预测

在合同履行阶段，业主通过以下措施实现对杨房沟项目投资的预测：通过对核准概算、总承包范围概算、业主下达的总承包项目管理预算、总承包项目投资实际完成情况及预测等进行分层分级管理，及时分解分析，总体掌握项目总投资情况；对总承包项目所有设计文件进行投资分析审查，为设计管理决策提供经济数据支撑，同时对总承包项目的所有设计文件工程量进行统计，实时掌握项目因设计变更导致的工程量清单及合同清单投资变化情况；依托阶段性完工结算工作，将庞大项目完工结算工作进行分解，过程中及时锁定完工项目结算情况，掌握项目实际完工工程量情况。基于对杨房沟项目投资过程的预测，可为设计管理决策和制定融资计划以降低资金成本等项目管理活动提供依据。

7.2.3.4 投资动态控制

DBB模式中，工程结算与完工签证工程量挂钩。而在EPC模式下，工程结算与工程形象目标和质量验评管理相关联，实际完工工程量不进行计量签证，这就给项目投资控制尤其是备用金的使用带来了挑战。在杨房沟项目投资管理中，为动态掌握工程建设投资及成本实际情况，业主采取了如下措施：积极拓展数据统计和分析的来源及角度，对设计文件投资变化情况进行分析统计，掌握设计口径投资变化；在设计变更投资变化分析的基础上，考虑非设计出图项目情况以及合同商务问题处理情况，利用多角度的数据描绘项目经济情况，形成杨房沟项目风险费开支项目估算分析，为项目备用金（含风险费用）的使用提供依据。

此外，通过定期商务协商例会制度促进有效沟通，及时发现变更索赔问题，有效控制变更索赔对项目总投资的影响。

7.2.3.5　基于 BIM 系统的全过程投资与成本管理

杨房沟项目使用 BIM 系统进行投资管控，实现了项目实施全过程中投资与成本相关工作的信息化和数据化管理。基于 BIM 系统的投资与成本管理具有可追溯、不可篡改、实时统计等优势，例如，利用 BIM 系统中已完成结算项目的电子数据，投资管理人员可以对项目成本进行交叉分析和实时监控，提高了投资与成本管理的效率和准确性。

7.3　小结

1. 投资与成本管理创新

（1）合同条款创新。业主在《中华人民共和国标准设计施工总承包招标文件》（2012年版）的基础上就合同价格、合同风险与合同价款支付等进行了创新，以实现项目投资的有效管理，保障在合同履行过程中达到预期的成本管理目标。

（2）形象节点结算。杨房沟项目采用形象节点结算模式，将合同款结算与形象目标及质量验评相关联，有效提升进度管理和质量管理效率。

（3）投资过程预测。通过对概预算进行分解分析，统计设计变更导致的工程量变化情况，及时分解完工结算，有效掌握项目实际完工工程量情况和预测项目资金需求，为设计管理决策和制定融资计划以降低资金成本等项目管理活动提供依据。

（4）投资动态控制。杨房沟项目在设计变更投资变化分析的基础上，考虑非设计出图项目情况以及合同商务问题处理情况，利用多角度的数据描绘项目经济情况，形成杨房沟项目风险费开支项目估算分析，为项目备用金（含风险费用）的使用提供依据。

（5）基于 BIM 系统的全过程投资与成本管理。杨房沟项目使用 BIM 系统进行投资管控，使投资管理具有可追溯、不可篡改、实时统计等优势，提高了投资管理的效率和准确性。

2. 投资与成本管理建议

（1）工程总承包商在 EPC 项目投标报价过程中，应当尽可能仔细地审查业主提供的初步设计、可行性研究等资料，核实业主提供的地质条件信息，并在报价中充分反映地质风险对项目成本的不利影响。

（2）地质风险造成的费用增加包含在 EPC 总价合同内，其导致的成本增加和利润降低会一定程度限制工程总承包商履约资源的投入，进而影响项目的绩效如质量、安全等。因此，在 EPC 总承包合同中业主应尽量合理地设置风险费用，促进风险与利益的公平分配。

（3）项目中安全管理非常重要，参建各方应在重视安全管理的同时，合理对安全管理进行投入，确保足够的安全管理资源和条件，避免因发生安全事故而大幅增加事故处置成本。

（4）项目范围变更对于业主和工程总承包商都是重要影响因素，需重视项目范围变更管理，加强项目前期工作，明确项目目标和要求，以有效控制项目范围变更。

（5）大型水电 EPC 项目持续周期较长，通货膨胀和物价波动对材料和设备成本的影响较大，应做好市场调研和分析预测工作，并与关键设备材料供应商建立长期伙伴关系，以便于采购性价比高的材料与设备。

第 8 章

大型水电 EPC
项目安全管理

8.1 水电 EPC 项目安全管理理论

8.1.1 安全管理理论

8.1.1.1 安全管理原则

安全管理需要满足以下几条原则：

1. 第一责任人

组织的最高管理者是安全管理的第一负责人，需要履行对安全管理的承诺和责任，通过文件将管理目标转化为资源（人力资源、物质资源等）的投入，并根据实施效果进行持续改进。

2. 安全优先

水电项目现场施工条件复杂，风险源众多，安全事故易发。参建各方应将安全绩效的优先级排在成本、进度指标之上，不能因为成本压力缩减安全投入，也不能因为进度紧张压缩工期，应首先保障项目人员的生命安全与健康。

3. 重在预防

安全管理重在风险预防和隐患治理，需要包括业主、工程总承包商、分包商、监理方等在内的项目参建各方进行协同管理。

4. 全员参与

安全管理体系要求"全员参与""人人参与"。组织应明确各级人员的安全责权，并强调管理体系的落实。通过全员参与，实现对安全管理的细节化把控，及时发现安全隐患，提升组织的安全风险应对能力，提升安全管理绩效。

5. 以人为本

安全管理体系强调组织的生产经营活动首先要保障人员的生命财产安全和身心健康。通过对人员进行教育和培训，培养员工的参与意识和管理能力，保障体系的具体落实。

8.1.1.2 安全管理评价方法

对水电 EPC 项目安全管理的评价需围绕人、物、制度和环境 4 个方面展开，具体因素包括以下几个方面：

1. 人员因素

人员因素包括员工的年龄、受教育程度、技术水平、资质和从业经验等，这些客观条件又在一定程度上影响了工作态度、工作习惯、培训效果等。水电项目规模庞大，施工工序烦琐，涉及大量的作业人员，管理难度很高。想要从根本上消除安全隐患，就要从消除人员的不安全行为着手，培养其安全意识。

2. 机械、物料因素

机械、物料同样是安全管理的重要方面，尤其是危险品的运输、存放和使用等一系列过程。在日常现场管理中，对设备物资的管理同样应得到足够的重视，包括脚手架工程、设备供电和安全防护设施等。需要定期对设备的稳定性、可靠性进行评估，保持更新和维护，并保障对安全防护用具的投入，保障高空作业等高危作业工人的生命安全。

3. 制度与方法因素

管理制度是工作顺利展开的基础。水电项目的安全管理制度包括安全检查、安全培训、事故处理、应急机制和奖惩制度等，对员工的行为进行管理和约束。具体到作业层面，员工所要遵循的规章制度包括指导书、作业标准、检验标准、操作流程等。工序设置不合理或是未严格遵守可能会带来严重的后果，例如，在美国柳树岛冷却塔项目中，由于拆除模板前没有对混凝土试样进行测试、项目人员缺少设计规范和施工说明等方面的指导和培训，最终发生冷却塔坍塌事故，造成 51 名工人坠亡。

4. 环境因素

环境分为外部环境和内部环境。外部环境具有很强的地域性，对于水电项目而言，项目所在地通常位于山区，交通欠发达。所在地的水文地质条件、自然灾害发生频率、气候条件，对安全管理绩效影响显著。内部环境包括现场施工环境和工作环境，如项目现场规划、项目安全氛围，也将影响到安全管理绩效。

8.1.1.3　安全管理特点

安全管理具有以下特点：

（1）专业覆盖面广，多工种交互作业，工作强度大，沟通协调不当时，容易产生安全事故。

（2）易受外部环境的影响，水电项目常位于深山地区，洪水、泥石流、强降雨等不可预见风险较多。

（3）EPC 项目成本和进度管理压力大，需要管理者在众多管理目标中协调和权衡。

（4）重视目标管理而忽略过程管理，无法将安全管理规章制度落到实处。

（5）参建各方接口管理复杂，存在信息不对称、不流通的情况，风险因素排查上报和处理流程烦琐，不利于第一时间排除安全隐患。

8.1.2　安全责任划分

建筑行业是安全事故高发行业。据统计，美国劳动人口总数为 137896660 人，其中建筑行业劳动人口总数为 5477820 人，占劳动人口总数的 3.97%[51]。然而，建筑行业因公致伤人数占到全部行业因公致伤人数的 8.12%，死亡人数更是占到了总数的 19.41%。

工程项目中几乎所有的利益相关方都参与或涉及项目的安全管理问题，包括业主、工程总承包商、分包商、供应商、设计师、咨询工程师、政府监管人员、工人和工会。参与方对于安全管理的积极参与可以显著提升安全绩效水平，以美国杜邦公司为例，杜邦公司自 1903 年以来便是安全管理方面的先锋，合作伙伴遍布世界。公司形成十大安全宗旨，要求全员和合作伙伴做到全员参与、每时每刻、事无巨细，体现了良好的企业安全管理文化，也取得了很好的安全绩效。

总体而言，参建各方从事安全管理的动力主要来源于法律监管、合同规定和社会道德责任 3 个方面。项目安全管理需要符合所在地的法律法规和行业规范，这也是必须服从的硬性要求，重大安全事故通常会追究刑事和民事责任。国际上通常以 FIDIC 合同为模板，对双方的权利和义务进行界定和划分。社会道德责任更多作为软性约束，构成企业市场信誉和口碑的一部分。

8.1.2.1 基于法律的责任

以下基于中美安全法律阐释参建各方在工程项目安全管理中的安全责任。

1. 美国职业健康与安全法律框架和细则

（1）美国《职业安全与健康法》（*Occupational Safety and Health Act*）。美国最重要的安全法律为《职业安全与健康法》以及联邦和地方安全与健康管理机构 Occupational Safety and Health Administration（OSHA）制定的标准和指南。联邦的 OSHA 标准只对美国 50 个州中的 23 个州的安全与健康负责，如密歇根州的 OSHA 制定了自己的职业健康与安全标准，并得到联邦 OSHA 的批准。

美国《职业安全与健康法》约束的主体是雇主（employer）和雇员（employee），要求雇主按照职业健康和安全法律规定，为雇员提供工作和安全的工作环境，消除可能导致雇员死亡或严重身体伤害的因素；对雇主的民事和刑事责任规定的较为详细，根据事件严重程度处以不同数额的罚款直至不同期限的监禁。但总体上，安全健康法处罚的力度较轻，处罚金额较少；尤其是对于建筑行业，参建各方的责任划分不太明确。

（2）美国建筑行业职业健康安全管理标准（OSHA 29 CFR Part 1926）。29 CFR Part 1926 是联邦 OSHA 出台的建筑行业职业健康和安全管理细则。建筑安全规定由 29 章和 1 个附录组成，内容包括个人防护和救援设备、火灾防控、材料存储、混凝土施工、挖掘和高空防护等安全防护标准。标准主要对承包商的现场安全和职业健康管理进行约束，其中 Subpart B Section 1926.16 中规定了承包商的义务，在总承包合同中，不管分包关系是否存在，总承包商应当承担《职业安全与健康法》中规定的"雇主"责任，并履行 29 CFR Part 1926 的相关条款。在 Subpart C Section 1926.20 中再次规定了承包商的义务，包括事故防护责任、向雇员提供安全防护用具和安全培训的责任，无论总承包商还是分包商，对于合同范围内的作业，都不允许受雇佣的劳务或技工在可能造成生命安全威胁或是健康损害的条件下工作。29 CFR Part 1926 作为《职业安全与健康法》在建筑行业的实施细则，更多规定了承包商在建筑施工中的安全责任和义务，并对高危作业的技术流程和安全防护标准进行了详细阐述。

（3）美国《侵权法》（*Restatement of Torts*）。关于业主和承包商之间的权责分配，《职业安全与健康法》和 29 CFR Part 1926 均未进行详细阐述。《侵权法》对此有着更加明确的规定，尤其是《侵权法（第二次重述）》［*Restatement（Second）of Torts*］中的第 410～429 条，对安全责任的阐述较为细致。一旦发生安全事故，业主、承包商和事故的受害者需要去严格证明行为的属性和各自是否尽到了法律所规定的义务；对法律条文的解读只是一方面，更重要的是是否在合同中明确安全义务以及各方是否在施工过程中实现了有效的监管，参与程度和监管的有效性决定法律责任的轻重。

2. 中国安全法律框架和细则

我国安全法律体系共分为 6 个层级，包括宪法、安全生产法律、安全生产行政法规、地方性法规、生产规章（部门和地方政府）以及标准规范，随着层级递增，法律效力逐级递减。

安全生产法律由全国人民代表大会及其常务委员会制定，包括《中华人民共和国安全生产法》及专门法和相关法，如《中华人民共和国劳动法》《中华人民共和国建筑法》等。

安全生产行政法规由国务院制定，同属于安全法体系的上位法，但效力低于基本法。行政法规包括《安全生产许可证条例》《建设工程安全生产管理条例》等。

部门规章由国务院相关部门依照安全生产法律、行政法规等制定，包括《电力建设工程施工安全监督管理办法》《水利工程建设安全生产管理规定》等。

以下选取与水利建设安全生产直接相关的 6 部法律法规（包括《中华人民共和国建筑法》《中华人民共和国安全生产法》《建设工程安全生产管理条例》《生产安全事故报告和调查处理条例》《电力建设工程施工安全监督管理办法》《水利工程建设安全生产管理规定》），对我国水电 EPC 项目参建各方安全责任进行阐释说明。

（1）《中华人民共和国建筑法》。建筑法由八章组成，包括总则、建筑许可、建筑工程发包与承包、建筑工程监理、建筑安全生产管理、建筑工程质量管理、法律责任和附则。其中，与安全生产相关的条款为第三十六条至第五十一条。与责任划分相关的条款如下：

第四十四条　建筑施工企业必须依法加强对建筑安全生产的管理，执行安全生产责任制度，采取有效措施，防止伤亡和其他安全生产事故的发生。

建筑施工企业的法定代表人对本企业的安全生产负责。

第四十五条　施工现场安全由建筑施工企业负责。实行施工总承包的，由总承包单位负责。分包单位向总承包单位负责，服从总承包单位对施工现场的安全生产管理。

《中华人民共和国建筑法》规定了施工企业的第一负责人为企业的法定代表人，在总承包项目中，总承包商负总责。承包商应当建立健全安全培训制度，加强对职工的安全教育。在施工过程中，遵守相关法律、法规和行业规章，不得违章作业，并需要接受作业人员的意见和诉求，为员工支付保险费。

（2）《中华人民共和国安全生产法》。安全生产法由七章构成，包括总则、生产经营单位的安全生产保障、从业人员的安全生产权利义务、安全生产的监督管理、生产安全事故的应急救援和调查处理、法律责任和附则。其中，总则第二条、第四条和第五条规定了法则的适用性和适用对象。

第四条　生产经营单位必须遵守本法和其他有关安全生产的法律、法规，加强安全生产管理，建立、健全安全生产责任制和安全生产规章制度，改善安全生产条件，推进安全生产标准化建设，提高安全生产水平，确保安全生产。

第五条　生产经营单位的主要负责人对本单位的安全生产工作全面负责。

安全生产法规定了法律的适用对象为"生产经营单位"，单位的主要负责人需要对安全生产工作全面负责。第六章第八十七条至第一百一十一条规定了处罚措施和刑事责任。例如，如发生特别重大事故，对生产经营单位的主要负责人处以罚款上年年收入的 80%。

（3）《建设工程安全生产管理条例》。安全生产管理条例同样由八章构成，包括总则，建设单位的安全责任，勘察、设计、工程监理及其他有关单位的安全责任，施工单位的安全责任，监督管理，生产安全事故的应急救援和调查处理，法律责任和附则。其中，第二章到第六章为对参建各方安全管理的具体要求。第七章为参建各方法律责任的划分。建设工程安全生产管理条例法律责任条款见表8.1-1。

表 8.1-1　　　　　　　　建设工程安全生产管理条例法律责任条款

处罚对象	处 罚 条 款	数目
监管机构	第五十三条	1
建设单位	第五十四条、第五十五条	2
勘察、设计单位	第五十六条	1
监理单位	第五十七条	1
设备、材料供应商和租赁商	第五十八条、第五十九条	2
施工单位	第六十二条、第六十三条、第六十四条、第六十五条、 第六十六条、第六十七条	6

1）**建设单位主要的法律责任。**

第五十五条　违反本条例的规定，建设单位有下列行为之一的，责令限期改正，处20万元以上50万元以下的罚款；造成重大安全事故，构成犯罪的，对直接责任人员，依照刑法有关规定追究刑事责任；造成损失的，依法承担赔偿责任：

（一）对勘察、设计、施工、工程监理等单位提出不符合安全生产法律、法规和强制性标准规定的要求的。

（二）要求施工单位压缩合同约定的工期的。

（三）将拆除工程发包给不具有相应资质等级的施工单位的。

2）**勘察、设计单位主要的法律责任。**

第五十六条　违反本条例的规定，勘察单位、设计单位有下列行为之一的，责令限期改正，处10万元以上30万元以下的罚款；情节严重的，责令停业整顿，降低资质等级，直至吊销资质证书；造成重大安全事故，构成犯罪的，对直接责任人员，依照刑法有关规定追究刑事责任；造成损失的，依法承担赔偿责任：

（一）未按照法律、法规和工程建设强制性标准进行勘察、设计的。

（二）采用新结构、新材料、新工艺的建设工程和特殊结构的建设工程，设计单位未在设计中提出保障施工作业人员安全和预防生产安全事故的措施建议的。

3）**监理单位主要的法律责任。**

第五十七条　违反本条例的规定，工程监理单位有下列行为之一的，责令限期改正；逾期未改正的，责令停业整顿，并处10万元以上30万元以下的罚款；情节严重的，降低资质等级，直至吊销资质证书；造成重大安全事故，构成犯罪的，对直接责任人员，依照刑法有关规定追究刑事责任；造成损失的，依法承担赔偿责任：

（一）未对施工组织设计中的安全技术措施或者专项施工方案进行审查的。

（二）发现安全事故隐患未及时要求施工单位整改或者暂时停止施工的。

（三）施工单位拒不整改或者不停止施工，未及时向有关主管部门报告的。

（四）未依照法律、法规和工程建设强制性标准实施监理的。

4）施工单位主要的法律责任。

第六十六条　违反本条例的规定，施工单位的主要负责人、项目负责人未履行安全生产管理职责的，责令限期改正；逾期未改正的，责令施工单位停业整顿；造成重大安全事故、重大伤亡事故或者其他严重后果，构成犯罪的，依照刑法有关规定追究刑事责任。

作业人员不服管理、违反规章制度和操作规程冒险作业造成重大伤亡事故或者其他严重后果，构成犯罪的，依照刑法有关规定追究刑事责任。

施工单位的主要负责人、项目负责人有前款违法行为，尚不够刑事处罚的，处 2 万元以上 20 万元以下的罚款或者按照管理权限给予撤职处分；自刑罚执行完毕或者受处分之日起，5 年内不得担任任何施工单位的主要负责人、项目负责人。

条例对参建各方的法律责任作出了明确的规定，但没有探讨不同情形下，参建各方的责任划分。在实际应用中，往往结合《中华人民共和国安全生产法》《中华人民共和国建筑法》等法律对涉事方进行判决。由于成文法主要依据对法律条文的解读，在实际操作过程中，可能会出现不同法律之间优先级别和解读冲突的问题。

（4）《生产安全事故报告和调查处理条例》。条例一共由六章组成，包括总则、事故报告、事故调查、事故处理、法律责任和附则。条例将生产安全事故分为 4 个等级：特别重大事故、重大事故、较大事故和一般事故。处罚的主要对象是事故的发生单位和发生单位的负责人，如有迟报、瞒报、谎报事故，或是干扰事故调查等行为出现，将依法追究刑事责任。

（5）《电力建设工程施工安全监督管理办法》。国家发展和改革委员会审议通过的《电力建设工程施工安全监督管理办法》是《中华人民共和国安全生产法》《建设工程安全生产管理条例》和《生产安全事故报告和调查处理条例》的补充，针对电力建设工程，指导建设、勘察设计、施工和监理单位的安全生产活动。办法包括八章，分别为总则、建设单位安全责任、勘察设计单位安全责任、施工单位安全责任、监理单位安全责任、监督管理、罚则和附则。其中，与参建各方法律责任相关的为第二章到第五章。

1）建设单位的主要法律责任。

第六条　建设单位对电力建设工程施工安全负全面管理责任，具体内容包括：

（一）建立健全安全生产组织和管理机制，负责电力建设工程安全生产组织、协调、监督职责。

（二）建立健全安全生产监督检查和隐患排查治理机制，实施施工现场全过程安全生产管理。

（三）建立健全安全生产应急响应和事故处置机制，实施突发事件应急抢险和事故救援。

（四）建立电力建设工程项目应急管理体系，编制应急综合预案，组织勘察设计、施工、监理等单位制定各类安全事故应急预案，落实应急组织、程序、资源及措施，定期组织演练，建立与国家有关部门、地方政府应急体系的协调联动机制，确保应急工作有效实施。

（五）及时协调和解决影响安全生产重大问题。

对于总承包模式，办法规定总承包商应按照合同规定，履行建设单位应有的安全生产责任，但是建设单位同时负有监督责任。建设单位应选择具有相应资质等级的承包商，并监督安全生产费用使用情况。同时执行定额工期，不得压缩；如需调整，也应经过安全论证和评估。办法同样规定，建设单位应履行工程分包管理责任，将分包单位同样纳入工程安全管理体系，禁止以包代管。对于设计单位和监理单位，建设单位应签订安全生产协议。

2）施工总承包单位的安全责任。

第二十三条　电力建设工程实行施工总承包的，由施工总承包单位对施工现场的安全生产负总责，具体包括：

（一）施工单位或施工总承包单位应当自行完成主体工程的施工，除可依法对劳务作业进行劳务分包外，不得对主体工程进行其他形式的施工分包；禁止任何形式的转包和违法分包。

（二）施工单位或施工总承包单位依法将主体工程以外项目进行专业分包的，分包单位必须具有相应资质和安全生产许可证，合同中应当明确双方在安全生产方面的权利和义务。施工单位或施工总承包单位履行电力建设工程安全生产监督管理职责，承担工程安全生产连带管理责任，分包单位对其承包的施工现场安全生产负责。

（三）施工单位或施工总承包单位和专业承包单位实行劳务分包的，应当分包给具有相应资质的单位，并对施工现场的安全生产承担主体责任。

施工总承包单位对施工现场的安全生产负总责，不得对主体工程进行施工分包，同时应当履行劳务分包的安全管理责任，加强对施工现场的管理和控制，配备专职的安全生产管理人员。

3）监理单位的安全责任。

第三十三条　监理单位应当按照法律法规和工程建设强制性标准实施监理，履行电力建设工程安全生产管理的监理职责。监理单位资源配置应当满足工程监理要求，依据合同约定履行电力建设工程施工安全监理职责，确保安全生产监理与工程质量控制、工期控制、投资控制的同步实施。

办法要求监理单位健全安全监理工作制度，组织或参加各类安全检查活动，建立安全管理台账。重点审查施工组织设计中的安全技术措施和施工方案。

办法中的处罚条款与《建设工程安全生产管理条例》基本一致。

（6）《水利工程建设安全生产管理规定》。《水利工程建设安全生产管理规定》由水利部令第26号发布（2005年），经过2014年和2017年两次修正。管理规定由七章组成，包括总则，项目法人的安全责任，勘察（测）、设计、建设监理及其他有关单位的安全责任，施工单位的安全责任，监督管理，生产安全事故的应急救援和调查处理，附则。管理规定对不同的项目承包模式考虑较少，所涉及的主体包括业主、施工方、设计方和监理方等。要求项目各参建方必须履行各自的法律责任。例如，施工单位主要负责人应对本单位的安全生产工作负全责，健全安全生产责任制度，并设置安全生产管理机构，配备专职人员，对现场进行监督检查。对于特种作业人员，必须进行安全教育培训，取得资质证书后，方能上岗作业。

8.1.2.2　基于合同条款的责任

1. FIDIC 银皮书中的安全责任

国际总承包合同大多基于 FIDIC 银皮书，银皮书由 20 个部分组成，包括一般规定，雇主，雇主管理，承包商，设计，员工，生产设备、材料和工艺，开工、延误和暂停，竣工试验，雇主的接收，缺陷责任，竣工后试验，变更和调整，合同价格和付款，由雇主终止，由承包商暂停和终止，风险与职责，保险，不可抗力和索赔、争端与仲裁。其中，关于安全责任的描述较少，主要为安全程序（条款 4.8）、劳动法（条款 6.4）以及健康和安全（条款 6.7）。总承包商在服从当地的雇佣、健康、安全、福利等法律的前提下，需要保障所有有权进入项目现场的人员的生命安全，包括业主、监理方和其他参建方的现场人员。

FIDIC 合同只是参考的范本，在实际的合同签订过程中，业主通常会提出更多的安全要求以保障承包商的安全投入，出现较多的条款为"承包商必须遵守当地、州和联邦的安全管理条例""承包商必须向业主汇报伤亡事故"和"承包商需要提供特定的个人防护用品"。就合同条款而言，业主在 EPC 项目中所负的安全责任较 DBB 项目少一些，但业主在安全工作中须提出安全管理要求、提供安全管理资源和条件，并进行监督。

2. 《建设项目工程总承包合同示范文本（试行）》中的安全责任

我国的工程总承包模式起步较晚，合同范本于 2011 年由住房与城乡建设部发布。《建设项目工程总承包合同示范文本（试行）》由合同协议书、通用条款和专用条款三部分组成。其中，业主和监理方的人员造成的安全事故由各自负责；承包人、分包商、供应商等的人员造成的安全事故由总承包人负责；业主和监理方对方案和整改措施的认可或建议并不能免除承包商的安全责任。

在实际操作的过程中，通常双方会依据《中华人民共和国安全生产法》和《建设工程安全生产管理条例》签订安全生产协议，以切实落实合同的安全生产责任。控制的目标通常包括零伤亡率、无重大影响的公共事件、无重大质量安全事故等。

3. 杨房沟项目 EPC 合同中的安全责任

在杨房沟项目中，安全协议涉及的责任划分和奖惩措施如下：

2. 安全责任

2.1　责任主体及相关方

（1）承包人对总承包项目安全生产负总责，是本项目安全生产的责任主体。业主对安全生产的统一管理和协调工作并不解除承包人按照法律、法规、合同文件及本协议第 2.3 款规定应负的安全责任。由于承包人的责任引起的任何安全事故，由承包人承担一切责任。

（2）监理人依据国家安全法律、法规、规章、合同规定及业主的安全管理制度、文件等检查督促承包人履行安全生产责任，承包人应严格执行有关安全生产的任何指示与要求。

2.2 业主的责任

（1）履行法律法规对建设单位有关安全责任的规定（明确由总承包单位履行的除外），按规定在合同总价中计列安全生产费用，为承包人履行安全生产责任提供必要的资金和合同条件。

……

2.3 承包人的责任

（1）履行法律法规对总承包单位有关安全责任的规定，建立和完善安全生产保证体系和监督体系，对施工现场的安全生产负总责。

……

（9）承担为其执行本合同所雇用的全部人员（包括分包人的人员）的工伤事故责任，并承担由其过失造成责任区内工作的业主、监理人及其他人员的工伤事故责任。在合同实施期间，承包人应负责为其雇用的全部人员（包括分包人的人员）在工地发生的人身意外伤害事故办理保险索赔。

3．考核与处罚

3.1 安全生产考核

业主将定期对承包人安全生产目标完成情况进行考核，并根据考核情况进行奖励或处罚，具体考核与奖罚标准由业主现场管理机构组织制定与实施。

3.2 安全事故及违约处罚

双方一致同意，若承包人在工程施工期间发生安全责任事故和相关违约事项时，承包人除按合同约定承担违约责任外，业主将按合同条款第22条约定进行处罚。

3.3 业主及监理人有权按照本协议和相关制度、文件规定，对承包人违章违规行为进行处罚，必要时可对承包人采取约谈、停工整改、更换队伍和人员等措施，直至符合有关规定，由此造成的损失由承包人自行承担；承包人在安全生产工作中作出突出贡献时，业主可给予特别奖励。

在杨房沟项目中，业主对工程总承包商的安全管理通常采用奖惩并行的模式，以激励工程总承包商更好地履行合同中的安全责任。在责任划分方面，无论是合同条款还是补充的安全协议，均认定工程总承包商对现场施工负总责，尤其是对现场人员，应该进行严格的安全教育和监管。业主对工程总承包商应当尽到监管的责任和义务，包括组织建立工程安全生产委员会、健全安全生产监督检查机制、督促承包人制定各类安全事故的应急预案、与地方政府应急体系形成联动等，并定期对工程总承包商的安全生产目标完成情况进行考核。

8.1.2.3 社会道德责任

除了上述的法律责任和合同责任，EPC项目各方参与项目安全管理的动力还有一部分来自于社会道德责任。随着"以人为本"的观念越来越深入人心，安全事故，尤其是重大安全事故，得到了越来越多的社会关注。在我国，大型项目参建方一般是大型国有企业，有着更高的社会影响力的同时，也面临着巨大的社会舆论压力。另外，保护职工的生命健康也成了企业社会责任的重要组成部分，不仅关系到企业的健康持续发展，也关系到整个社会的发展与稳定。

8.2　杨房沟项目安全管理

在杨房沟项目筹建与实施过程中，项目现场参建各方致力于从安全相关法律法规的合规性、合同安全相关条款的制定与实行等方面严格进行安全管理，具体情况如下。

8.2.1　管理架构

1. 业主管理架构

业主的安全监督工作由安全环保部负责，同时项目管理部门承担安全生产"一岗双责"的管理责任。业主牵头组建了工程安全生产委员会，负责统筹、协调各参建单位之间的安全生产事务。

2. 监理方管理架构

监理方负责安全监督工作的机构为安全环保处，采用纵向管理模式，现场土建、金属结构、机电等专业的监理人员，也要兼职专业范围内的安全事务。

3. 工程总承包商管理架构

工程总承包商的主要安全职能包括建立健全安全生产组织和管理机制，建立工程项目应急管理体系，编制应急综合预案，及时协调和解决影响安全生产的重大问题。同时负责职业健康安全管理，包括工程总承包商内部人员的安全培训、安全交底，对各作业工区、作业班组进行安全培训、安全交底的检查，组织定期或不定期安全检查。

8.2.2　安全管理绩效

8.2.2.1　安全外部条件

项目的安全外部条件包括水文地质条件、生活卫生条件、社会治安条件、气候条件、合同条款要求、法律法规要求和项目的社会影响力等，可划分为以下两类：

（1）自然与生活环境。包括项目所在地水文地质条件、自然灾害发生频率、气候条件、物种资源稀缺性、社会治安条件以及生活卫生条件和医疗条件。自然与生活环境和项目的性质无关，如气候条件、社会治安条件、医疗条件，仅与所在地的客观环境产生联系，项目部无法改变，只能通过有效的方法帮助员工更好地适应。

（2）制度与社会环境。包括合同技术条款、法律法规、政府监管、社会影响、媒体关注度和重点工程效应。制度与社会环境的影响力主要通过项目的外部利益相关方这一媒介实现，表现为政府部门、社会民众、新闻媒体对项目的法制和舆论监管，项目部可以通过积极的沟通和协作降低这一外界环境的影响，甚至可以将其转化为对项目自身的激励。

杨房沟项目安全外部条件情况见表 8.2－1，其中 1 分代表不太赞同，5 分代表非常赞同。

表 8.2-1　　　　　　　　　　杨房沟项目安全外部条件情况

项　目	外　界　条　件	得分	排名
类别Ⅰ　制度与社会环境	项目是所在地政府的重点工程	4.09	1
	法律法规对项目安全管理要求十分严格	3.95	2
	政府部门对项目安全监管十分严格	3.95	
	合同条款对项目安全管理要求十分严格	3.88	4
	项目社会影响复杂，涉及的社会组织和居民较多	3.58	5
	项目受媒体关注度高	3.55	6
类别Ⅱ　自然与生活环境	项目所在地生活环境恶劣	3.42	7
	项目所在地水文地质条件恶劣	3.29	8
	项目所在地自然灾害多发	3.28	9
	项目所在地气候条件恶劣	2.94	10
	项目所在地受保护的珍稀物种资源非常多	2.87	11
	项目所在地传染病多发，医疗卫生条件很差	2.85	12
	项目所在地社会治安条件很差	2.80	13
	均　　值	3.06	

　　自然与生活环境和制度与社会环境各项指标得分体现出显著的差异性。制度与社会环境6项指标排在前6位，对项目实施的制约较大。"项目是所在地政府的重点工程"（4.09分）、"政府部门对项目安全监管十分严格"（3.95分）和"项目受媒体关注度高"（3.55分）在13项外界条件指标中排在前列，表明项目受到政府部门和社会的高度关注。作为国家清洁能源重大工程，杨房沟项目受到来自政府部门极大的重视，是国家"西电东送"战略的重要工程之一。项目自筹划阶段，便受到包括中新网、中国电力网、新浪、网易等多家媒体的密切关注。尤其是涉及生态和移民等社会热点问题，受到了来自政府和社会更为严格的法制和舆论监管。

　　自然与生活环境7项指标中，"项目所在地水文地质条件恶劣"（3.29分）和"项目所在地自然灾害多发"（3.28分）在7项自然与生活环境指标中排名第2和第3位，反映为水文地质灾害对于项目安全实施的威胁较大，是安全管理的重点工作之一。

8.2.2.2　安全管理文化

　　杨房沟项目安全管理文化评价结果见表8.2-2，其中1分代表不太赞同，5分代表非常赞同。

表 8.2-2　　　　　　　　　　杨房沟项目安全管理文化评价结果

指　标	得分	排名
我和团队成员总是主动配合项目安全管理要求	4.27	1
我和团队成员发现安全隐患后第一时间上报	4.21	2
我和团队成员认为安全管理工作必要且重要	4.13	3
项目对于安全管理的责权分配十分明晰	4.06	4

续表

指　标	得分	排名
项目十分重视安全管理经验总结，并做到信息共享	4.05	5
我和团队成员十分了解项目所在地的法律法规（如安全生产法、环保法），并严格遵守	4.04	6
我和团队成员接受过安全培训	4.01	7
我和团队成员学习过以往项目的安全事故报告和经验总结	4.01	8
我和团队成员积极提出安全管理建议	3.95	9
我和团队成员十分熟悉项目的安全管理体系	3.93	10
均　值	4.07	

"我和团队成员总是主动配合项目安全管理要求""我和团队成员发现安全隐患后第一时间上报"和"我和团队成员认为安全管理工作必要且重要"得分分别为 4.27 分、4.21 分、4.13 分，排在前 3 位，表明各部门人员均能够认识到安全管理的重要性，并能够做到主动参与，积极配合安全环保部门的相关工作，协助进行安全管理。

"我和团队成员学习过以往项目的安全事故报告和经验总结""我和团队成员积极提出安全管理建议"和"我和团队成员十分熟悉项目的安全管理体系"排在末 3 位，表明项目在信息收集与共享方面还有一定的提升空间。

8.2.2.3　安全利益相关方

项目内部利益相关方包括业主、工程总承包商和监理方等，外部利益相关方包括政府部门、当地居民等。杨房沟项目安全利益相关方管理情况见表 8.2-3，其中 1 分代表不太赞同，5 分代表非常赞同。

表 8.2-3　　　　　　　　　杨房沟项目安全利益相关方管理情况

指　标	得分	排名
项目各参与方安全管理目标一致	4.06	1
在环保、安全生产方面与相关政府部门合作良好	4.04	2
项目各参与方安全管理职责划分明确	4.00	3
施工、采购过程中能够控制对当地居民正常生活的影响	3.98	4
项目各参与方积极协作解决安全问题	3.94	5
安全相关管理信息在各参与方之间高效传递	3.89	6
均　值	3.99	

由表 8.2-3 可知，"项目各参与方安全管理目标一致"排名第 1 位，得分为 4.06 分，反映了项目参建各方高度认同项目的安全管理目标，能够以安全为重展开交流合作。"在环保、安全生产方面与相关政府部门合作良好"排名第 2 位，表明杨房沟项目非常重视与政府部门的合作关系，并满足政府相关部门的要求。"项目各参与方积极协作解决安全问题"和"安全相关管理信息在各参与方之间高效传递"排名最末 2 位，表明在解决具体的安全问题时，各参建方之间的沟通效率还可进一步提升，协调机制还需进一步加强，归因

于安全利益相关方众多，高效协调各方安全管理工作不易。

8.2.2.4　安全绩效

安全管理各影响因素相关关系如图8.2-1所示。

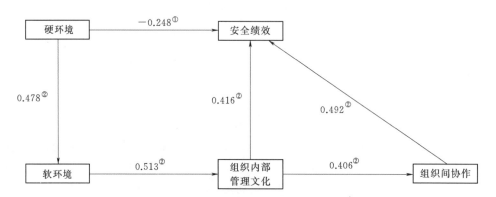

注：①表示相关显著性在0.05级别。
②表示相关显著性在0.01级别。

图8.2-1　安全管理各影响因素相关关系

（1）自然与生活环境对安全绩效有直接的负向影响，相关系数为-0.248，表明自然灾害频发、水文地质条件恶劣等环境不利条件对项目实施造成一定的阻碍，需要通过提升管理能力、优化技术方案，降低外界环境的不利影响。

（2）制度与社会环境对安全绩效无直接影响，但可以通过培养组织内部安全文化提升安全绩效。法制约束和社会舆论监督可以引起项目人员对安全管理的重视，促进项目参建各方完善安全管理流程，增加人力和物力的投入，从而提升安全绩效。这一影响路径也表明制度与社会环境对安全绩效有着潜在的正向激励作用。

（3）组织内部管理文化与安全绩效有着显著的正向相关关系，相关系数为0.416。良好的安全文化突出"主动管理"和"人人管理"，鼓励员工积极参与安全管理体系的改进，促进组织层面安全管理意识和管理水平的提升。

（4）组织间协作对安全绩效同样影响显著，相关系数为0.492。国内大型水电EPC项目接口众多，高效的组织间协作可以显著提升安全信息收集和整合，以便及时发现安全隐患，降低安全风险，提升风险管理水平。

8.3　杨房沟项目安全管理创新

8.3.1　安全标准化管理

安全标准化工作为杨房沟项目的重点安全工作。杨房沟项目以"一个手册""两个规划"和"七个台账"（表8.3-1）为主线推行安全标准化建设，同时积极整合外部资源，邀请专家和专业机构到现场进行评估和指导，强化过程监督、检查和持续改进。

表 8.3 - 1   安全标准化管理措施

管理措施	具 体 内 容
一个手册	安全文明施工标准化手册
两个规划	安全文明施工标准化实施规划
	安全专项措施规划
七个台账	安全生产费用台账
	安全教育培训台账
	安全技术交底台账
	安全隐患排查与整治台账
	特种设备和人员管理台账
	设备设施及车辆使用维护保养台账
	强条检查台账

2017 年，杨房沟项目组织第三方安全评价机构对杨房沟水电站工程项目安全生产标准化进行达标考评，评审专家通过现场检查和资料审核，对工程参建各方安全标准化要素落实情况进行了逐项评审，最终结论为达到电力安全生产标准化一级工程建设项目水平。

在安全标准化建设达到一级水平的基础上，杨房沟项目又相继组织开展了国内水电工程首个地下洞室群施工智能安全监控系统、国内水电工程首个安全教育培训体验厅、国内水电工程首个安全风险在线管控系统的建设工作，为实现现场设施标准化、安全生产行为规范化、安全管理程序化、文明施工常态化建设目标提供了有力支撑。

8.3.2　安全信息化管理

杨房沟项目积极推进信息化管理和智能化管理工作，完善建设风险管理体系，以提升项目的风险监控能力和管理水平。

1. 安全监控系统

(1) 地下洞室群施工智能安全监控系统和多维建筑信息模型（BIM）管理系统。借鉴煤矿行业的先进管理经验，杨房沟项目建设了以安全监测、实时报警、应急救援为核心的国内水电工程首个地下洞室群施工智能安全监控系统和多维建筑信息模型（BIM）管理系统，对洞室施工实行封闭管理。其中，BIM 视频监控子系统可实现对现场主要作业面的实时动态监控，为安全风险预控和隐患排查治理提供了有利条件。地下洞室群施工智能安全监控系统分为门禁通道系统和人员定位系统，实现对洞室作业人员的考勤、定位和信息管理。地下洞室群施工智能安全监控系统运行界面如图 8.3 - 1 所示。

通过智能化监控，实现动态实时掌握设备详细信息、洞室内人员的进出时间和身处位置等，提升了安全管理效率和应急救援能力。

(2) 自然灾害预警系统。水电项目实施过程中面临各种不可抗力因素，尤其是地震、洪水、泥石流等自然灾害。为降低自然灾害可能造成的人员伤亡和设备损失，杨房沟项目设置了地震灾害、水位预警和雨量自动监控报警系统。当降雨量超过设定的预警值，或者汛期来水达到设定的报警水位时，警报会响起，受到影响的人员会按照应急预案迅速撤

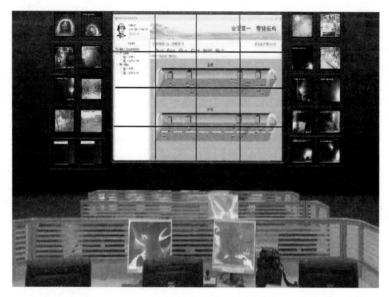

图 8.3-1　地下洞室群施工智能安全监控系统运行界面

离。地震观测系统可以实时获取地震波到达时大坝等重要水工建筑物的加速度，实现了地震对大坝等造成影响的快速评估。

（3）塔机防碰撞监测系统。为防止施工过程中，塔机碰撞引发的安全事故，杨房沟项目在塔机安装时便采用了 MT-105 碰撞报警系统，以实现在施工过程中对塔机的动态监测。防碰撞监测系统会在塔机作业距离太近时发出报警信号；违章操作达到阈值时，系统会自动锁住主机，以避免安全事故的发生。

（4）安全风险在线管控系统。杨房沟项目采用了安全生产风险分级管控和隐患排查治理"双控"机制，建立了工程施工安全风险在线管控系统。该系统以 APP 的方式安装到移动终端上使用，包含风险管理成效、安全保障体系、风险辨识与评估、风险过程管控、风险统计与分析、一周事故警示等 6 个功能模块，实现了安全生产风险作业前的预控、作业过程中的动态管控以及风险预测、预警功能。安全风险在线管控 APP 界面如图 8.3-2 所示。

图 8.3-2　安全风险在线管控
APP 界面

（5）应急通信系统。为了提升项目的应急响应能力，杨房沟项目设置了应急通信系统，包括卫星通信系统和集群通信系统。其中，卫星通信系统以雅砻江公司集控中心已建的卫星系统为标准，以固定卫星端站为主要应急通道。集群通信系统用于满足业主、施工方营地、主要施工区、大坝、电厂厂房等重要区域的通信覆盖，为项目人员提供语音、数据、定位功能。

2. 安全办公系统

杨房沟项目的安全工作信息管理平台涵盖日常安全监督管理的 9 大类主要内容、61 项具体业务工作，主要包括隐患排查治理、应急管理等业务功能。系统总体架构设计以数据分析为管理导向，以人员管理为主线，分成 5 个层面：服务支撑、系统管理、业务管理、数据分析、系统访问，如图 8.3-3 所示。

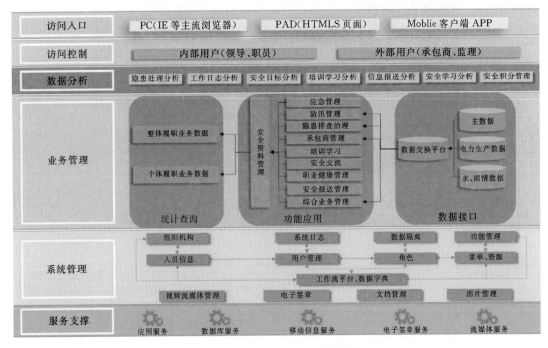

图 8.3-3　砼安系统设计架构图

该平台通过大数据、云计算、移动互联等最新信息技术手段，基于互联网思维鼓励用户主动上传数据和信息。上传的信息和数据构成安全管理人员绩效考核的重要参考指标，提升了员工参与安全管理的积极性，保障了安全监管的实施效果。

8.3.3　安全文化管理

杨房沟项目在安全文化建设方面采取了一系列举措，针对不同时期的工作重点，组织开展"落实责任、强化管理、防范事故"系列主题宣传、讲座和学习活动，并对相关的活动事项进行积极报道和宣传。主要工作内容如下。

1. 设置安全体验厅

结合安全标准化建设工作，杨房沟项目设立了国内水电工程首个"安全教育培训体验厅"，规划了安全标准化典型样本展示区、安全体验培训区等。安全体验厅一共包含 17 个水电工程施工安全相关的体验项目，如安全帽撞击体验、安全带体验、空中坠落体验、消防安全体验、现场急救体验、综合用电体验等，可同时供数十人体验和培训。

图 8.3-4 所示为安全教育培训体验厅安全帽撞击体验展台，通过亲身体验的参与方

式，比较在有无安全防护用具的前提下，外物撞击的效果，提升作业人员佩戴安全防护用品的意识。

图 8.3-4　安全教育培训体验厅安全帽撞击体验展台

2. 开展"安全生产月"系列活动

杨房沟项目每年在"安全生产月"期间，通过书画、知识竞赛、安全征文等形式，开展了丰富的主题宣传活动，营造了浓厚的安全文化氛围。2017 年，杨房沟水电站代表队在凉山州"安责杯"暨 2017 年全国"安全生产月"和"安全生产万里行"知识竞赛中取得了第一名的成绩。

3. 创建省级"安全文化示范企业"

杨房沟项目组织开展了形式多样的安全文化建设工作，制作大量手册、图册进行安全文化宣传和引导，定期发放安全健康书籍并组织系列安全教育活动。同时积极组织了"安康杯"知识竞赛、"安全生产月"、"电力建设安全生产年"、"平安三电"、"危险化学品综合治理"、"安全生产大检查"等安全专项活动，将安全文化建设贯穿安全活动的始终，多次开展"安全主题宣讲""安全主体责任宣誓""安全生产讲座"等系列安全文化宣传，营造了浓厚的安全文化氛围，推动了全员、全过程、全方位安全管理。

4. 设置安全阅览室

杨房沟项目设有安全阅览室，配备了大量安全教育读本、安全生产法律法规、安全生产规范规程及安全生产年鉴等安全类书籍，以供项目人员进行阅读和学习，如图 8.3-5所示。

5. 自律安全管理

水电项目现场技术工种复杂，作业班组数量庞大。工程总承包商为提升项目人员参与项目安全管理的主观能动性，编制了《安全生产个人自律管理办法》《安全生产自律班组管理办法》，采用分层级、分区域模式推行自律管理，以提升项目的安全绩效和品牌效益。推行自律管理共分以下 3 个步骤：

图 8.3－5　杨房沟项目安全阅览室

（1）培训宣贯阶段。向管理和作业人员宣贯推行自律管理的意义，包括自律管理的内容和预期成效。

（2）试运行阶段。以奖励为主导提升项目人员进行自律和他律的积极性，同时验证管理制度的实用性，在试运行阶段加以修正。

（3）运行提升阶段。奖罚并重，深入推行自律管理制度化，表彰优秀自律班组和个人，对违规行为采取适当的处罚措施。

8.4　安全管理策略

1. 严格遵守法律规范，完善安全风险管理体系

参建各方应当严格遵守我国的安全生产和职业健康安全法律规范，明确各方责任和义务，将法律责任和安全管理体系落到实处。与传统以质量、进度和成本等结果为导向的绩效目标不同，安全更侧重于过程导向，对职业安全、健康和环境的管理贯穿项目的全过程，应当根据合同和法律法规要求，通过策划，明确资源配置和各级组织、人员的职责，建立更加完备的安全风险管理体系。

2. 保障安全管理资源投入，注重绩效考核和激励

国内的安全管理工作从责任制出发，管理人员容易生出侥幸心理。为了适应国内建筑行业安全形势和管理需求，应当培养更加积极主动的安全管理文化，化责任制为主动管理，变事后处理为事前预防。业主应保障相应的安全管理资源投入，并监督工程总承包商落到实处。为实现上述目标，应采取如下措施：

（1）注重培训和宣传。严格落实新入厂职工、劳务人员、转岗劳务人员的安全教育，并做好安全教育记录。加大检查力度，积极开展多种形式的安全活动，提高项目人员安全意识和技能，督促工程总承包商增加和完善各装置现场的安全警示标识、标语等。同时应

搭建组织层面开放、系统的信息共享平台，将项目实施过程中的安全文件、案例资料加以分类整理，方便员工在需要的时候及时调用、学习。

（2）保障相应的安全管理资源投入。先进的安全管理文化离不开管理资源的投入。除了保障物资资源的投入外，业主还应保障足够的人力资源，督促监理方完成监督和检查工作，督促工程总承包商及时发现项目存在的安全隐患，从细节上消除人的不安全行为和物的不安全状态，降低安全事故发生的概率。同时应保证对项目安全管理的智力支持，与政府部门、科研单位、专业机构展开更加密切的合作，邀请专业人员开展培训，鼓励管理人员多去学习先进管理理念和方法，提升项目人员的业务管理水平。

（3）注重绩效考核与激励。完善的绩效考核制度和激励机制是项目管理的重要层面，使参建各方和员工有动力和意愿做好安全工作。首先应确保考核指标的合理性和绩效评比的公正性，并辅以相对应的惩戒措施，提升参建单位和员工对激励措施的认可度和满意度。

3. 搭建沟通渠道和平台，构建更为开放的接口管理体系

（1）构建流畅的沟通渠道和平台。

1）注重组织内部和参建单位间的安全信息共享和集成，打破信息不对称、不流通的局面。杨房沟项目在安全体系构建方面卓有成效，为人员配备安全标准化管理手册，提供项目实施阶段切实可行的安全管理指导意见和建议。

2）提升沟通的效率和效果，鼓励不同部门的员工献言进策，积极参与项目的安全管理，促进组织层面管理水平的提升；同时关注管理层与作业人员之间的沟通交流，通过公告栏、意见箱等形式收集工人对于项目安全管理的意见和建议，包括安全防护、现场安全标识等，将安全管理落到细节。

（2）构建更为开放的接口管理体系。EPC项目参建方众多，接口更为复杂，在安全管理方面如何实现不同组织间高效的沟通和反馈是一个非常重要的问题。安全管理系统需确保业主、工程总承包商和监理方的安全管理人员可以实现在线信息传送，发现安全隐患后迅速上报，并在规定时间内得到有关整改的反馈。

更进一步，安全管理系统还应构建更为开放高效的接口管理体系，一方面可以依据隐患或风险的等级或重要程度，制定相应的审批和上报的流程；另一方面系统应向现场工作人员开放更多的接口，在作业中遇到安全问题或隐患时可以实现在线申报或求助，做到实时共享和快速反馈，高效解决EPC项目实施过程中安全管理方面的问题。

8.5 小结

随着"以人为本"理念的不断深入，安全管理体系作为现代化的管理模式，在我国建筑行业得到越来越广泛的应用。大型水电项目建设周期长、现场条件复杂、人员密集、风险源众多，对项目的安全管理提出了更高的要求和挑战。本章基于我国建筑业安全总体形势，评价了现阶段大型水电EPC项目安全管理现状和方法。

1. 主要结论

（1）在安全管理外部环境方面，水电项目主要受制度与社会环境和自然与生活环境两

方面的影响，其中来自法律法规、政府部门监管和社会舆论的压力更大。为了应对各种不利的外部条件，参建各方需建立良好的风险识别和管控机制，制定详细的应对方案和对策，以助于有效管理安全风险。

（2）在管理文化方面，参建各方均应认识到安全管理的重要性，并能够做到主动参与、积极配合安全监督部门的相关工作，协助进行安全管理。需创造参建各方组织间和组织内开放的学习氛围，以在安全信息共享和安全培训方面持续提升。

（3）项目参建各方应高度认同项目的安全管理目标，能够以安全为重展开交流合作；重视与政府部门的合作关系，并满足政府相关部门的要求。应进一步推进各参建方之间的沟通成效，以高效协调众多安全管理利益相关方。

（4）自然与生活环境、组织内部管理文化和组织间协作对安全绩效有显著的直接影响，制度与社会环境则可以通过培养组织内部管理文化提升安全绩效。

2. 杨房沟项目安全管理创新

（1）安全标准化管理。

1）编制了《杨房沟建设管理局安全生产责任制规定》，建立了业主指导、监理方监督、工程总承包商实施与改进的安全生产组织保障和监督体系。

2）以"一个手册""两个规划"和"七个台账"为主线推行安全标准化建设，同时积极整合外部资源，邀请专家和专业机构到现场进行评估和指导，强化过程监督、检查和持续改进。

（2）安全信息化管理。

1）建立了地下洞室群施工智能安全监控系统，实现全方位动态监控、管理，提升了安全风险预控能力。

2）建立了自然灾害预警系统，实现对地震、洪水、泥石流等自然灾害的风险管控，降低自然灾害可能造成的人员伤亡和设备损失。

3）建立了塔机防碰撞监测系统，实现在施工过程中对塔机的动态监测。

4）建立了安全风险在线管控系统，基于云服务器，以微信为载体，实现了风险实时查询和线上监控。

5）设置应急通信系统，提升了项目的应急响应能力。

6）搭建了安全工作信息管理平台，基于信息技术手段，以个人安全履职行为数据为核心，用数据影响员工行为，激发员工参与安全管理的内在动力。

（3）安全文化管理。

1）设置"安全教育培训体验厅"，通过亲身体验的参与方式，提升作业人员的安全意识。

2）设置安全阅览室，配备了大量安全教育读本、安全生产法律法规、安全生产年鉴等书籍，提升项目人员安全管理知识水平。

3）采用分层级、分区域模式推行自律管理，以提升项目的安全绩效和品牌效益。

3. 安全管理建议

（1）严格遵守法律规范，完善安全风险管理体系。根据合同和法律法规要求，通过策划，明确资源配置和各级组织、人员的职责；注重对重大危险源的监控和安全检查，落实检查结果。

（2）保障安全管理资源投入，注重绩效考核和激励。培养更加积极主动的安全管理文化，变事后处理为事前预防；注重培训和宣传，保障相应的安全管理资源投入。

（3）搭建更为开放的安全沟通渠道和平台。构建更加通畅的安全相关信息传递渠道，提升沟通效率和应急能力；注重组织间和组织内的信息共享和集成，提高安全管理决策水平。

第 9 章

大型水电 EPC 项目环境保护管理

9.1 水电工程环境保护

9.1.1 环保法律法规

针对水电工程项目的环境影响和保护问题,当前的主要对策是统筹考虑环境问题、加大环保投资力度以及加大立法和执法力度等。我国颁布的一系列有关环境保护的法律法规对水电工程项目建设的环境保护与管理在法律层面提出了要求。

《中华人民共和国环境保护法》(以下简称《环境保护法》)规定:环境影响评价报告书必须对建设项目产生的污染和对环境的影响做出评价并规定防治措施;必须建立环境保护责任制度并防治在生产建设或其他活动中对环境造成的污染和危害;防治污染的设施必须与主体工程同时设计、同时施工、同时投产使用(即"三同时"制度)。

《中华人民共和国水法》(以下简称《水法》)规定:禁止在河道管理范围内建设妨碍行洪的建筑物和构筑物;因违反规划造成水域使用功能降低、地下水超采、地面沉降或水体污染的应当承担治理责任。

《中华人民共和国文物保护法》(以下简称《文物保护法》)规定:文物保护单位的保护范围内不得进行其他建设工程;核定为文物保护单位的建筑物及其附属物在进行修缮、保养、迁移的时候,必须遵守不改变文物原状的原则。

《中华人民共和国渔业法》(以下简称《渔业法》)规定:在水生动物苗种重点产区饮水用水时应当采取措施保护苗种;在鱼、虾、蟹洄游通道建闸、筑坝,对渔业资源有严重影响的,建设单位应当建造过鱼设施或者采取其他补救措施。

《中华人民共和国环境影响评价法》(以下简称《环境影响评价法》)规定建设项目的环境影响报告书应当包括以下 7 个方面的内容:

(1)建设项目概况。

(2)建设项目周围环境状况。

(3)建设项目对环境可能造成影响的分析、预测和评估。

(4)建设项目环境保护措施及其技术、经济论证。

(5)建设项目对环境影响的经济损益分析。

(6)对建设项目实施环境监理的建议。

(7)环境影响评价的结论。

2017 年,《关于划定并严守生态保护红线的若干意见》提出划定生态保护红线,并要求将生态空间范围内具有特殊重要生态功能的区域加以强制性严格保护。

9.1.2 水电工程项目环境问题

水电工程不仅对其所在区域的经济和社会产生影响,也会不同程度地影响流域及附近自然生态和气候条件，包括以下几个方面：

    （1）流域水文与水质变化。

    （2）水生与陆生生态影响。

    （3）水土流失及危害影响。

    （4）诱发地震、地质灾害。

    （5）社会经济影响。

    （6）人群健康影响。

    （7）文物和古迹影响。

    （8）移民安置影响等。

项目建设需明确参建各方环境保护的责任与义务，进行环境影响预测和评估、制定环保对策、估算环保投资并拟定环境监测与环境管理规划，以发挥水电工程对环境的积极作用。

9.2　杨房沟项目环保水保管理

9.2.1　环境保护理念与规划

1. 环境保护理念

业主充分发挥"一个主体开发一条江"的优势，秉承"流域统筹，和谐发展"的环保理念，坚持开发与保护并重、企业效益与社会责任并重，努力创建开发效益更显著、生态保护更完整、人文环境更和谐的水电开发模式，科学推进雅砻江流域的水能资源开发。

2. 环境保护规划

雅砻江独特的自然生态环境和社会经济环境对水电开发项目的环境保护工作提出了很高的要求，因此，流域性的环保规划工作在雅砻江水电开发之前已全面展开。首先，业主全面系统地评价了雅砻江流域水电开发有可能产生的环境影响，从流域开发的角度制定了环保措施，有效避免了各项目环保工作的间断性与分割性。随后委托专业单位对雅砻江中下游水电开发环境影响与保护措施效果进行了后评价研究，切实了解雅砻江已建、在建水电站实际发生的环境影响及已实施的环保措施的实际效果，并为进一步深化、优化环境保护措施和保护雅砻江中游水电开发环境提供技术支撑。

9.2.2　环保管理规章制度

业主秉承"流域统筹，和谐发展"的环境保护理念，坚持"科学规划、预防为主、防治结合"的原则，进一步加强环境保护与水土保持管理工作，根据《环境保护法》《中华人民共和国水土保持法》《建设项目环境保护管理条例》等国家法律法规，制定了《环境保护与水土保持管理办法》，实现环境保护、水土保持与流域水电开发同步规划、同步实施、同步发展的目标。业主实行环境保护和水土保持职能部门全过程归口管理和各单位分工负责制度。环境保护管理中心是环境保护和水土保持管理工作的职能部门，负责全过程归口管理环境保护和水土保持工作。各电厂、各项目建设管理局是环境保护和水土保持项目的主要管理和实施单位，均根据各自环境保护和水土保持任务和需要，设置了环境保护和水土保持管理机构并配置专兼职管理人员。

《环境保护与水土保持管理办法》对环境保护与水土保持的设计管理、实施管理、验收管理和运行管理都提出了明确的规定：①在进行流域开发研究、前期项目勘测设计、工程建设和电力生产时必须遵守国家有关环境保护的法律法规，依法保护环境并维护合法权益；②要依靠科技进步防治环境污染，保护生态环境，推行绿色施工、清洁生产，做好环境保护和水土保持工作；③项目建设与电力生产过程中严格执行环境保护与水土保持设施与主体工程同时设计、同时施工、同时投产使用的"三同时"制度。

业主大力开展水电工程环境保护与水土保持科学研究，提高生态环境保护技术水平。同时，为贯彻执行国家、地方环境保护和水土保持法律法规、标准和方针政策，设置了环境保护与水土保持责任目标，制定了环保考核、奖励与处罚办法，加强了环境保护与水土保持过程中的监督管理。此外，业主积极参与国内和国际水电工程环境保护与水土保持工作的交流与合作，统筹环境保护和水土保持的宣传教育。

1. 责任划分

杨房沟项目环境保护与水土保持坚持"保护优先、预防为主、综合治理"的原则，实行"总承包单位负总责、监理过程控制、业主协调监督"的管理机制，接受政府和行业主管机构的监督检查。项目实施严格遵守环保水保法律法规和标准规范，建立健全环保水保保证体系和监督体系，建立环保水保责任制和环保水保规章制度，保证环保水保措施的正常实施。同时大力开展环保水保新技术研究和先进技术的推广应用，提升项目环保水保建设水平。

业主负责履行建设单位环保水保责任。监理履行法律法规对监理单位有关环保水保责任的规定，负责总承包项目环保水保的全过程控制与监督管理。工程总承包商履行法律法规对总承包单位有关环保水保责任的规定，对环保水保工作负总责。业主按照合同约定和考核规定对参建单位进行考核、奖励或处罚。

2. 专项验收管理

施工期环境保护和水土保持验收由工程监理组织，业主项目管理部门、监督管理部门、环境保护管理中心、工程总承包商参与验收。阶段性验收、竣工环保验收和水土保持设施验收由工程总承包商按规定申请，业主牵头组织实施，验收责任单位为工程总承包商。

3. 信息报送管理

杨房沟项目环保水保信息报送遵循真实、及时、完整的原则，范围主要包括环保水保工作计划、环保水保培训教育信息、专项环保水保活动信息、月度和年度环保水保报表和总结材料等。项目环保水保信息报告编制和报送由业主负责，环保水保信息按照工程信息管理系统的要求进行归档和录入。

4. "三废"处置管理

"三废"处置工作是保护环境、保障工程建设人员身体健康的一项重要工作，工程总承包商指定专门部门和人员负责"三废"的管理和处置工作。工程总承包商编制"三废"处置方案和管理办法，包括"三废"的辨识、收集、运输、处置的详细措施；对危险废弃物，交由有资质的机构按规定进行处置。工程总承包商将"三废"处置检查工作日常化，定期或不定期进行相关的检查，制定奖罚办法，严格实施管理。

5. 考核与违约处罚

环保水保考核按季度、年度进行，考核工作由业主组织实施。违约处理的实施单位为业主和监理方。

9.2.3　环境保护措施

1. 水环境保护

施工期，采用"高频振动筛机械预处理＋辐流式沉淀池＋压滤式装置"等先进技术对砂石料系统废水进行处理，处理能力达到 910m³/h，处理后的清水回用于砂石系统生产；采用沉淀法对混凝土系统冲洗废水进行处理后回用于混凝土拌和；施工工厂区含油废水经隔油池进行除油处理后与其他施工工厂废水汇合进行进一步的气浮处理，回用于道路和施工场地洒水；地下洞室排水处理按照"零排放"要求采取"二级沉淀池＋清水池"的废水处理工艺，废水先进入预沉池，去除大部分悬浮物，再进入沉淀池进一步处理，出水进入清水池，回用于林灌和路面洒水降尘，废渣经自然干化后运至渣场处理。

施工区域临时营地设置化粪池和污水回用设施，业主营地和工程总承包商营地生活污水处理系统运行良好，工程总承包商临时营地设置配套一体化污水处理设施。生活污水经隔油池和化粪池后进行生化处理，出水经消毒后回用于营地内的景观绿化、营地内外公路两侧绿化；施工区各类污废水经处理后就近回用于植被绿化，不排入雅砻江。

对可能存在的水库浸没问题采取水土保持措施、管理措施、植被恢复措施进行防护。对于厂坝区存在的渗流问题采取疏堵结合，一方面进行导流，另一方面采取帷幕灌浆等措施进行有效封堵，避免地下水渗流对厂坝区的安全运行带来的影响。对于地下隧洞开挖过程中产生的地下水夹带有悬浮物等污染物，就近集中收集处理，处理后回用于林灌或道路洒水。

2. 环境空气保护

砂石加工系统布置取料喷淋、卸料喷淋、中间喷淋等多道喷淋措施和封闭防护设施，有效减少了生产过程中的扬尘；混凝土生产系统采用封闭式生产，生产过程中产生的扬尘得到有效控制；大坝开挖过程中采取雾炮、高压水枪喷射、喷淋等措施进行降尘，有效减少了施工过程中的扬尘，抑制了扬尘的扩散；表土堆存场、中转料场进行有用料堆存时物料存放平整，无雨日采用洒水车进行不间断洒水。

道路车辆通行产生的扬尘，采取洒水车及道路沿线花管洒水降尘措施，严禁运输石渣、土渣车辆超载、超速，减少因渣、砂、土的外泄造成扬尘污染。为抑制车辆运输过程中大量尾气的产生，严禁不符合环保要求的车辆进场；作业过程中，做好车辆的检修维护保养工作，防止过多尾气产生；对于达到报废年限的车辆及时进行报废处理。

3. 固体废弃物处置

杨房沟项目施工弃渣进入指定渣场堆存和处理，生活垃圾由垃圾收集车定期清运至当地生活垃圾处理站进行无害化垃圾处理。

4. 声环境保护

爆破作业严格控制爆破时间，明挖作业严禁夜间爆破，减少噪声对周边居民的影响。选择低噪声设备和工艺，加强设备维护保养减少运行噪声；拌和楼、破碎机、空压机等车间采用隔离屏障，封闭生产；道路交通运输噪声做到减速行驶并严禁鸣喇叭，最大限度地不影响正常生活办公，加强作业人员个人防护，给高噪声环境作业人员配备耳塞、耳罩等个人防护用品，各项措施落实到位。

5. 人群健康保护

杨房沟项目生活用水统一供应，由专业单位负责水厂日常运行管理，对取水点、饮用水净化过程和出厂水质进行全过程监控，定期对生活用水水质进行检测，保障生活饮用水水质标准；设置了杨房沟医疗服务站，开展项目建设期的疫情预防和应急处置工作。严格落实新进场人员健康体检，每年按照10％的比例进行抽检，建立人群健康档案，并定期更新，防止发生群发性传染病及群体性事件；制定食堂卫生管理制度并严格执行，餐饮服务人员均持健康证上岗，保持生活营地和食堂环境卫生，人群健康保护措施效果良好。

6. 危险废弃物处置

业主规范施工区危险废弃物管理，设置了废油收集点，全面排查施工区域废油产生源头，并建立规范的出入库管理台账，对废油的产生、收集、转移进行全过程监控管理，工程总承包商与有资质的废油处置单位签订转移处置合同，依法依规进行废油处置管理。杨房沟医疗站对医疗废物进行分类收集，并交由母体单位（西昌市人民医院）进行处置。

7. 下泄最小生态流量

杨房沟项目在坝体上设置生态泄放底孔，保证水库初期蓄水过程中不间断地向下游河道下泄不少于 $145\text{m}^3/\text{s}$ 的生态流量。生态泄放底孔为初期蓄水阶段的临时设施，完成初期蓄水过程后实施封堵。工程运行期间，当4台机组均无法下泄生态流量时，通过坝身设置的生态泄放表孔下泄生态流量，生态泄放表孔弧形门开启高度根据库区水位而定。

8. 陆生生态保护

杨房沟项目开工建设前，聘请专业技术人员对施工区范围内进行地毯式调查，对新发现的珍稀植物进行就地保护和移植保护。工程开工后，提前启动了水土保持植物措施落实，在水电站开工3个月内完成场内道路和其他部位的绿化，在施工过程中，注重对当地树种的保护，减少砍伐，对大树古树采取了保护措施。

建立健全施工管理制度，加强宣传教育，禁止施工人员和当地居民捕杀国家Ⅱ级重点保护兽类猕猴和列入《中国濒危动物红皮书》的两栖类双团棘胸蛙、爬行类黑眉锦蛇；同时在施工期开展陆生生态调查工作，及时掌握工程建设对当地陆生生态的影响。

9. 水生生态保护

（1）现有生境保护及人工生境营造。为探索江段鱼类栖息生境的保护和修复，对库尾及库区三岩龙河口区域开展生境保护和修复工作，最大限度地保留江段流水生境。

（2）建设过鱼设施。为满足鱼类上下游之间的基因交流，委托专业科研机构开展过鱼设施模型试验，通过设置"鱼道式集鱼系统＋公路轨道提升＋放鱼船"的综合过鱼系统，实现鱼类上溯和下行。

（3）鱼类增殖放流。统筹规划建设了雅砻江中游鱼类增殖放流站（图9.2-1），满足杨房沟、卡拉、孟底沟、楞古 4 个梯级电站增殖放流需求，增殖放流站选址于杨房沟水电站施工区域内，占地面积为 4.33hm²，养殖面积为 64.9 亩，投运后可实现近期放流 45 万尾/a，远期放流 50.1 万尾/a，放流对象为长丝裂腹鱼、细鳞裂腹鱼、鲈鲤、长薄鳅，中远期放流对象增加青石爬鮡和松潘裸鲤等鱼类。鱼类增殖放流站建成前，业主采购鱼苗进行放流，分别于 2017 年和 2018 年进行了两次放流，共计放流 20.8 万尾。

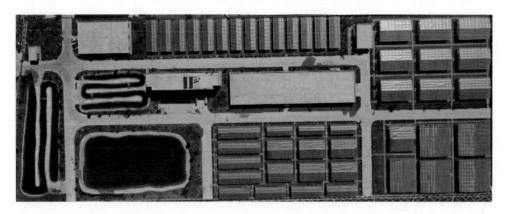

图 9.2-1　鱼类增殖放流站

10. 水土保持

水土保持措施以工程措施为主，辅以生态修复措施，工程措施包括修建挡墙、护坡、排水沟等；生态修复措施针对不同区域进行分区修复，主要包括植物群落配置、立地条件改造等，使得工程建设区新增水土流失得到控制和治理，原有水土流失得以改善，施工弃渣拦渣率达到 97% 以上，施工区水土流失治理程度达 95% 以上，植被恢复指数达 98% 以上[52-53]。

9.2.4　环保水保管理

1. 强化履责检查，推动责任落实

业主注重推动落实环保水保"一岗双责"，强化履责检查，让"管生产必须管环保"成为新常态。成立环保督察领导小组定期对重点部位进行督察，按照"五定"原则落实整改，并及时召开各类环保水保专题会议分析、总结和布置环保水保工作，有效提升了环保水保责任落实力度。

2. 严格环保水保技术审查

业主联合监理方严格开展了鱼类增殖放流站建设、排导槽挡护、高线混凝土废水处理、水土保持（弃渣场）补充方案等环保水保方案审查，充分发挥 EPC 模式下水土保持全过程设计参与优势，积极开展弃渣场设计优化工作，取消了金波渣场，并减少中铺子渣场容量，对上铺子沟渣场进行调整和优化，加大有用料的使用，调整后弃渣场占地总面积减少 41.04hm²，堆渣量减少 223.70 万 m³（松方），减少了水土保持扰动面积，防治效益显著。

3. 及时落实环保水保项目

业主根据杨房沟水电站《环境影响报告书》《水土保持方案报告书》及其批复意见，

对照工程进度适时启动环保水保项目建设，严格对已实施的项目开展专项验收。截至 2019 年年底，累计完成环境保护与水土保持设施和措施 52 项，完成环境保护与水土保持投资 40173 万元，满足工程建设和批复文件的要求。

4. 开展季度巡查与考核评价

业主组织环保水保监理专家每年度开展 4 次季度巡视检查，同时开展环保水保隐患排查治理和管理性监测工作，收集对环保水保管理工作的意见和建议，促进环保水保工作管理规范化。以 2017 年为例，全年开展环保水保专项检查共计 80 次，管理性监测 24 次；同时，加大对工程总承包商环保水保履约考核的力度，并根据考核情况给予奖励或处罚。

5. 开展第三方监测工作

业主引入第三方环境保护和水土保持监测单位开展杨房沟项目环境保护和水土保持监测工作，根据规范采用地面观测、调查监测和场地巡查相结合的方式进行监测，每季度形成监测报告，反映水土保持存在的问题和管理方面的不足，及时督促相关责任单位有针对性地开展水土保持工作，自工程开工建设以来施工区域未出现监测超标的情况。

6. 统筹各项环保工作，推进工程有序建设

业主明确工程总承包商对环保水保工作统筹负责，督促工程总承包商开展水环境、大气环境、声环境、固体废弃物、人群健康、环保水保宣传、生态保护和水土保持工程措施、植物措施、临时措施等方面的工作，按照《环境影响报告书》《水土保持方案报告书》的要求，结合工程总体进度计划，从设计入手，确保了环境保护和水土保持"三同时"落到实处。2017 年，共完成废水处理和回用 28 万 m^3、垃圾清运处理 527.2t，组织环保水保教育培训 2000 余人次，开展人群健康体检 3000 余人，道路及开挖降尘洒水 7.4 万 m^3，累计完成道路绿化 16000m^2、种植乔灌木 3500 株。

7. 加强宣传教育，提升全员环保水保意识

参建各方通过开展"植树节""世界环境日""放鱼日"等系列环保水保活动，在施工区广泛设置环保水保宣传标识牌，组织以"绿水青山就是金山银山"为主题的讲座、宣传展板等多种形式相结合的培训教育，营造出浓厚的环保水保氛围，提升了全体人员的环保水保意识。

9.3 小结

9.3.1 杨房沟项目环保管理创新

1. 环保水保制度体系完善

业主制定了环保水保框架性管理制度——《环境保护与水土保持管理办法》，各项目管理局分别制定了《环保水保实施办法》《环保水保考核管理办法》及《环保水保验收管理办法》；在建立健全管理机构的基础上，逐步完善了总部及项目管理单位的环保水保管理制度体系。

2. 水陆生态保护措施严密

水生生态保护方面，开展了分层取水工作以保护鱼类资源，减水河段下泄生态流量为

鱼类留续了生存空间，建设鱼类增殖放流站加强了对鱼类资源的保护。陆生生态保护方面，及时绿化开挖坡面以防护工程弃渣，开展植被恢复试验并对陆生生态进行总体规划。

3. 施工环保措施全面落实，统筹优化

施工过程中提高了桥隧比例从而减少了地表破坏，对施工场地进行合理规划和充分利用，提前实现大江截流从而解决了高陡坝肩开挖弃渣问题，对施工扬尘、生活污水以及生产废水进行深度治理或处理，进一步加强了污废水的回收利用。

4. 设计施工一体化，促进环保"三同时"制度落实

杨房沟项目中，工程总承包商对环保水保工作负总责。EPC 模式下设计施工高度融合，工程总承包商在设计各项环保设施和方案时充分考虑其施工的可操作性和与主体工程的协调性，促进了环保"三同时"制度的落实。

5. 设计优化更具针对性，提升环境保护效果

在 EPC 模式下，设计方全过程参与施工，对各项环保水保措施的优化更具有针对性。积极开展了弃渣场设计优化工作，取消了金波渣场，并减少中铺子渣场容量，对上铺子沟渣场进行调整和优化，加大有用料的使用，调整后弃渣场占地总面积减少 41.04hm²，堆渣量减少 223.70 万 m³（松方），减少了水土保持扰动面积，环境保护成效显著。

6. 透明公开，现场督察常态化

工程总承包商开展了环保水保公示工作，包含水、气、固废、危废、人群健康、生态环境、水土保持和植被绿化专业，设置环保水保公示牌共计 23 块，强化各方监督力度。同时以中央环保督察为契机，成立了杨房沟环保督察领导小组，对生活营地、拌和站、废油及医疗废物收集点等 43 个重点部位进行督察，实现了环保水保督察的常态化。

9.3.2　环境保护管理建议

1. 注重环保管理的合规性

我国颁布的《环境保护法》《水法》等一系列有关环境保护的法律法规对水电工程项目建设的环境保护与管理在法律层面提出了要求，在水电项目开发过程中要高度关注国家环保水保政策法规变化与行政改革的推进，系统地研究法律法规及政策对环保水保所提出的要求，同时加强与政府相关环保部门的沟通与协调，及时调整工作思路与方法，做到环保管理依法、合规。

2. 招投标与合同管理

加强环保水保的招投标与合同管理，在项目招标文件及合同中，要进一步对工程总承包商的环保和水保责任做出明确规定；在投标文件中，工程总承包商须做出详细的环保和水保方案，充分考虑并列出各项环保水保措施的费用，以保证施工期环保水保措施的顺利实施。

3. 工程总承包商的环保行为管理

工程总承包商的环保行为对实现工程项目环保目标至关重要，是项目建设过程中环境保护管理的关键因素。要通过加大"三同时"监督检查力度、强化责任落实等机制增强环保水保工作的持续有效性。

4. 第三方监督

第三方监督包括监测和监理两方面工作，与项目管理有机结合并互为补充，以保证水电工程环保水保管理工作的有效开展，实现项目环保水保目标。

5. 公众参与

我国水电行业目前已开展公众参与工作，特别是在环境影响评价及环保竣工验收阶段，但水电项目专业性强、复杂程度高，公众难以对其充分了解，阻碍了公众参与权的有效行使。因此，需进一步加强水电项目环保水保的宣传和普及，使公众能充分理解水电工程及其环境保护工作，提高公众的参与能力，改善参与的实际效果。

第 10 章

大型水电 EPC 项目
业务流程管理

10.1 业务流程管理理论

10.1.1 流程管理

流程管理是公司围绕客户需求，从自身业务和发展战略出发，对流程进行合理规划和有效建设，是实现对流程的认识、建立、运作、优化到再认识的不断循环和调整的动态体系，也是企业提升竞争力的重要手段。流程管理的目标是为了现有流程能够更好地适应行业环境，通过成本降低、工期缩短、质量提高、客户更满意等方面的优化，更好地服务于公司战略，提升竞争力。

流程管理需要打破原有企业部门的职能划分，通过尽可能精简合并工作环节、集中统筹信息管理、决策权下放等方式，实现与企业制度的良好结合。流程管理能够使企业受控程度和办公效率提高、隐形知识显性化、各类资源合理配置以及管理快速复制等。

流程管理需要以下方面的支持：①企业高层全面支持，流程优化难免涉及人员、利益或组织的调整，这就需要领导层积极推动；②专业培训，通过对管理团队进行思想、方法的系统培训，可以使得流程所有参与者具备统一思路，保持一致行动；③全员参与，人员从上至下广泛参与有助于执行力提升、项目资源快速整合以及业务流程的不断改进。

流程管理有助于提升工程项目管理水平：①不同参与方可以按照标准化流程进行作业，可大大降低组织间和组织内的沟通协调成本，并提高协调效率；②流程管理可以帮助企业监控项目潜在的风险。工程项目一般工期较长，而且规模大、技术复杂，存在较多的不确定性；通过流程管理，可以将项目各环节紧密联系起来，并对过程变化进行实时监控，能够提高风险应对能力。

10.1.2 流程

ISO 9000 质量管理体系标准中，"流程"是从输入转为输出的一系列相互关联或作用的活动。流程的六大基本要素主要包括价值、对象、资源、过程、相互作用和结果。流程的核心理念是从执行角度出发，更好地实现决策目标。

10.1.3 流程优化

流程优化是在现有流程的基础上，针对流程目标进行评价、发现问题、提出改进方案，进而实施，以更好地实现项目质量、工期和造价等目标。流程优化的主要方式有以下两种：

（1）对现有流程进行改造。通过对现有流程进行细致分析，优化流程的逻辑顺序，简化不必要的环节和内容，合并整合相似的工作，以实现对现有流程的改进。

（2）重新设计新的流程。在对现有流程充分认识和理解的基础上，瞄准流程的目标，通过集思广益等方式提出新的流程方式，实现对某些效率较低、作用不足流程的替代。

10.1.4　项目流程管理

国外项目管理强调按流程对项目实施各个环节进行规范管理。近年来，国内企业也越来越重视项目流程管理，但很多企业在组织结构上仍然保持着金字塔形的集权化管控模式，业务流程不是按照工作流程而是按照划分的职能部门运行，尤其存在项目参与组织间业务流程接口不明确、支撑流程管理的信息系统不匹配等问题。对于国内大型水电 EPC 项目流程管理，需从项目参建各方的角度高效管理设计、采购、施工业务流程各业务环节之间的接口，并匹配相应的信息管理技术平台，以高效实现项目目标。

10.2　接口管理理论

在项目管理领域，接口管理指对相互关联的组织、部门、人员、业务环节、阶段、实物之间的共同边界进行沟通、协调和监控的管理。

10.2.1　项目利益相关方接口管理

对于国内水电 EPC 项目而言，主要的利益相关方包括业主、工程总承包商、监理方、供应商、当地政府、当地居民等。水电工程项目多为复杂系统工程，涉及多个利益主体，多项专业和技术上的协调。在工期、空间和功能上都存在许多互相衔接的接口。各利益相关方之间相互影响、相互制约、相互作用，构成关联紧密的接口体系。从设计到建设的过程中，各系统之间都需要衔接，各利益相关方之间需要协调配合。工程实践中，由于接口流程定义不清晰、接口相关方职责不明确、对关键接口缺乏及时持续的动态跟踪等而造成的工期延长、成本增加等问题屡见不鲜。

协调各利益相关方，提高参建各方协同工作效率，对于 EPC 项目的成功管理至关重要[21]。相对于 EPC 项目，项目业主在招标文件中对设计范围和深度的要求并不明确，并没有明确和详细地阐述所有的要求和技术规范，提供的设计基础数据存在很大的不确定性[54]。在这种不确定的情况下，并行设计、采购和施工过程中所产生的大量接口，给EPC 工程总承包商的管理能力带来巨大挑战[14,55]。由于 EPC 项目设计、采购与施工在时间上和空间上相互交叉，使得各阶段、各专业、各利益相关方之间的接口管理更加复杂[56]。高效、合理的接口管理可以提高建设水平，减少各利益相关方之间的矛盾和争端，提高施工效率，节省建设资金，为实现项目目标奠定基础[57]。

10.2.2　关系治理

关系学派认为，许多组织间的协调是由个人和团体的临场发挥完成的。同时，关系学派非常强调个体，尤其是管理者在组织间协作的重要作用。协调过程依赖于合作伙伴对联盟的精心配置、组织间的边界人员和联络人员之间强有力的人际关系，以及非结构化的沟通和决策渠道之间的互动。诺贝尔经济学奖得主奥利弗·威廉姆森等认为，在经济交易过程中，信任的作用是不言而喻的。作为一种社会资本，信任对于简化社会复杂性、降低交易成本、抵抗社会风险、维系社会稳定具有特殊的价值与意义。如果组织成员之间高度信任，知识和信息的传递会更加有效，有助于防止信息孤岛的形成，可提升组织凝聚力。

10.2.3 项目接口管理类型

接口通常可以分为两大类：技术接口和组织接口[58-59]。

1. 技术接口

工程建设项目涉及多个子系统和专业技术的相互配合，这些专业技术之间的互相衔接和作用的部位属于工程技术接口。技术接口指相关联专业之间需要相互配合的技术要求和匹配条件，通常又分为硬接口和软接口两类。硬接口指的是两个或多个元素、组件或系统之间的物理连接，通常是有形的和可见的，如设备安装与土建工程预留孔洞的接触面等。软接口通常涉及信息的交换，包括在合同中规定的技术标准、里程碑节点时间、交付物要求，以及利益相关方之间技术相关的沟通和协作制度，信息和资源交换的形式等。

2. 组织接口

EPC项目的顺利实施离不开各组织之间高效的协同工作。无论是否存在合同关系，各参建单位之间在技术和管理方面都可能存在很多需要协调的问题，这一类问题就属于组织接口问题。

10.2.4 项目接口管理形式

（1）现场协调会。现场协调会主要是召集相关参建单位，了解各自的工程进展，把遇到的困难以及需要其他单位支持的请求提出来，然后统一协调，以解决问题。这类协调会能高效识别和处理接口事项，是目前最为常见的接口管理手段。

（2）应急协调。当工程项目出现突发状况时（如重大变更、重大设计缺陷等），需要进行应急协调，及时了解和分析突发事件的原因，并通过各方的相互配合和分工协作，高效地制定出相应的技术解决方案，以有效应对突发事件，并将其不利后果降到最低。

（3）正式文件传递。适用于常规的接口协调管理，通常情况下，组织间会规定统一的接口文档格式、传递路径和方式，以及签认过程。

（4）非正式渠道沟通。正式的信息传递和沟通渠道虽易于记录和跟踪，但有时难免效率较低，所以需要以非正式的沟通渠道（如面谈、电话、社交软件等）作为补充，以提高沟通的效率。

10.2.5 国际 EPC 项目接口管理

越来越多的大型国际EPC项目引入接口管理的理念，通过正式的接口管理流程和信息系统，对复杂的技术和组织接口进行管控。例如，某国际水电EPC项目包含土建、机电、水力机械、电气等多个专业，不同专业间的协调工作十分繁重，对此，该项目专门成立了接口管理委员会，提出了一套规范、完整的接口管理程序，并严格执行。该项目不仅有接口管理的总体计划，而且针对每一类接口特点制定了详细的责任分工，细化了技术与管理接口的具体要求，统一了验收标准，确保接口界面清晰。以上措施使参建各方能够各司其职、各负其责，有效避免了工作中的推诿扯皮现象，减少了设计、采购和施工偏差，提高了项目实施效率。国际工程项目接口管理的内容主要包括进行标准化接口管理、应用信息管理系统和设立接口管理委员会。

1. 进行标准化接口管理

（1）接口识别：在项目的早期阶段，从合同、协议、设计图纸等相关资料全面识别出技术和组织接口。

（2）接口记录：记录已识别接口的所有信息（如接口的特点、相关方的责任、接口完成要求和期限），并要求相关责任方签字确认。

（3）接口沟通：请求、响应和跟进相关方之间所需的信息与任务。

（4）接口关闭：所有相关方都完成接口任务，并同意关闭接口。

2. 应用信息管理系统

由于 EPC 项目设计、采购、施工环节相互交叉重叠，不同阶段和不同专业人员之间的信息交换显著增加。因此，需要通过建立信息系统，将工作内容相互依赖的项目参与方有机组织起来，促进信息在组织边界高速和准确地交换与追踪查询，提高协同工作效率。

3. 设立接口管理委员会

根据项目实际情况可设立接口管理委员会，负责制定相关的接口流程和管理制度，进行日常协调、管理和监控工程接口任务实施，组织各方定期和不定期召开接口协调会等。

10.3　杨房沟项目业务流程管理

10.3.1　设计业务流程

杨房沟项目设计业务流程表现情况见表 10.3 - 1，其中 1 分代表完全不符，5 分代表完全符合。

表 10.3 - 1　　　　　　　　　　杨房沟项目设计业务流程表现情况

指　　标	得分	排名
施工方能将现场信息及时反馈给设计方，以使设计方案不断深化、优化，提高其可施工性	4.10	1
施工方能将施工条件和进度及时反馈给设计方，使设计及施工进度满足要求	4.05	2
设计工作进度满足总体进度计划要求	4.05	
设计方能及时向施工方提交设计文件，以满足施工需求	4.02	4
对设计方寻求施工方对设计方案的意见有明确的制度要求，包括沟通形式、时间和记录等	4.02	
设计激励制度完善	3.98	6
设计方能主动了解施工参数信息，进行设计优化	3.95	7
工程监理能够对工程总承包商的设计工作进行高效审核与有效监督	3.95	
施工方积极参与设计方案编制	3.88	9
对施工方参与设计方案的编制有明确的制度要求，包括参与形式、所提供的信息类别等	3.87	10
均　　值	3.99	

由表 10.3 - 1 可知，各项指标平均得分为 3.99 分，显示设计业务流程表现情况总体较好。施工方能够及时将现场信息、现场施工条件和进度情况反馈给设计方，从而使设计方案不断进行深化、优化；设计工作进度能够满足总体进度计划的要求，在设计方及时提

供设计文件的同时能够按照明确的制度要求征求施工方的意见，使设计方案具备较高的可施工性。

工程总承包商是由施工方与设计方组成的紧密联合体，设计、采购、施工等一系列工作均由双方共同承担。在项目设计业务中，设计、施工高度融合，设计方案确定前须与工程技术部和各工区充分交流讨论，吸纳施工方意见，使设计方案具有更好的可实施性和经济性；设计成果到达现场后，相关管理部门和各个工区对方案进行会审，以充分理解设计意图、掌握工程特点和难点、确定合理的技术方案、安排合理的施工工序，使各工区接口明确、工作衔接高效。

"设计激励制度完善"得分为 3.98 分，显示目前设计激励制度较为完善，但仍有提升空间。工程总承包商明确规定，设计优化和施工优化所带来的效益可由设计和施工双方按照比例分成。但对于内部设计人员而言，还需要更多的实质性激励措施，以完善设计激励制度。

"设计方能主动了解施工参数信息，进行设计优化"得分为 3.95 分，显示设计方在收集施工信息以优化设计方面表现较好，但在设计计算分析的主动性和适应性等方面需要进一步提高。设计方应结合业主提供的基础资料，开展更加详细的地质勘探复核、地形复核和周边环境调查，夯实设计基础；并主动加强计算分析复核，逐步弱化经验设计、类比设计，进一步提升设计质量。

"工程监理能够对工程总承包商的设计工作进行高效审核与有效监督"得分也为 3.95 分，显示设计监理的审批较为高效，但仍可进一步提升审核监督效率。由于设计监理无先例可循，存在设计审核深度和范围不明确的现象，加上业主和监理方担心设计优化过度，会导致设计和设计优化审批周期长的问题。对此，应从加强沟通、提升设计监理业务能力与优化审批流程等方面提高审批质量和效率。

"施工方积极参与设计方案编制"和"对施工方参与设计方案的编制有明确的制度要求，包括参与形式、所提供的信息类别等"排名靠后，表明设计方案编制过程中施工方参与需要进一步加强。应建立设计施工协调机制，促进施工方积极参与，为深化设计出谋划策，提高设计方案的可实施性，也便于施工方提前掌握设计意图，明确施工质量管理重点。

10.3.2　采购业务流程

杨房沟项目中，采购工作按照联合采购和工程总承包商自购两种模式进行，具体业务流程及其表现情况如下。

1. 联合采购设备部分招标采购流程

工程总承包商编制机电设备的招标要点、招标进度计划和供货进度计划，提交业主审查；之后编制招标文件，业主组织招标文件的审查工作，工程总承包商要参加审查会议，并根据审查意见对招标文件进行修改和完善；招标文件制定完成之后，业主进行招标文件发售并组织招投标工作，工程总承包商全程参与；合同签订后，业主和工程总承包商按各自职责开展履约工作。

2. 工程总承包商采购设备招标采购流程

工程总承包商编制机电设备的招标要点、招标进度计划和供货进度计划，审查通过后编制招标文件；工程总承包商组织招标文件的审查工作，修改和完善之后进行出版，由工程总承包商进行招标文件发售、组织招投标和合同签订等各项工作，过程中业主根据需要参加；合同签订后，业主和工程总承包商按各自职责开展履约工作，其中，业主主要负责合同执行过程中的监督、管理和审核，工程总承包商负责采购过程中的各项具体工作。

3. 采购业务流程表现情况

杨房沟项目采购业务流程表现情况见表 10.3-2，其中 1 分代表完全不符，5 分代表完全符合。

表 10.3-2　　　　　　　　　　杨房沟项目采购业务流程表现情况

指　标	得分	排名
各方能够根据物资使用、库存以及运输情况，共同制定合理的采购计划	4.03	1
业主与工程总承包商联合采购的方式能够充分利用双方优势资源，制定机电设备采购计划，完成采购工作	4.02	2
机电设备信息能及时提供给施工方，以满足施工需求	4.02	
设计信息能及时提供给采购部门，以制定采购计划、选择供货商、保障设备制造	3.98	4
施工信息能及时反馈给采购部门，使采购部门实时掌握施工进度和库存情况，以调整采购计划、设备生产和物资发运	3.95	5
采购工作进度满足总体进度计划要求	3.92	6
业主"统筹协供"的采购模式能够提高物资采购和管理效率	3.80	7
工程总承包商自购的物资能够得到高效审批	3.77	8
均　值	3.94	

由表 10.3-2 可知，各方能够依据实际情况制定合理的采购计划，并且业主和工程总承包商联合采购的方式能够充分利用双方优势资源以完成机电设备的采购工作。通过联合采购的形式，能够以较低成本购买到质量优良的设备。业主对于机电设备采购和管理具有丰富的经验，能够为各项采购工作的完成提供保障。

在采购过程信息传递方面，机电设备信息能及时提供给施工部门，以使现场施工满足设备安装需求；设计信息和施工信息能够及时提供给采购部门，使其能够实时掌握施工进度和库存的情况，以制定合理的采购计划和选择合适的供应商，保障设备制造质量和物资发运进度。

"采购工作进度满足总体进度计划要求"得分为 3.92 分，表明采购工作进度基本满足要求，但仍有提升空间。在 EPC 模式下，应注意设计对采购工作的影响，尤其是设计方案不能满足要求时有可能延误机电设备的制造和安装时间。

"业主'统筹协供'的采购模式能够提高物资采购和管理效率"得分为 3.80 分，"工程总承包商自购的物资能够得到高效审批"得分为 3.77 分，表明项目中各方仍需在采购模式上进一步达成共识，通过建立良好的信任和伙伴关系不断优化采购流程。在业主"统

"筹协供"的采购模式下，应充分调动工程总承包商的积极性，双方共同高效地完成采购工作。在建设市场信任程度偏低、各方目标存在差异的情况下，业主倾向于加强对工程总承包商自购的监管、制定严格的审批流程，从而对采购效率造成一定影响。工程总承包商应严格执行合同规定，以采购质量为基础赢得业主信任，以进一步简化采购审批流程。

10.3.3 施工业务流程

杨房沟项目施工业务流程表现情况见表 10.3-3，其中 1 分代表完全不符，5 分代表完全符合。

表 10.3-3　　　杨房沟项目施工业务流程表现情况

指　　标	得分	排名
施工过程满足质量要求	4.15	1
工程监理能够对施工方案和过程进行高效审核与监督	4.07	2
施工进度能够满足总体进度计划要求	4.03	3
施工技术方案可实施性强	4.00	4
施工技术方案经济合理	4.00	
施工过程中设计方积极了解施工进度和方案实施情况	4.00	
对设计方参与施工方案制定和施工过程有明确的制度要求，包括沟通形式、时间和记录等	3.97	7
均　　值	4.03	

由表 10.3-3 可知，施工业务流程各项指标平均得分为 4.03 分，表明施工业务流程总体表现较好。其中，"施工过程满足质量要求"得分为 4.15 分。在 EPC 模式下，业主对质量和安全的要求非常严格，制定了一系列质量保证制度和措施来保证项目施工质量。此外，在 EPC 模式下，工程总承包商的设计和施工一体化也使得设计和施工能够在质量上互补，实现更高的质量管理水平。

"工程监理能够对施工方案和过程进行高效审核与监督"得分为 4.07 分。相对于 DBB 模式中多个监理、多个施工单位的管理方式，杨房沟项目只有一个监理单位和一个工程总承包商，施工工序和工艺质量控制、原材料控制等标准更加统一，有效地提高了工作效率。

"施工进度能够满足总体进度计划要求"得分为 4.03 分。在 EPC 模式下，工程总承包商较 DBB 模式下有较强的进度控制能力和确保工程进展符合形象节点要求的动力，通过地质预报、尽量创造机械化施工条件、合理配置施工资源等方式保障施工进度。

"施工技术方案可实施性强"和"施工技术方案经济合理"得分均为 4.00 分，体现出 EPC 模式下设计、施工深度融合的优势。施工方通过与设计方的深度交流，能充分掌握工程特性和了解设计意图，进而选择可实施性高的施工工艺，使施工方案经济合理。项目实施过程中，设计方能够及时了解施工情况，除参与施工方案的编制外，施工过程中设计人员主动进行日常巡视，查看施工过程是否满足施工技术要求，掌握现场实际施工情况，及时地获取现场各类动态参数，对设计方案和施工技术方案进行及时评估、分析和优化调整。同时，施工方遇到的技术问题等现场信息会及时反馈给设计方，寻求解决方案。通过设计与施工的双向融合，能充分发挥 EPC 模式的优势，及时解决现场施工中出现的各种问题，保障施工顺利进行。

10.3.4　外部利益相关方管理流程

杨房沟项目外部利益相关方管理流程情况见表 10.3 - 4，其中 1 分表示完全不符，5 分表示完全符合。

表 10.3 - 4　　　　　　　　杨房沟项目外部利益相关方管理流程情况

指　　标	得分	排名
在环保、安全生产方面与政府相关部门合作良好	4.15	1
项目部积极履行企业社会责任，积极参与当地事务，推动当地经济发展	4.13	2
重视移民安置的进度与资金拨付情况	4.13	
建立建设征地与移民工作档案，关注移民的再就业问题	4.08	4
在移民工作中与政府、居民合作良好	4.00	5
在物资运输、施工过程中能够控制对当地居民正常生活的影响	4.00	
均　　值	4.08	

由表 10.3 - 4 可知，外部利益相关方管理流程各项指标平均得分为 4.08 分，表明杨房沟项目充分重视对外部利益相关方的管理，并取得较好的效果。在履行社会责任方面，业主积极参与当地事务，带动当地经济发展。杨房沟水电站的开发建设，有助于促进当地水能资源开发，并成为一个新的经济辐射点，电站机组投产发电后，每年将为当地增加可观的财政税收，极大地促进当地社会经济发展转型，实现区域跨越式发展。在建设过程中，需要大量的材料、设备、劳动力和生活日用品，可促进当地建材、机械、轻工业和第三产业等相关产业的发展，通过拉动地方固定资产投资和刺激消费能够促进当地经济发展。围绕着水电站工程项目建设，与之相配套的相关产业会陆续发展，为当地居民提供了从事第二和第三产业以增加经济收入的良好机会和途径。

杨房沟项目充分重视移民安置工作，建立建设征地与移民工作档案，关注移民的再就业问题，并与当地政府和居民进行良好的合作，相关指标得分均在 4.00 分及以上。移民安置充分考虑到移民生产生活的现实需求和长远规划，无论何种安置方式均由移民根据自我实际情况自愿选择，并由涉及两县政府及其扶贫移民局综合自然资源、经济资源和社会资源统筹安排，合理规划，确保移民安置的负面影响较小；同时通过恢复库周交通、新建安置点等工程措施，改善库区、安置区的生产生活用电、通信、供水设施和对外交通状况，提高库区、安置区的社会服务基础设施等级。这些基础设施的建设将促进当地的社会、经济发展，为移民群众的增收、致富创造有利条件。

"在物资运输、施工过程中能够控制对当地居民正常生活的影响"得分为 4.00 分，表明项目在实施过程中能充分控制对居民正常生活的影响，对当地居民影响较小。

10.4　杨房沟项目参建各方协同工作表现情况

10.4.1　组织间工作衔接与协同表现情况

10.4.1.1　设计方与施工方

杨房沟项目设计方与施工方之间的衔接与协同情况见表 10.4-1，其中 1 分表示完全不符，5 分表示完全符合。

表 10.4-1　杨房沟项目设计方与施工方之间的衔接与协同情况

指　　标	得分	排名
设计方与施工方有共同目标	4.27	1
设计方与施工方相互信任	4.27	
设计方和施工方非常愿意互相交流	4.22	3
设计方与施工方之间有开放的合作氛围	4.21	4
设计方与施工方相互需要的信息共享程度高	4.20	5
设计方与施工方之间沟通效率高	4.19	6
设计方的管理水平较高	4.14	7
设计方与施工方之间的问题和争端解决效率高	4.14	
设计方与施工方之间有清晰、合理的接口流程	4.10	9
设计方与施工方的合作态度良好	4.07	10
均　　值	4.18	

由表 10.4-1 可知，设计方与施工方之间的衔接与协同情况各项指标得分均值为 4.18 分，整体表现出色。联合体中的设计方和施工方目标统一，相互信任，愿意互相交流，保持有开放的合作氛围和高效的沟通效率，信息共享程度高；这归因于设计方和施工方组成联合体，通过各有专长的设计院和工程局的强强联手，实现紧密联合，充分发挥各自优势，相互弥补差距，协力推动工程建设。工程总承包商联合体的大部分部门都是由设计和施工人员共同组成，真正做到了"你中有我，我中有你"。同时，通过 OA 办公系统、BIM 系统、QQ 软件、质量控制 APP、视频监控系统等信息化手段，极大地促进了信息共享，提高了沟通效率，减少了因传统沟通成本高导致的沟通意愿下降等现象，有利于形成健康开放的合作氛围。

"设计方的管理水平较高"得分为 4.14 分，表明项目设计方的能力得到各方一致认可。作为国内首个大型水电 EPC 项目，设计方非常重视杨房沟项目，在前线人员配备和后方技术支持等方面投入了大量工作，取得了良好的设计管理效果。

"设计方与施工方之间的问题和争端解决效率高"得分为 4.14 分，表明联合体双方能够形成良好的协调机制。例如，杨房沟项目实施初期，为了明确和制定统一的标准，通过近 20 天的设计交底对一些项目中可能要发生的重点问题进行深入沟通交流。此外，工程总承包商按照比例进行利益共享和风险共担，目标高度一致，共同参与管理，能够促进问题的快速有效解决。

10.4.1.2　业主与工程总承包商

杨房沟项目业主与工程总承包商之间的衔接与协同情况见表 10.4-2，其中 1 分代表完全不符，5 分代表完全符合。

表 10.4-2　　　　　　杨房沟项目业主与工程总承包商之间的衔接与协同情况

指　　标	得分	排名
工程总承包商与业主有共同目标	4.20	1
业主与工程总承包商的合作态度良好	4.11	2
工程总承包商了解业主的需求	4.11	
工程总承包商与业主相互需要的信息共享程度高	4.07	4
业主管理水平较高	4.06	5
工程总承包商与业主之间有清晰、合理的接口流程	4.06	
业主和工程总承包商非常愿意互相交流	4.04	7
工程总承包商与业主之间的问题和争端解决效率高	3.93	8
工程总承包商与业主之间有开放的合作氛围	3.90	9
工程总承包商与业主之间沟通效率高	3.90	
工程总承包商与业主相互信任	3.81	11
均　　　值	4.02	

由表 10.4-2 可知，业主与工程总承包商之间的衔接与协同情况各项指标得分均值为 4.02 分，整体表现较好。工程总承包商对业主需求有清晰的认识，双方都致力于实现项目共同目标，并能够积极响应对方要求；同时，得益于良好的合作态度、清晰合理的工作流程和各种信息化工具的使用，业主和工程总承包商之间的信息共享程度高，并能够有效地解决双方争端。

"工程总承包商与业主相互信任"得分为 3.81 分，排名最后，突出体现了业主和工程总承包商之间的信任感还有提升空间。虽然双方都追求项目成功，但是各方具体目标的优先次序仍存在差异，对对方的动机和行为尚难以完全信任。此外，目前整个行业的信用监管不完善，存在企业还不能做到完全自律的情况，也会影响业主对工程总承包商的信任程度。

10.4.1.3　业主与供应商

杨房沟项目业主与供应商之间的衔接与协同情况见表 10.4-3，其中 1 分代表完全不符，5 分代表完全符合。

表 10.4-3　　　　　　杨房沟项目业主与供应商之间的衔接与协同情况

指　　标	得分	排名
业主与供应商之间沟通效率高	4.14	1
供应商与业主的合作态度良好	4.11	2
供应商和业主非常愿意互相交流	4.11	

续表

指　　标	得分	排名
业主与供应商有共同目标	4.09	4
业主与供应商之间有开放的合作氛围	4.06	
业主与供应商之间的问题和争端解决效率高	4.06	5
业主与供应商相互信任	4.06	
业主与供应商之间有清晰、合理的接口流程	4.04	8
业主与供应商相互需要的信息共享程度高	4.01	9
供应商的管理水平较高	3.89	10
均　　值	4.06	

由表10.4-3可知，业主与供应商之间的衔接与协同情况各项指标得分均值为4.06分，整体表现良好。双方沟通效率高，合作态度良好，并且非常愿意互相交流，能够达成较为一致的共同目标并保持较为开放的合作氛围，遇到问题或争端时，能够较为高效地予以解决。这可以解释为何杨房沟项目在主要设备和主材采购中采用联合采购的方式，以发挥业主长期积累起来的采购能力和渠道优势。

10.4.1.4　监理与工程总承包商

杨房沟项目监理与工程总承包商之间的衔接与协同情况见表10.4-4，其中1分代表完全不符，5分代表完全符合。

表10.4-4　　　　杨房沟项目监理与工程总承包商之间的衔接与协同情况

指　　标	得分	排名
监理的工作能力能够满足该项目的要求	4.09	1
监理与工程总承包商的合作态度良好	4.07	2
工程总承包商与监理之间有开放的合作氛围	4.05	3
监理的职责定位清晰	4.04	4
工程总承包商和监理非常愿意互相交流	4.04	
监理的管理水平较高	4.02	6
工程总承包商与监理之间沟通效率高	4.01	7
工程总承包商与监理相互需要的信息共享程度高	4.01	
工程总承包商与监理之间有清晰、合理的接口流程	3.98	9
工程总承包商与监理有共同目标	3.98	
工程总承包商与监理相互信任	3.95	11
工程总承包商与监理及时沟通工程设计、总承包方案和变更等情况	3.90	12
工程总承包商与监理之间的问题和争端解决效率高	3.81	13
均　　值	4.00	

由表10.4-4可知，监理与工程总承包商之间的衔接与协同情况各项指标得分均值为4.00分，整体表现良好。监理的专业能力得到各方认可，其中，施工监理在水电项目施

工方面经验丰富，相应职责定位较为清晰；设计监理尽管是新增岗位，但其对于总承包设计工作的审核与监督发挥了较好的作用。

"工程总承包商与监理及时沟通工程设计、总承包方案和变更等情况"和"工程总承包商与监理之间的问题和争端解决效率高"排名靠后，主要归因于监理和工程总承包商的立场不同。工程总承包商倾向于通过优化或变更降低项目成本和提高方案可施工性，而监理则习惯于从安全角度考虑问题；此外，工程总承包商优化和变更越多，监理需投入的审核资源也越多，这也是一种矛盾。

10.4.1.5　组织结构与业务流程匹配情况

杨房沟项目组织结构与业务流程匹配情况见表 10.4 - 5，其中 1 分代表完全不符，5分代表完全符合。

表 10.4 - 5　　　　　　　杨房沟项目组织结构与业务流程匹配情况

指　　标	得分	排名
项目组织结构设置清晰，权责分配明确	4.17	1
业务流程能够充分利用各方信息和其他资源	4.06	2
项目组织结构设置有利于组织内外部信息的交流	4.01	3
项目组织结构和业务流程设置能推动跨专业、跨部门、跨组织问题的协同解决	3.99	4
组织之间风险与收益公平分配	3.98	5
均　　值	4.04	

由表 10.4 - 5 可知，项目组织结构与业务流程匹配情况各项指标得分均值为 4.04 分，整体表现良好。其中，"项目组织结构设置清晰，权责分配明确"得分为 4.17 分，表明各方组织结构设置合理，且组织间权责分配明确。杨房沟项目中，组织结构及业务流程的设置能充分利用各方信息和其他资源，便于组织内外部之间进行信息交流。该项目中，工程总承包商为设计方和施工方组成的紧密联合体，总承包项目管理部由双方人员共同组成，设计方和施工方共同完成设计方案、施工方案的编制，并进行采购和施工等各项工作。此外，监理会到现场进行察看，发现施工过程中的问题和风险时，会将信息反馈给业主和工程总承包商，以便及时解决相关问题。

"组织之间风险与收益公平分配"得分为 3.98 分，表明各方风险与收益分配较为公平。杨房沟项目风险分担模式中，除法律和政策风险、物价波动风险、征地移民风险、不可抗力风险由业主和工程总承包商双方共同承担以外，其他重要风险由工程总承包商承担，并结合合同对风险费、保险费以及不可抗力风险的分配做出了约定。组织之间对项目风险分担模式的认同程度较高，分担模式有利于各类风险的有效控制以及各方利益的基本保障。

10.4.2　杨房沟项目参建各方协同工作评价

10.4.2.1　协同工作效率

参建各方协同工作效率见表 10.4 - 6，其中 1 分代表协同工作效率很低，5 分代表协同工作效率很高。

表 10.4 - 6 参建各方协同工作效率

指 标	得分	排序
设计方—施工方	4.08	1
监理方—设计方	4.07	2
监理方—施工方	4.07	
业主—监理方	4.04	4
监理方—工程总承包商	4.02	5
业主—设计方	4.02	
业主—工程总承包商	4.01	7
业主—供应商	3.96	8
业主—施工方	3.94	9
业主—工程总承包商—监理方—供应商	3.91	10
监理方—供应商	3.90	11
均 值	4.00	

从表 10.4 - 6 可以看出，参建各方协同工作效率平均得分为 4.00 分，整体处于较高水平。工程总承包商联合体内（设计方—施工方）协同工作效率最高（4.08 分），表明该项目采用紧密型联合体管理取得了很好的效果，充分发挥了施工方的现场管理、施工和设计方的设计、技术方面的优势，有效地提高了协同工作效率，推动现场工作顺利进行。由于项目采用了 EPC 模式，避免了 DBB 项目中多个承包商交叉作业所产生的时间和空间矛盾。监理方与设计方和施工方的协同工作效率得分均为 4.07 分，表明监理方与设计方和施工方沟通顺利。业主与监理方的协同工作效率得分为 4.04 分，表明协同工作效率较高。

10.4.2.2 协同工作效果

参建各方协同工作效果见表 10.4 - 7，其中 1 分代表协同工作效果很差，5 分代表协同工作效果很好。

表 10.4 - 7 参建各方协同工作效果

协同工作效果	得分	排序
设计方—施工方	4.11	1
业主—供应商	4.10	2
业主—监理方	4.09	3
监理方—设计方	4.08	4
监理方—施工方	4.07	5
业主—设计方	4.05	6
监理方—供应商	4.01	7
监理方—工程总承包商	4.00	8
业主—工程总承包商	3.99	9
业主—施工方	3.96	10
业主—工程总承包商—监理方—供应商	3.92	11
均 值	4.03	

从表 10.4 - 7 可以看出，参建各方协同工作效果得分均值为 4.03 分，整体协同工作效果良好。工程总承包商联合体内（设计方—施工方）不仅协同工作效率最高，协同工作效果也最好（4.11 分），表明该项目采用紧密型联合体管理取得了很好的效果。业主与供应商、监理方，以及监理方与工程总承包商的协同工作效果也较好。业主—工程总承包商—监理方—供应商这个业务链的协同工作效果得分为 3.92 分，排名相对靠后，源于采购链条较长，协同控制各采购环节的难度较大。

10.4.3　接口管理标准化情况

参建各方接口管理标准化水平见表 10.4 - 8，其中 1 分代表标准化水平非常低，5 分代表标准化水平非常高。

表 10.4 - 8　　　　　　　　　　参建各方接口管理标准化水平

指　　标	得分	排序
项目定期组织正式的工程协调会和进度会，有效协调了各方工作	4.38	1
对外和对内的接口文档（如结算清单、进度报告等）有规范的格式	4.34	2
项目各方有清晰的工作内容交接时间表	4.21	3
项目组织结构设置有利于推动各组织、各部门的协同工作	4.20	4
整个项目有统一的信息管理系统或平台，用于主要参与方之间的信息传递和沟通，以保证项目层面信息的一致性和同步性	4.19	5
设计方与施工方之间有清晰的、具体的接口管理流程	4.17	
有非正式的沟通机制（如非正式会议和平时交流），增进了各方人员的联系，提高了工作效率	4.17	6
项目各方之间管理界面和权责划分明确	4.17	
业主与工程总承包商之间有清晰的、具体的接口管理流程	4.13	9
工程总承包商与监理之间有清晰、合理的接口管理流程	4.02	10
均　　　值	4.20	

由表 10.4 - 8 可知，参建各方接口管理标准化情况各项指标得分均值达到 4.20 分，整体表现出色。"项目定期组织正式的工程协调会和进度会，有效协调了各方工作"得分最高（4.38 分），表明现场协调会是协调各方工作的主要途径，而且效果显著。规范对外及对内的接口文档的格式和明确各方的工作内容交接时间表也是非常有效的接口管理方法。此外，"整个项目有统一的信息管理系统或平台，用于主要参与方之间的信息传递和沟通，以保证项目层面信息的一致性和同步性"得分也比较高。杨房沟项目一大创新在于其在信息化建设方面投入大，信息管理水平高。项目上使用的信息化管理系统全面且针对性强，主要包括工程总承包商内部 OA 平台以及各参与方之间的 BIM 系统，BIM 系统通过对进度、质量、投资、设计、安全监测、视频监控等模块的集成，根据不同的用户需求及管理权限分配使用，有效地提高了信息交流沟通的效率，降低了工程信息的共享成本，方便对口业务部门侧重关注点，对于减少接口问题效果显著，同时具有可追溯、不可篡改、实时统计和降低质量风险等优势。此外，一些信息管理工具，如质量管理 APP 能够

按照合同要求使用项目要求的相关系统，包括流域大坝安全信息系统、眷安系统和工程管理信息系统等，取得了很好的应用效果。

10.4.4　伙伴关系协同工作要素

10.4.4.1　共同目标

参建各方的共同目标情况如图 10.4-1 所示，其中 1 分代表双方目标不一致，5 分代表双方目标非常一致。

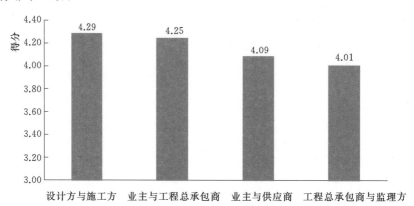

图 10.4-1　参建各方的共同目标情况

从图 10.4-1 可以看出，杨房沟项目参建各方的目标都比较一致。其中，设计方与施工方共同目标得分最高，为 4.29 分，这一结果充分体现了 EPC 模式在统一设计施工利益出发点方面的成效显著。通过建立设计施工联合体，设计方和施工方形成了利益共同体，可有效实现设计施工一体化管理。通过详细制定双方的利益共享、风险共担机制，进一步落实了双方共同目标的实现机制。EPC 模式统一了设计方与施工方的利益和目标，使得设计方有动力进行设计优化，从而降低项目总成本，缩短项目总工期，实现项目的增值。与此同时，设计施工一体化也大大减少了设计方和施工方在遇到问题时互相推卸责任的现象。业主与工程总承包商共同目标得分排名第 2 位，为 4.25 分，表明双方目标也较为一致，即按时保质地完成项目。

10.4.4.2　相互信任

伙伴关系中合作共赢的一个重要因素就是信任，信任是接口管理的基石。基于良好的相互信任关系，项目参与者更可能将自己所掌握的信息和资源及时与相关接口方共享，使组织边界更灵活和更具有渗透性，减少信息不对称现象和投机行为的发生。参建各方之间的信任关系能有力促进组织边界的融合，提高协同配合的效率。

参建各方相互信任程度情况如图 10.4-2 所示，其中 1 分代表双方很不信任，5 分代表双方很信任。

从图 10.4-2 可以看出，各利益相关方相互信任程度存在着较大的差异。设计方与施工方相互信任程度得分最高，为 4.27 分，这一结果充分体现了 EPC 模式下设计施工深度融合的特点。设计-施工接口是工程中最为重要的接口，直接关系到项目的进度、成本和质量。从项目价值链来看，设计施工的深度交叉有利于在材料选型、施工技术上提出便于

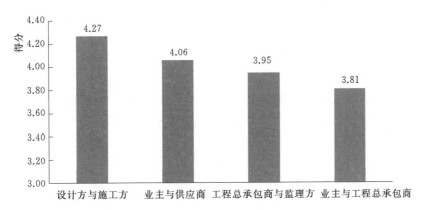

图 10.4 - 2　参建各方相互信任程度情况

施工的优化方案。若双方相互不信任，将很大程度上影响双方的沟通交流和工作积极性，从而给项目的顺利实施带来负面影响。业主与供应商、工程总承包商与监理方相互信任程度也相对较高。

相对而言，业主与工程总承包商相互信任程度得分最低，为 3.81 分，表明双方需重视信任关系的建设。项目各方是不完全利益共同体，虽然大的项目目标一致，但具体目标的优先次序不尽相同，例如，业主更重视项目全生命周期整体目标，而工程总承包商更关注项目实施阶段进度、成本和质量等目标。目前国内水电建设市场信用监管不完善，整个行业环境尚处于弱信任状态，业主对工程总承包商自律和诚信履约还有所担心。为此，参建各方一方面需建立激励机制，合理分配各方利益与风险，使参建各方目标更具一致性；另一方面需建立互信机制，建立基于信任的项目参与方伙伴关系，从而提升项目绩效。

杨房沟项目初期与现阶段组织间信任程度对比如图 10.4 - 3 所示，其中 1 分代表组织间很不信任，5 分代表组织间很信任。

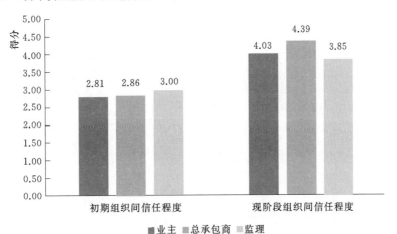

图 10.4 - 3　项目初期和现阶段组织间信任程度对比

从图 10.4 - 3 可以看出，项目初期时各方相互信任程度都较低（平均得分为 2.89 分），主要源于项目初期各方之间还磨合不到位，业主对工程总承包商自律和诚信履约还有所担心，从而导致业主和监理方投入大量监管资源。项目初期设计图纸等审批流程较长，很大原因在于工程总承包商和监理方在安全与质量方面的意见不一致，监理方出于对项目安全和质量的考虑，希望设计更加"保守"，而工程总承包商从节约成本的角度出发，认为设计达到合同规定的要求即可。

经过各方长期的沟通交流、磨合，各方对于合同和技术标准、彼此的思维方式和企业文化的认识与理解都有所加深，各方之间的信任程度不断增强（平均得分为 4.09 分）。

10.4.4.3　沟通

参建各方之间沟通效率情况如图 10.4-4 所示，其中 1 分代表沟通效率很低，5 分代表沟通效率很高。

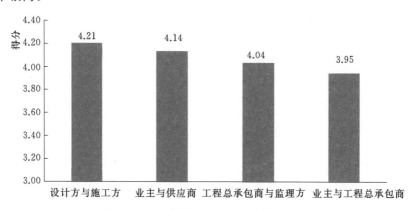

图 10.4-4　参建各方之间沟通效率情况

从图 10.4-4 可以看出，参建各方之间沟通效率平均得分为 4.09 分，说明项目总体的沟通及时、渠道顺畅。其中，设计方与施工方间沟通效率得分最高，为 4.21 分，反映出设计方与施工方作为工程总承包商联合体合作伙伴，在日常工作中联系紧密，能及时主动地交换信息。业主与供应商、工程总承包商与监理方在沟通效率上的得分分别为 4.14 分和 4.04 分，也表现良好。

杨房沟项目组织间沟通顺畅的原因可归为规范的管理流程和高水平的信息化建设。杨房沟项目的业主、工程总承包商和监理方共同使用 BIM 等信息系统，使设计图纸等文件的报送和审批流程清晰明了，很大程度上实现了项目管理的信息化和数据化，提高了参建各方接口管理效率。

10.4.4.4　信息共享

参建各方之间信息共享程度情况如图 10.4-5 所示，其中 1 分代表共享程度非常低，5 分代表共享程度非常高。

从图 10.4-5 可以看出，参建各方之间信息共享程度总体情况较好，得分都在 4 分以上。其中，设计方与施工方间信息共享程度得分最高，为 4.24 分，得益于双方联合办公，采用统一的信息管理制度和信息平台，工作相关信息可以在平台上进行发布、共享和处理，处在同一工作流程上的相关人员，可以实时查询到工作任务的完成情况和审批情况。

业主与工程总承包商间信息共享程度得分为 4.02 分，表明业主与工程总承包商信息和资源的开放性与透明度程度也达到较高水平。其中，信息技术的使用为业主和工程总承包商

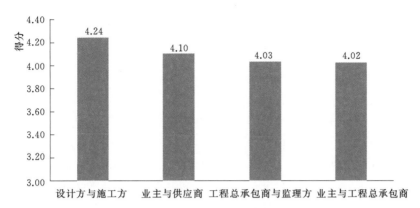

图 10.4-5　参建各方之间信息共享程度情况

的信息共享提供了有力技术支持，对于共同识别、解决问题和提高协同工作效率卓有成效。

10.4.5　基于伙伴关系的接口管理模型

为了解伙伴关系、接口标准化管理、组织间协同工作效率和效果之间的相互作用关系，对其进行了路径分析，结果如图 10.4-6 所示。

伙伴关系与组织间协同工作效率和效果之间呈现显著的正相关关系，路径系数分别为 0.51 和 0.53，表明参建各方之间的伙伴关系能有效提高组织间协同工作效率和效果。接口标准化管理仅对提高组织间协同工作效果有显著作用（路径系数为 0.18），与组织间协同工

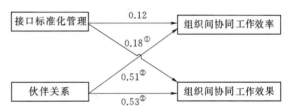

注：①表示相关显著性在 0.05 级别。
②表示相关显著性在 0.01 级别。

图 10.4-6　基于伙伴关系的接口管理模型

作效率之间的关系并不显著，表明即使有标准化的管理接口，如果各方在接口管理过程中不积极或没有高效的信息技术支持，则组织间协同工作效率仍然难以提升。

EPC 项目接口管理模型很好地说明了伙伴关系在提高组织间协同工作效率和促进各方建立良好关系中的重要作用。在伙伴关系下，各方不仅仅关心自己的利益，而且会同时考虑其他利益相关方以及整个项目的利益，这有助于实现整个系统内各种资源的最优配置，并有利于获得更多的合作机会，使组织间能够高效地协同合作。在高信任程度的合作伙伴组织中，知识和信息的传递与共享会更加有效，有助于防止项目或组织内部信息孤岛的形成，提升组织凝聚力。

10.5　小结

10.5.1　业务流程管理情况

（1）设计方案审批是影响业务流程效率的关键制约因素。审批效率主要受到以下方面

的影响：①项目中设置设计监理，对设计成果质量进行把控，增加了设计流程；②监理方对设计方案有不一致的认识，例如，由于技术标准中有些指标仅给出取值范围，难以判断设计取值是否满足安全和质量要求，双方按照各自经验和习惯进行工作，会导致意见分歧；③现场条件复杂、设计方案深度不足，需要补充论证。

（2）工程总承包商联合体内设计与施工部门协同工作效率最高，表明工程总承包商采用紧密型联合体管理取得了很好的效果，充分发挥了施工方的现场管理、施工和设计方的设计、技术方面的优势，提高了项目实施绩效。

（3）信任有助于促进组织间信息共享和协同工作。参建各方相互信任程度存在一定的差异，设计方与施工方相互信任程度最高，体现了工程总承包商联合体设计施工深度融合的特点；业主与工程总承包商之间的信任程度相对较低，源于双方是不完全利益共同体，虽然大的项目目标一致，但具体目标的优先次序不尽相同，对对方的动机和行为尚做不到完全信任。对比项目初期与项目现阶段参建各方之间的信任程度可以发现，经过一定时间的沟通与磨合，了解了彼此能力、执行力、行为方式和企业文化后，各方之间的信任程度可以不断增强。

（4）参建各方接口管理工作表现良好，能高效完成业务流程中规定的接口任务，很大程度归因于标准化管理流程和高水平信息化建设。接口管理标准化对提高组织间协同工作效率有显著作用，但如果各方在接口管理过程中不积极，组织间协同工作效率仍然难以提升，这需要参建各方建立基于信任的伙伴关系，并匹配相应的信息技术支持，以实现组织间高效地协同合作。

10.5.2 业务流程管理建议

1. 设计流程管理建议

（1）明确设计监理工作范围。在大型水电EPC项目中，应明确设计监理工作范围，使设计监理能够合理审查设计工作，在保证设计方案质量的情况下提高审批效率。

（2）进一步明晰设计深度和审批流程。在设计方案足够细致和审批流程清晰的情况下，设计审批效率不会受到影响。因此，在EPC合同中应明晰设计审批流程，同时，应根据工程特点明确设计深度，以利于工程总承包商充分论证，提供计算结果准确合理的设计产品，从而提高设计审批效率。

2. 采购流程管理建议

（1）简化审批流程，加强过程控制。采购工作涉及各个组织的众多部门，包括大量的衔接环节和审批工作，造成流程复杂。因此，应通过并行审批、审批环节合并来适当减少审批环节，并通过加强过程控制来减少各组织之间的衔接，从而提升采购效率。

（2）注重采购合同执行中的自律，建立基于互信的伙伴关系。目前，我国建设市场的弱信任环境也是采购流程复杂的主要因素之一。因此，业主和监理方应对履约过程进行严格控制，同时，工程总承包商也应重视采购合同执行中的自律，以保证采购各项工作满足要求。项目参建各方之间应建立良好的伙伴关系，减少机会主义行为发生，诚信履约，以逐步加强相互信任、简化审批流程和降低监控成本。

3. 接口管理建议

（1）合同分析和项目结构分解。做好项目结构分解（WBS），提供清晰的接口工作流程，明确合同界面前后工作的搭接关系以及接口工作内容。合同管理人员需做好总体的合同策划，合理、明确地分解各合同接口的工作范围和相应责任，并依据工程实际情况及时对合同接口进行动态调整，实现接口的无缝管理和交接。

（2）关键接口识别和职责划分。接口管理涉及多方人员，不明确的责权利划分和模糊的接口问题处理程序及方法，都有可能形成信息流、技术流在接口职能上的"灰色地带"，导致扯皮和推脱责任，延误问题的有效解决。为此，应以合同或正式文件的形式，提前划分和规定好相关方的职责，细化技术与合同接口的具体要求，统一验收标准，避免真空地带的形成和工作中推诿扯皮现象的发生。

（3）接口管理流程和信息标准化。接口管理本质上是组织间信息和资源的交换过程，接口管理流程和信息标准化是各方协同的基础。应建立规范的设计、采购、施工接口管理流程，进行信息标准化管理，使信息在各组织、专业、部门之间顺畅传递，达到如下接口管理目标：

1）设计-采购接口管理：高效传递设计与采购相关信息，以及时制定采购计划、选择供货商、保障设备的设计和制造。

2）设计-施工接口管理：施工现场信息及时高效反馈给设计方，以使设计方案不断深化、优化并满足现场施工进度要求，同时充分考虑资源的可获得性及现场施工需求，提高设计的可施工性。

3）采购-施工接口管理：建立采购与施工部门之间规范的接口管理流程，保障采购、施工相关信息实现实时共享、快速流动和及时反馈，以实时掌握施工进度和库存情况，并及时调整采购计划和物资设备生产发运。

4）设计-采购-施工一体化管理：建立项目合作伙伴之间的信息沟通渠道，传递设计、采购和施工多源信息，以支持各方信息高效交流、决策和协同工作；并促进各方知识融合，不断创新，以解决各种设计、采购和施工技术问题。

5）利益相关方接口管理：建立利益相关方沟通机制，高效解决 EPC 项目实施过程中的各种问题。

（4）建立接口管理组织架构。可根据项目实际情况，考虑专门设立相关的协调岗位负责项目的接口管理工作，其工作内容包括制定相关的接口流程和制度，负责日常协调、管理、督促、监控工程接口任务的实施，组织各方定期和不定期召开协调会等，以高效协调各种接口工作。

（5）建立相互信任关系，促进接口管理各方的沟通交流。信任是伙伴关系的核心，在相互信任的基础上接口管理相关方才有积极沟通的意愿，各方充分地沟通交流可促进信息在组织内和组织间的交流、共享和反馈，有助于解决各种接口问题，实现设计、采购、施工之间工作的高效衔接，提高项目实施效率，最终实现项目的绩效。

第 11 章

大型水电 EPC
项目风险管理

11.1 水电 EPC 项目风险管理理论

11.1.1 EPC 项目风险管理框架

风险是指某种不确定性结果在某一时间特定环境条件下发生的可能性，通常用某段具体时间内实际结果与期望之间的偏差进行描述。风险管理指的是对未来可能存在的意外和损失科学地进行识别、评估和预先防控的管理过程。通常情况下，风险和收益一般在工程项目的合同分配中呈现正相关的变化趋势，这也就意味着高风险通常伴随着高收益的可能性。

应用具有前瞻性的风险管理策略并辅以一定相关的工具方法，主动控制和处理风险，可以大大提升管理者对风险的解析评估和应对效率，通过有效识别、评价、分担和应对工程项目全生命周期潜在风险，保证项目朝预定的方向发展，进而促进项目目标的高效实现。

EPC 项目风险管理是一个动态的循环过程，主要包括风险管理规划、风险识别、风险分析、风险应对、风险监控 5 个部分，如图 11.1-1 所示。

1. 风险管理规划

风险管理规划是指决定项目风险管理活动的内容以及如何开展的过程，并制定风险管理计划。需要通过分析项目所处的内外部环境，明确风险管理的目标、范围、职责、所需资源和相关风险准则。风险准则是企业用于评价风险重要程度的标准，体现出企业的风险承受力、价值观等。总体而言，风险管理规划的主要依据有项目范围说明、进度管理计划、成本管理计划、沟通管理计划、项目环境以及风险管理资源等。

2. 风险识别

风险识别指的是系统地、持续地识别确定会对项目造成影响的风险分类和风险项，形成一个全面的风险列表。风险识别的参与者通常包括项目经理、项目团队成员、风险管理人员和团队、相关领域专家、用户等。风险识别的工具和技术包括文件审查，通过专家调查法、工程风险分解法等进行信息搜集，核对表分析，假设分析，以及包括因果图、流程图在内的图解技术等。

3. 风险分析

风险分析是指按照风险类别、已获信息以及风险评估结果的使用目的，对识别出的风险进行定性和定量分析。风险分析要全面研究风险发生的原因、可能性、后果，以及不同风险之间的关系、现有风险管理措施的效果等。通常先采用定性分析，进行风险优先级排序、确认风险重要性主次，再适当在此基础上进行更进一步的定量分析。定性分析可通过挑选对风险类别熟悉的人员，采用会议或访谈等方式进行。定量分析可采用决策树、蒙特

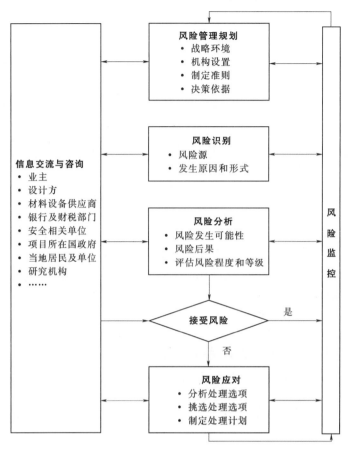

图 11.1-1　风险管理过程

卡洛模拟等方法量化各项风险对项目的影响，确定需要特别重视的风险。究竟采用定性分析还是定量分析或者两者都采用，取决于时间安排、经费预算以及分析描述的必要性。

4. 风险应对

风险应对是指采取措施以改变风险事件发生的可能性或后果，并制定可整合到项目管理过程中的风险应对计划。选择适当的风险应对措施需要综合考虑各种对风险管理有影响的内外部环境因素，以及措施的执行成本和收益、措施的搭配和组合等。常见的消极风险的应对措施包括回避、转移、减轻和接受，积极风险的应对措施包括开拓、分享和提高。

通过风险分析可以将风险按照发生概率的高低和造成损失的严重程度进行分类，有针对性地采取不同的风险应对措施。风险分析结果分类如图 11.1-2 所示。

处于Ⅰ区内的风险事件不仅发生概率较低，

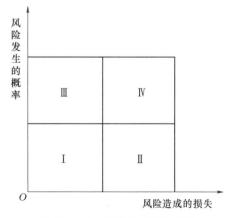

图 11.1-2　风险分析结果分类

而且造成损失的严重程度也较低，对于这类风险可采取自留、加强内部控制、制定工作管理程序和事件应对程序等措施。对于处在Ⅱ区内虽然发生概率较低但一旦发生损失较为严重的这一类风险，常通过购买保险等手段将风险转移给更有能力承受风险的个人或组织。处于Ⅲ区内的风险虽然发生后造成的损失较小，但发生的可能性较大，对于这类风险可以采取降低风险事件发生可能性的缓解措施和风险转移的方式。处于Ⅳ区内的风险是发生概率较高且损失也较严重的风险类型，必须引起管理者的高度重视，这类风险通常不自留，而是应综合采用各种措施加以认真应对，并在项目全生命周期中保持密切跟踪监控，及时掌握这些风险因素的变化情况，适时调整风险应对方案。

5. 风险监控

风险监控指的是在整个项目生命期中，对已识别风险进行跟踪，对残余风险进行监测，不断识别项目中出现的新风险，并定期评估风险应对计划实施的情况。要想获得项目的成功实施，组织必须在整个项目生命周期进程中积极进行风险管理。风险监控在整个风险管理中的作用在于根据 EPC 项目所处环境的变化，及时识别出新的风险并加以控制，实施项目的全面风险管理。风险监控的主要措施有检查各种文件报表、定期风险状态报告、风险趋势分析报告等。

11.1.2　EPC 项目风险管理理论与实践进展

风险管理的概念最早由美国管理协会保险部于 1931 年提出，经过 80 余年的发展逐渐成为工程项目管理领域的研究热点。大型水电 EPC 项目涉及利益相关方众多，如业主、监理方、工程总承包商、设计方、供应商等。尽管各利益相关方都追求项目的成功交付，但他们拥有各项资源的程度不同，对风险的价值判断和在项目中的利益诉求存在较大差异，承担风险的能力和责任也不同，这往往是工程项目风险发生的根源。

做好大型水电 EPC 项目全生命周期、动态性、系统化管理，促进多组织对风险的协同管理，成为决定风险管理的关键。处理利益相关方相关风险，需要遵循合作共赢理念，推进各方均衡的利益分配和风险分摊，减小各方矛盾，促进多组织对风险的共识以及利益相关方之间及时、双向、持续的沟通。各方观点在风险分析过程中得到充分重视，各方资源在风险应对过程中得到充分集成，各方利益在风险决策时得到充分考虑，有助于保证风险管理的针对性和有效性，从而提升项目管理效率和项目绩效。

基于以上理念，国内外学者和 EPC 项目工程实践不断推动风险管理理论取得新发展，代表性理论主要包括多组织动态风险管理理论、全面风险管理理论和伙伴关系理论等[60]。

11.1.2.1　多组织动态风险管理理论

风险管理的框架与过程需要能够反映项目环境和组织的特性与要求。国内大型水电 EPC 项目是典型的动态多组织过程。鉴于在多组织项目管理过程中，不同组织的项目目标具有一定的不一致性，但对于项目的里程碑等重大目标却有一致的利益诉求，因此多组织间需要在重大行动中协同一致。多组织动态风险管理中需要着重考虑不同组织对风险的态度和性质判定，对风险的态度决定风险的范围，而对风险的性质判定意味着不同组织对风险管理的基础能力。

1. 多组织对风险的定义：威胁、机会或不确定性

对风险的态度是影响多组织风险管理的根源。不同的研究从组织利益视角，倾向于将风险分为威胁、机会和不确定性三类。传统上，风险被定义为具有负面后果的事件，如伤害或损失发生的机会或可能性，这种观点使得多组织间倾向于规避风险所带来的问题。还有一种观点，将风险定义为机会，把风险认知为可能导致项目偏差的机会，其中带来负面影响的风险被称为消极风险，带来正面影响的风险被称为积极风险。更多的研究将风险直接定义为不确定性，不确定的概念能够更好地概括风险的两面性。不确定性指的是事件可能有两种及以上发生的可能，并且对于决策者而言没有历史经验数据可供参考。对待不确定性的态度对于在同一个项目管理框架下的多组织而言是非常重要的。

2. 多组织对风险的性质判定：预期事件、未预测事件或不切实际的假设

判定风险性质的一个重要维度是组织对风险"可控性"的态度，意味着风险是否被视为预期或未预料到的事件。传统的风险管理通常专注于管理预期的风险，国外学者的研究指出，风险管理者应该采取措施来降低可预测风险引发项目失败的可能性，主动的风险管理更重要的是要识别可预期风险以及与之关联的重要风险，有效管理风险间的相关性，设定和坚持风险应对优先权。

但是，对于实际情况复杂多样的项目，对风险之间的关联关系的全部识别是困难的。通常情况下，大型复杂项目的风险往往与项目目标、参与者网络、组织能力和项目环境密切相关，在动态条件下，预测全部可能性是不切实际的。对部分未能预测的风险，应在适当的时机进行应对，以使其对项目的影响最小化。

相对于可识别的风险，那些既没有出现过也不可识别的风险带来的威胁有可能是最大的。对此，需加强风险监控，并培养组织和个人迅速应对风险的能力。

11.1.2.2　全面风险管理理论

20 世纪 90 年代以来，随着过程的、动态的、系统的风险观念的引入，传统风险管理逐渐向现代风险管理转变。现代风险管理思想的最新发展和典型体现是全面风险管理理念，其概念于 1991 年被 Harmes 首次提出，2004 年美国 COSO（全国虚假财务报告委员会下属的发起人委员会）提出了全面风险管理框架。全面风险管理系指用系统的、动态的方法进行风险管控，以更好地应对工程风险的普遍性、客观性、偶然性、多样性、全局性、规律性和可变性，进而减少项目实施过程中的不确定性因素。这个概念主要包含两个基本含义：①风险管理应覆盖所有的风险因素，包括不同的风险种类、不同的业务部门、不同的管理层面以及不同的地域等；②强调从机构整体对风险因素进行全面的汇总和整合。全面风险管理（即全员性、全过程、全方位的风险管理），不仅要控制风险，更要把握机会利用风险，其目的在于把风险控制在项目可承受能力的范围之内，找到防范风险投入与承担风险成本之间的平衡点，实现项目所有利益相关方的效益最大化。

相较于传统风险管理，全面风险管理具有以下主要特点：

（1）致力于建立规避风险和利用风险相统一的风险管理体系，主动控制风险甚至利用风险，而非仅防范风险以减少损失。

（2）强调风险管理的系统性、整体性，不再把不同的风险当作相互独立的个体来研究，而是考虑风险之间的联系和相互影响，以系统作为管理对象。

（3）强调风险管理的动态性、连续性，不再仅依靠管理人员的个人项目经验和主观判断，而是循环进行风险管理各流程，不断依据最新的风险识别、分析、监控结果实时调整风险管理计划，贯穿于项目全生命周期和整个项目管理的各项活动之中。

（4）强调风险管理的全员参与性，实行风险管理的主体不再仅仅是项目的风险管理职能部门或企业决策层、管理层，而是涉及项目全体人员。

（5）要求工程项目参与各方共同承担相关风险责任。

（6）分析方法具有现代化和先进性，依托于风险信息系统和相关信息平台。

大型水电 EPC 项目实施涉及众多利益相关方，风险来源范围广，影响也不局限于单一的利益相关方。从多组织管理的视角增强对风险管理的理解，有助于降低各利益相关方对待风险态度的分歧，高效集成资源以应对风险。

11.1.2.3 国际水电 EPC 项目风险

明确关键风险的种类与后果是做好风险管理的重要基础。借鉴国际工程实践，对大型水电 EPC 项目的风险进行总结。对国际水电 EPC 项目实施的风险事件按 5 分制进行评价，1 分代表可忽略风险，无须考虑；2 分代表低风险，做日常处理；3 分代表中等风险，须规定管理责任；4 分代表高风险，须高层管理部门关注；5 分代表极度风险，须立即采取措施。排名前 15 位的风险因素见表 11.1-1。

表 11.1-1　　　　　　　　　　国际水电 EPC 项目风险

风 险 项	得分	排序
当地没有充足的材料和设备来源	3.59	1
当地存在通货膨胀	3.41	2
当地金融市场及利率不稳定	3.41	
所需材料设备的价格上涨	3.39	4
业主不付款或拖延付款	3.39	
政府的办事效率低下	3.36	6
HSE 相关知识不足	3.36	
业主办事效率低下	3.34	8
项目所在国政局不稳定	3.34	
所需材料设备的市场缺失	3.32	10
对外币有限制	3.28	11
设计失误、缺陷	3.28	
设计审批延误	3.26	13
项目支付涉及的货币汇率问题	3.22	14
供货能力不足	3.20	15

从表 11.1-1 可以看出，国际水电 EPC 项目实施主要风险集中在采购、经济、业主、政治、HSE 和设计等方面，承包商需要从外部环境、利益相关方和项目自身等各个方面注重对风险的管理。

1. 采购风险

"当地没有充足的材料和设备来源"在所有风险项中排名第 1 位，"所需材料设备的价格上涨""所需材料设备的市场缺失"和"供货能力不足"分别排名第 4、第 10 和第 15 位，表明采购相关问题是国际水电 EPC 项目中工程总承包商最重要的风险之一。采购是 EPC 模式中非常重要的一个环节，对项目的投资控制起到关键影响。我国承包商承接的国际水电 EPC 项目多位于市场不成熟的国家或地区，物资供应不足且价格较高，为保证工程实施所需材料设备的充足供应并尽可能减少相应的成本开销，承包商常常需在国内进行大量采购。由于水电工程大多处于偏远山区，交通、通信不便，采购周期长，与设计和供货商的沟通协调难度大，为采购带来较大的困难和风险。再加上，工程总承包商在 EPC 项目采购管理方面还缺乏经验，如使采购与设计、施工之间高效衔接，适应国际采购标准和要求，拓展全球化采购渠道，实时动态管理物流与仓储等方面还存在明显不足。

2. 经济风险

"当地存在通货膨胀"和"当地金融市场及利率不稳定"是排名第 2 位的风险项，"对外币有限制""项目支付涉及的货币汇率问题"分别排名第 11、第 14 位，均是与当地经济、金融相关的风险，对项目实施产生重大影响。这些风险会造成项目实施所需材料设备价格的上涨以及因汇率变动而产生的结算损失。由于水电 EPC 项目建设周期长，使得经济风险管控难度较大，承包商应注重对国际和当地经济形势的分析，提高经济风险防范能力。

3. 业主风险

"业主不付款或拖延付款"排名第 4 位，"业主办事效率低下"排名第 8 位，表明与业主行为有关的风险对国际水电 EPC 项目工程总承包商有不可忽视的影响。我国承包商承接的国际水电 EPC 项目所在国发展水平通常不高，EPC 项目业主主要依靠融资获取资金，易受外界经济形势的影响而遭遇融资困难，导致无法按照合同规定支付工程款。另外，业主常常在征地、移交工作面和处理海关关税事宜（如办理免税批文）等方面办事效率低下，从而影响工程总承包商项目实施的成本和进度。

4. 政治风险

"政府的办事效率低下""项目所在国政局不稳定"分别排名第 6、第 8 位，属于工程总承包商较重视的政治类风险，这与经济类风险同为国际工程需重点考虑的外部环境风险。政府项目审批机构、财政、海关、公安和质检等部门的行为会影响项目的立项、征地与移民、证件办理、物资清关、劳务纠纷处理、工程款支付和工程验收，承包商应注重与各政府部门的沟通交流，以提升与政府部门之间的协同工作效率。另外，部分国际水电 EPC 项目所在地政局不稳，会增加项目各环节实施的难度，甚至影响项目的存废和威胁项目人员的生命安全。

5. HSE 风险

"HSE 相关知识不足"排名第 6 位，表明 HSE 是国际水电 EPC 项目风险管理的重要方面。HSE 风险主要体现在：当地疾病如疟疾对健康的损害，自然灾害如洪水、滑坡和泥石流等对工区的影响，施工队伍（尤其是国外劳务人员）安全意识淡薄、安全知识缺乏、安全保障不到位和劳动技能较低等导致的施工安全事故，政局不稳、宗教民族文化差异冲突对中方工作人员的人身安全威胁，项目施工过程对周边自然环境和社区造成的不良影响如水质污染、空气污染、噪声污染和植被破坏等。国际工程中 HSE 标准与国内不同，很多情况下规定更为严格，要求工程总承包商在管理制度、组织机构和资源配置等方面加强HSE 管理。

6. 设计风险

"设计失误、缺陷""设计审批延误"分别排名第 11、第 13 位，表明设计风险同样是承包商应重点关注的风险类别。设计工作在 EPC 总承包项目实施过程中起龙头作用，很大程度上决定着后续采购、施工等环节的工期、质量、成本、安全等绩效目标的实现。国际水电 EPC 项目中业主招标文件仅限于概念设计，大多缺乏必要的基本地质勘测资料，设计方在这种条件下进行设计还需满足限额的成本要求，设计难度大。另外，国际水电 EPC 项目的设计大多采用国际标准，而我国设计院对国际标准不熟悉，因此获得咨询工程师一次性审批通过率较低，设计审批需要较长周期。再加上我国承包商在国际水电 EPC 项目设计管理方面经验欠缺，设计、采购和施工各环节间的协同工作效率还有待提高。

11.1.2.4　基于伙伴关系的国际水电 EPC 项目风险管理案例

在国际水电 EPC 项目风险管理中，EPC 项目风险管理不仅需要关注组织内部因素，还应重视外部环境因素的需求。随着国际水电开发不断实践，伙伴关系理念日益获得认可，项目参建各方进行合作风险管理[16]越来越受重视。

1. 赞比亚 A 水电站

赞比亚 A 水电站位于赞比亚南部，在赞比亚和津巴布韦交界的赞比西河上的卡里巴峡谷段，位于赞比西河和喀辅埃河交汇处上游 40km。工程总承包商承担了设计、采购、施工、机电设备安装等工作。该项目技术含量高、实施难度大（如围堰拆除、地下工程施工等），是一个风险度较高的水电项目。

（1）项目主要风险。对工程影响最大的风险为"当地没有充足的材料和设备来源"，此外"所需材料设备的市场缺失""所需材料设备的价格上涨"和"供货能力不足"等采购相关风险也较为突出。该项目中，物资采购包括施工物资设备的采购和工程永久设备及施工主材的进口。在 EPC 合同项目中的永久设备采购，要求设计单位全程参与，包括编制招标文件、招标、签订订货合同、开箱验货、性能试验、竣工验收等，而且必须按照业主要求的规范技术——美国标准或欧洲标准进行。此外，该项目除了水泥和木材在当地市场采购外，其他的施工主材都从别的国家进口，为了不延误工期和增加成本，采购一定要超前计划，并将材料涨价、影响供货和价格的因素等分析清楚。

（2）基于伙伴关系的风险管理。在该项目中，工程总承包商通过交流和沟通，清晰、明确和及时有效地表达自己对项目和问题的想法，分析出对自己的有利和不利条件，同时充分理解和感知业主的实质性意见，使得自己的建议更容易得到业主的理解和认同，对于问题的解决有重要帮助。

工程设计优化在应对风险、控制成本等方面发挥着重要的作用。工程设计不仅要基于业主的基本设计，还要考虑设备选型、施工工艺、设备参数与标准等因素。在该项目中，为了避免过多返工，项目部能够积极与材料设备供应商沟通，获得他们的技术支持，决定采用坚持机电设备的设计标准不提高，重点优化土建设计的思路，同时工程总承包商积极与设计方沟通协调，采用设计图纸定性不定量，留有设计变更余地的方法，并在设计过程中，积极与业主沟通和交流，在设计优化工作上取得了丰硕的成果，经济效益超过 200 万美元。

业主和工程总承包商能够时刻站在互惠双赢的立场上，把双方的交流和沟通作为工作的侧重点，利用不同的时机和多种方式开展工作。通过业主和工程总承包商的交流，确定了双方联系的渠道和方式方法，明确了业主代表和驻地工程师的职责范围，简化了业主对施工图纸和方案审批的种类和程序。对于合同中有关税收、合同价格调整、新降压站、宾馆、自动化监控系统等描述不清、界定不明的条款进行了多次谈判，利用业主代表在赞比亚的机会，私下进行弹性外交，推心置腹，增强互信，达成了很多共识，避免了因合同范围不明确而造成的风险。

2. 斐济 B 水电站

斐济 B 水电站位于 Viti Levu 岛中南部，距离首都苏瓦约 300km。该工程主要包括拦河坝、输水系统、电站厂房、132kV 开关站和高压输电线路，工程的主要作用是拦河蓄水发电。

（1）项目主要风险。对工程影响最大的风险是采购风险，"当地没有充足的材料和设备来源""所需材料设备的市场缺失""供货能力不足""所需材料设备的价格上涨""当地商业贸易不便捷""当地的整体交通水平低"等风险均与项目采购有关。此外，设计风险也相当重要，"设计审批延误""设计变更影响""设计失误、缺陷""设计方案不合理""工程量变更"等风险对工程影响也较大。"业主不付款或拖延付款"和"业主办事效率低下"属于业主风险，业主在缴纳关税、审批报告、支付等方面的行为对项目实施有关键影响。

（2）基于伙伴关系的风险管理。工程开工前，业主和工程总承包商就对项目履约可能存在的政治风险、融资风险、经营风险、投资决策风险、技术风险等问题进行了仔细研究，在项目投标报价时较好地综合了风险因素。项目实施过程中仍遇到了巨大困难，如设计人员对澳新标准不熟悉导致设计成果难以达到合同要求，咨询工程师对采购、HSE 等多方面的高标准严要求使得工程成本、工期受到重大影响等。工程总承包商不仅通过采取一系列常规风险管理措施，还通过与各关键利益相关方建立起相互信任、合作共赢的伙伴关系，以使项目各项风险可控。

信任是伙伴关系的基础，对于因为咨询工程师严格执行澳新标准引起的相关设计、采购风险，其实其高要求大多来源于对中方的不信任。工程总承包商首先应致力于与业主和咨询工程师建立平等关系，由于咨询工程师对澳新标准更加熟悉，很容易在项目实施过程中产生不对等的关系。斐济项目工程总承包商利用咨询工程师一专多能的特点，派出专业人士就某一方面深入地与业主和咨询工程师进行沟通探讨，让他们意识到我国技术人员也是专家，从而建立起更加平等的关系，搭建了进一步沟通协商的平台，促进了很多相关风险、问题的解决。

良好的伙伴关系还使工程总承包商能有效利用业主和咨询工程师在当地的丰富资源，大大提升项目实施的效率和便捷程度，降低项目风险。如该项目在业主和咨询工程师的帮助下顺利在新西兰、印度等地进行了采购，并请当地比较熟悉本国安装规范、流程的人员来作为机电设备安装指导员，减少了技术性错误的发生。最终，工程总承包商通过与各方的良好合作，成功将项目风险控制在可接受水平之内。

11.2 杨房沟项目风险管理

11.2.1 杨房沟项目风险管理情况

从多组织动态风险管理、全面风险管理和伙伴关系理论视角，对杨房沟项目的风险管理现状进行了调研，并对比分析了国内外大型水电EPC项目的风险管理情况。

11.2.1.1 杨房沟项目风险

针对46项可能会对大型水电EPC项目建设带来风险的因素按照5分制进行评价，其中，1分代表可忽略风险，无须考虑；2分代表低风险，做日常处理；3分代表中等风险，须规定管理责任；4分代表高风险，须高层管理部门关注；5分代表极度风险，须立即采取措施。评价结果见表11.2-1。

表 11.2-1 杨房沟项目风险情况

风险名称	总体		业主		设计方		施工方		监理方	
	得分	排序	得分	排序	得分	排序	得分	排序	得分	排序
电力市场风险	3.56	1	3.86	1	3.25	2	3.40	3	3.15	31
材料设备质量问题	3.55	2	3.56	4	2.50	23	3.45	1	3.85	1
地质地貌条件不利	3.46	3	3.47	6	2.50	23	3.35	5	3.75	2
当地自然灾害影响	3.46		3.56	4	2.50	23	3.30	10	3.60	6
法律法规存在不匹配	3.43	5	3.67	2	2.50	23	3.10	18	3.40	13
水文气象条件恶劣	3.40	6	3.40	10	3.25	2	3.35	5	3.50	8
施工事故	3.39	7	3.47	6	3.25	2	3.26	12	3.37	15
供应商供货能力不足	3.37	8	3.47	6	2.25	37	3.35	5	3.42	12
获取政府批文困难	3.35	9	3.65	3	3.50	1	2.95	33	3.00	41
材料设备价格上涨	3.35		3.42	9	2.50	23	3.35	5	3.37	15
分包商不力	3.34	11	3.40	10	3.00	5	3.26	12	3.37	15
工程质量不达标	3.34		3.28	17	3.00	5	3.37	4	3.50	8
环保问题	3.33	13	3.38	13	2.50	23	3.00	25	3.74	3
合同变更影响	3.29	14	3.33	15	2.75	9	3.45	1	3.16	27
现场施工条件恶劣	3.24	15	3.12	30	2.75	9	3.30	10	3.56	7
保险不充分	3.22	16	3.21	24	2.50	23	2.89	42	3.74	3
设计失误、缺陷	3.22		3.37	14	2.25	37	3.00	25	3.32	20
不可抗力	3.21	18	3.12	30	3.00	5	3.00	25	3.72	5
施工操作失误	3.21		3.23	22	3.00	5	2.95	33	3.47	11
技术标准把握不当	3.19	20	3.21	24	2.75	9	2.90	40	3.50	8
承包商技术能力不足	3.19		3.23	22	2.75	9	2.95	33	3.40	13

续表

风险名称	总体		业主		设计方		施工方		监理方	
	得分	排序	得分	排序	得分	排序	得分	排序	得分	排序
项目征地移民困难	3.18	22	3.40	10	2.50	23	3.00	25	3.05	37
设计方案不合理	3.18		3.33	15	2.25	37	2.90	40	3.35	15
风险与收益分配不合理	3.17	24	3.28	17	2.75	9	3.05	20	3.15	31
施工组织设计不合理	3.16	25	3.09	38	2.75	9	3.21	14	3.37	15
承包商管理能力不足	3.16		3.26	19	2.75	9	2.89	42	3.30	21
项目成本控制不利	3.14	27	3.26	19	2.25	37	3.05	20	3.15	31
项目计划不充分	3.12	28	3.16	27	2.25	37	3.00	25	3.30	21
设计达不到审批要求	3.12		3.26	19	2.25	37	2.95	33	3.16	27
验收标准不明确	3.11	30	3.19	26	2.75	9	3.11	17	3.00	41
采购方案性价比不高	3.11		3.12	30	2.50	23	3.35	5	2.95	44
业主资源供给不及时	3.10	32	3.12	30	2.75	9	3.00	25	3.22	25
试运行程序不清	3.08	33	3.16	27	2.50	23	2.84	45	3.28	24
当地商业贸易不便捷	3.08		3.02	42	2.75	9	3.21	14	3.16	27
当地整体交通不便捷	3.08		3.05	40	2.25	37	3.20	16	3.21	26
设计意图不清晰	3.08		3.12	30	2.25	37	2.95	33	3.30	21
各参与方关系不佳	3.07	37	3.12	30	2.75	9	3.05	20	3.05	37
现金流预测不准确	3.06	38	3.12	30	2.75	9	3.00	25	3.05	37
设计优化不足	3.02	39	3.16	27	2.25	37	2.85	44	3.06	35
多项目开工物资紧张	3.02		3.00	43	2.75	9	3.00	25	3.16	27
项目融资成本高	3.01	41	3.00	43	2.75	9	3.05	20	3.06	35
劳资争端	3.00	42	3.09	38	2.50	23	2.95	33	2.95	44
施工机械毁损	2.99	43	3.00	43	2.50	23	3.05	20	3.00	41
项目融资困难	2.99		3.05	40	2.25	37	2.95	33	3.05	37
当地劳动力缺乏	2.98	45	2.91	46	2.50	23	3.10	18	3.11	34
民族文化习俗影响	2.93	46	3.12	30	2.50	23	2.65	46	2.89	46

总体来说，"电力市场风险"排名最高。这主要是因为电力行业的需求很大程度上影响上网电价，决定工程是否具备经济可行性。

"材料设备质量问题"属于采购风险，为排名第 2 位的重要风险。材料设备的采购环节复杂，供应商众多，再加上工程总承包商传统模式下不承担采购任务，采购经验较为缺乏，因此材料设备质量控制存在较大风险。

"地质地貌条件不利"和"当地自然灾害影响"并列排名第 3 位，都与地质条件密切相关。地质风险是 EPC 项目中最难以控制的因素之一，涉及投标报价（工程量和风险预备费等）、设计方案、施工与运营安全管理。该项目前期设计深度较深，但地下工程中花岗闪长岩节理发育、危岩体处理工程量测算难度大等风险因素仍存在；虽然工程总承包商在 EPC 项目中承担了地质问题相关技术、进度和工程量风险，但不利地质条件（如高边坡开挖，见图 11.2-1）所导致的安全隐患仍然值得业主和监理工程师重视。

图 11.2-1　杨房沟水电站高边坡开挖

"法律法规存在不匹配"在总体风险排名中名列第 5 位，归因于我国现有法律法规和建设管理体制中缺乏对 EPC 合同系统的、有针对性的、可操作的理论支持，与 EPC 模式的推广应用尚不完全相协调。EPC 项目常见的法律法规风险包括招投标法律风险，合同范本使用法律风险，合同内容风险如性能规范、竣工验收、工程担保等，合同履行风险如工程变更等。此外，在国内深化改革大背景下，除电力体制改革外，国家机构职能、政策、法律法规也在发生变化，如税费调整等，这都给 EPC 项目的实施带来了不确定性。这要求大到企业管理，小到项目建设，都需要及时关注法律环境变化，收集和遵守相关法律法规，以确保项目建设的合法合规。

由于项目风险往往需要各利益相关方协同管理，清晰地了解各方在同一风险中的位置、作用和资源配置能力，才能够制定出兼顾各方利益的合作型对策，降低矛盾和风险发生的可能性。因此，有必要了解业主、工程总承包商（设计与施工联合体）等主要利益相关方的风险。

1. 业主主要风险

在 EPC 项目中，业主一般只承担合同执行中因自身违约、业主变更项目范围、法律变更以及不可抗力带来的损失。业主主要面对以下风险：

（1）项目可行性风险。"电力市场风险""法律法规存在不匹配""获取政府批文困难""项目征地移民困难"和"环保问题"分列业主风险的第 1、第 2、第 3、第 10 和第 13 位。"电力市场风险"主要体现在项目工作范围、变更控制不利，导致基建成本控制无效，电价不具有市场竞争力。"项目征地移民困难"主要体现在未对重大敏感对象（如重要的城市集镇、民俗宗教场所、文物古迹等）准确评估、抢建，移民补偿方案不合理等。业主应重点关注水电项目上网电价的竞争力、项目符合法律法规要求、移民环保问题，以使项目具有可行性并顺利获取政府批文。

（2）工程总承包商选择风险。EPC 项目对工程总承包商的能力与经验提出了很高要求。水电 EPC 项目风险大、专业技术复杂、设计采购施工管理难度高，这对水电项目承包企业履约带来很大考验。如果工程总承包商履约能力不强，业主将需要投入巨大的监控成本，以防止"施工事故""供应商供货能力不足""分包商不力"等业主重要风险发生。

（3）合同风险。一般而言，EPC 项目在招投标阶段，设计处于概念设计阶段，业主只能给出项目的预期目标、功能要求及设计标准，并不能非常完整、清晰、准确地对项目进行价值评估。这可能会导致在 EPC 合同中对工程总承包商的风险预估过高，合同中标价格偏高。此外，"法律法规存在不匹配"也会导致合同问题，以及由此而引发的项目管理过程中的合规性问题，这可以解释为何该风险位列业主风险第 2 位。

（4）项目管理风险。在 EPC 项目中，业主需要对项目关键时间节点、设计、采购、施工、竣工验收进行管理。业主在项目执行过程中参与度过高，可能会降低 EPC 模式的效率；业主参与度过低，可能会导致对项目设计、采购、施工的质量把控不足，支付资金与工程总承包商实际项目进度不匹配等问题。项目实施过程中，工程总承包商可能根据设计变更、合同变更等向业主提出变更和索赔，导致项目投资超概算。验收标准不详细、不合理，验收过程不规范、不严格，可能导致工程交付使用后存在重大质量隐患。

2. 工程总承包商主要风险

（1）投标报价风险。EPC 项目投标报价阶段各项资料不完备，工程总承包商对工程量的预估不准确或对业主要求的理解不透彻，都会导致报价失误。工程总承包商在投标报价阶段主要面临的风险有：由于设计深度不够导致工程量计算遗漏或偏差；对业主技术标准理解偏差引发的价格风险；未考虑市场价格波动对项目实施影响引发的报价失误；没有提出合理的风险管理费并获得业主批准。

（2）设计风险。设计是 EPC 总承包的龙头，是发挥 EPC 设计采购施工一体化高效优势的关键所在。设计所产生的文件和成果是总承包项目管理中采购、施工的重要依据。设计工作不仅要满足业主的功能要求和质量要求，还应考虑设计与采购、施工之间的合理高效衔接。设计过程中工程总承包商所面临的典型风险有：所设计项目成本较高，性价比不合理；设计返工和变更；设计工期延长；业主提出修订意见或变更修订指令，造成设计工作量增加；工程具体范围或产品品牌和型号不确定，造成设计造价偏差等。这可以解释为何"合同变更影响""工程质量不达标"等风险都位居工程总承包商（设计与施工联合体）风险的前列。

（3）采购风险。"材料设备质量问题""供应商供货能力不足""材料设备价格上涨"和"采购方案性价比不高"在施工方风险中分别排名第 1 和并列第 5 位，表明了采购风险的重要性。采购过程中工程总承包商所面临的典型风险有：无法采购到符合技术标准要求的设备、材料；供应商履约能力和信誉风险；设备、材料质量风险；货物缺失风险；能否按期到货风险；仓储成本过高风险等。工程总承包商应重视并应对好采购环节的价格、质量、仓储等风险，做好采购过程的质量控制、成本控制、进度控制、仓储管理、物流管理以及合同管理质量控制。

（4）HSE 风险。"地质地貌条件不利""水文气象条件恶劣""当地自然灾害影响"

"施工事故"在施工方风险中分别排名并列第5、第10和第12位，与HSE风险关系密切。HSE是水电项目现场施工阶段中重要的风险，在施工中要充分考虑人员、施工条件和自然环境之间的相互影响。在工程项目的实施过程中，安全保障设施数量不足、安全教育投入开展不够、操作人员安全观念淡薄等可能导致现场施工事故。同时，国内环保相关法律法规对水电开发建设提出了更高要求，工程总承包商应及时提升环保意识，致力于建设人与自然相协调的水电工程。

为分析业主、设计方、施工方和监理方对于风险重要性评价的差异，计算了各方风险重要性排序的相关性，结果见表11.2-2。

表11.2-2　　　　　　　　　杨房沟项目各参与方风险相关性

项　目		业主	设计	施工	监理
业主	相关系数	1.000	—	—	—
	显著性	—	—	—	—
设计方	相关系数	0.342①	1.000	—	—
	显著性	0.020	—	—	—
施工方	相关系数	0.381②	0.281	1.000	—
	显著性	0.009	0.058	—	—
监理方	相关系数	0.484②	0.245	0.266	1.000
	显著性	0.001	0.101	0.074	—

①　表示相关显著性在0.05级别。

②　表示相关显著性在0.01级别。

从表11.2-2可以看出，业主与设计方、施工方和监理方对于风险重要性认识和评估的相关性均呈现显著的正相关关系，说明业主和其他参与方所关注的风险排序基本一致，揭示业主与其他参与方对风险有很大程度的共识，这也是各方建立基于伙伴关系风险管理机制的基础。

11.2.1.2　风险管理体系

针对国内大型水电EPC项目建设管理中常见的11种风险管理体系情况按照5分制进行评价，其中1分代表很不赞同，5分代表很赞同。评价结果见表11.2-3。

表11.2-3　　　　　　　　　杨房沟项目风险管理体系情况

风险管理体系指标	总体		业主		设计方		施工方		监理方	
	得分	排序	得分	排序	得分	排序	得分	排序	得分	排序
建有完善的风险管理信息收集和管理制度	4.37	1	4.35	3	4.75	1	4.40	2	4.32	1
各管理层在风险管理中的职责和义务明确	4.33	2	4.33	5	4.75	1	4.30	8	4.30	2
针对不同的风险建有有效的风险解决方案	4.31	3	4.26	8	4.75	1	4.45	1	4.22	4
建有风险管理信息系统	4.30	4	4.37	2	4.50	8	4.30	8	4.13	7

续表

风险管理体系指标	总体		业主		设计方		施工方		监理方	
	得分	排序	得分	排序	得分	排序	得分	排序	得分	排序
拥有典型风险分析方法和工具	4.28	5	4.32	6	4.50	8	4.32	7	4.13	7
建有企业发生重大法律纠纷案件应急方案	4.26	6	4.31	7	4.75	1	4.35	3	4.00	9
建有资金管理程序及其风险管理方案	4.26	6	4.38	1	4.75	1	4.35	3	3.86	11
建有完善的风险管理组织机构	4.26	6	4.23	9	4.50	8	4.26	10	4.26	3
针对典型风险建有相应风险评估制度	4.25	9	4.17	10	4.75	1	4.35	3	4.22	4
建有风险预警体系	4.23	10	4.35	3	4.50	8	4.35	3	3.87	10
广泛收集国内外企业风险失控案例进行分析	4.20	11	4.14	11	4.75	1	4.25	11	4.18	6

从表 11.2 - 3 可以看出，总体范围内各项风险管理体系得分均高于 4 分，表明国内大型水电 EPC 项目风险管理体系建设较好。"建有完善的风险管理信息收集和管理制度""各管理层在风险管理中的职责和义务明确"和"针对不同的风险建有有效的风险解决方案"位居前 3 位，表明参建各方对该项目的风险能够制定较为详细的管理方案。"广泛收集国内外企业风险失控案例进行分析"和"建有风险预警体系"排名靠后，主要归因于收集其他企业的风险事故案例较为困难，尽管如此，参建各方需设法从国内外风险案例中吸取教训，有针对性地建立风险预警体系。

11.2.1.3　风险管理方法

针对风险识别、风险分析、风险应对和风险监控这 4 个风险管理阶段中常用的 21 种风险管理方法根据使用频率按照 5 分制进行评价，其中 1 分代表不使用，2 分代表很少使用，3 分代表有时使用，4 分代表经常使用，5 分代表一直使用。评价结果见表 11.2 - 4。

表 11.2 - 4　　　　　　　　杨房沟项目风险管理方法应用情况

风险管理方法	总体		业主		设计方		施工方		监理方	
	得分	排序	得分	排序	得分	排序	得分	排序	得分	排序
风险识别阶段										
对照问题清单	4.19	5	4.21	9	4.75	1	4.00	6	4.24	3
个人判断	3.77	18	3.98	16	4.25	16	3.75	18	3.29	19
主要人员集体讨论	4.17	6	4.12	12	4.25	16	4.15	2	4.29	2
咨询专家	4.05	12	4.12	12	4.50	9	4.00	6	3.86	14
风险分析阶段										
定性分析	4.10	10	4.28	6	4.50	9	3.84	13	3.90	13
半定量分析	3.90	17	3.93	17	4.25	16	3.84	13	3.81	16
定量分析	3.91	16	3.86	18	4.75	1	3.79	16	3.95	10

续表

风险管理方法	总体		业主		设计方		施工方		监理方	
	得分	排序	得分	排序	得分	排序	得分	排序	得分	排序
个人分析	3.75	19	3.81	19	4.75	1	3.79	17	3.38	18
主要人员共同评估	4.14	8	4.23	7	4.25	16	3.90	10	4.14	4
咨询专家	3.98	15	4.16	10	4.75	1	3.75	18	3.67	17
用计算机方法模拟	3.43	20	3.42	21	4.50	9	3.53	20	3.15	20
风险应对阶段										
风险规避	4.07	11	4.09	14	4.75	1	3.85	11	4.10	5
风险分担	4.02	13	4.14	11	4.50	9	3.85	11	3.85	15
减少风险可能性	4.14	8	4.23	7	4.25	16	4.10	4	3.95	10
减少风险后果	4.25	3	4.44	2	4.75	1	4.00	6	3.95	8
转移风险	3.99	14	4.05	15	4.50	9	3.80	15	3.95	10
保留风险	3.42	21	3.51	20	4.50	9	3.26	21	3.15	20
风险监控阶段										
定期检查	4.35	1	4.40	3	4.75	1	4.15	2	4.38	1
定期风险状态报告	4.25	3	4.40	3	4.50	9	4.05	5	4.10	5
定期风险趋势分析	4.17	6	4.35	5	4.25	16	3.95	9	4.00	8
风险预警机制	4.34	2	4.47	1	4.75	1	4.30	1	4.05	7

结果显示，21种风险管理方法使用情况总体平均得分为4.02分，表明风险管理方法在国内大型水电EPC项目的建设管理中得到了一定程度的应用。

在风险识别阶段，总体最常用的风险管理方法是"对照问题清单"和"主要人员集体讨论"，得分分别为4.19分和4.17分。从各参与方在风险识别阶段对风险管理方法的使用频率情况来看，"对照问题清单"是业主和设计方常用的方法；施工方和监理方使用"主要人员集体讨论"这一方法的频率较高，表明杨房沟项目中对于风险识别，各参与方主要依靠准确的问题清单和相关人员的集体智慧。

在风险分析阶段，风险管理方法总体得分最高的是"主要人员共同评估"，"定性分析"紧随其后，两种方法得分分别为4.14分和4.10分，表明国内大型水电EPC项目整体应用风险分析方法主要依靠项目相关人员的共同决策。其中，"用计算机方法模拟"在风险分析环节中是使用频率最低的方法，得分为3.43分，表明定量化和信息化风险管理工具的应用是未来需长期投入的方向。定量化和信息化风险管理难度大的原因不仅在于需要在信息化技术方面达到要求，同时还需要大量的历史数据作为支撑。

在风险应对阶段，"减少风险后果""减少风险可能性"是国内大型水电EPC项目中最常用的风险应对措施。表明参建各方重在对风险的防范和积极处理，而不是设法将风险转移给其他参建方，这为各方建立伙伴关系以合作管理风险奠定了良好的基础。

风险监控阶段中"定期检查"和"风险预警机制"这两种方法的使用频率最高，整体平均得分分别为4.35分和4.34分，"定期风险趋势分析"的应用频率最低，表明国内大型水电EPC

项目各参与方在风险监控的过程中对于风险发展趋势的分析和预测工作还有提升空间。

为分析各参与方对于各个风险管理方法使用频率的差异和关联性，对各参与方对于风险管理方法使用频率排序的相关性进行计算，结果见表 11.2-5。

表 11.2-5　　　　　杨房沟项目各参与方风险管理方法使用情况相关性

项　　目		业主	设计方	施工方	监理方
业主	相关系数	1.000	—	—	—
	显著性	—	—	—	—
设计方	相关系数	0.356	1.000	—	—
	显著性	0.113	—	—	—
施工方	相关系数	0.796①	0.348	1.000	—
	显著性	0.000	0.122	—	—
监理方	相关系数	0.684①	0.352	0.834①	1.000
	显著性	0.001	0.118	0.000	—

① 表示相关显著性在 0.01 级别。

从表 11.2-5 可以看出，除设计方外，业主、施工方和监理方这 3 个项目参与方在风险管理方法应用的相关性方面呈现显著的正相关性。设计方对风险管理方法的使用则呈现出不同的特点，这与设计需要定量化计算的工作性质有关。

11.2.1.4　风险管理制约因素

针对 14 项可能会在国内大型水电 EPC 项目风险管理中遇到的困难及其影响程度按照 5 分制进行评价，其中 1 分代表很不主要，5 分代表很主要。评价结果见表 11.2-6。

表 11.2-6　　　　　　　　杨房沟项目风险管理限制因素

风险管理限制因素	总体		业主		设计方		施工方		监理方	
	得分	排序	得分	排序	得分	排序	得分	排序	得分	排序
缺乏协同管理知识和技能	3.49	1	3.35	1	2.50	3	3.40	4	4.10	
缺乏共同管理风险机制	3.38	2	3.14	3	2.25	7	3.42	3	4.10	1
缺乏风险管理知识和技能	3.38		3.09	6	2.50	3	3.45	1	4.10	
缺乏风险管理奖励机制	3.32	4	3.19	2	2.00	10	3.15	13	4.05	4
缺乏正式风险管理系统	3.31	5	3.07	8	1.75	13	3.45	1	4.00	5
参与方对风险认识不同	3.30	6	3.10	5	2.75	1	3.40	4	3.75	9
风险监控不力	3.25	7	3.12	4	2.00	10	3.25	9	3.79	7
缺乏风险意识	3.24	8	2.88	13	2.50	3	3.40	4	4.00	5
缺乏共同管理风险意识	3.22	9	3.09	6	2.25	7	3.20	12	3.78	8
参与方风险分配不合理	3.20	10	3.05	9	2.75	1	3.25	9	3.55	11
风险分析历史数据不够	3.15	11	2.98	11	2.25	7	3.25	11	3.60	10
目前工程决策信息不足	3.15		3.00	10	2.50	3	3.40	4	3.35	13
风险控制策略执行不力	3.10	13	2.93	12	2.00	10	3.30	8	3.50	12

从表 11.2-6 可以看出,"缺乏协同风险管理知识和技能"和"缺乏共同管理风险机制"在总体排名中分别位于第 1 和第 2 位,这两个因素均阻碍了参建各方合作进行风险管理。对于大型水电 EPC 项目,参建各方应进一步打破组织壁垒,建立起信息与资源共享的机制与平台,优化风险辨识、分析、应对与监控过程中的资源配置效率,提升合作风险管理实效。"缺乏风险管理知识和技能""缺乏风险管理奖励机制"和"缺乏正式风险管理系统"在风险管理障碍评估中得分也较高,表明参建各方应注重加强组织内外的学习与创新,持续提升风险管理能力。

11.2.2 国内外大型水电 EPC 项目风险管理对比

11.2.2.1 风险环境对比

1. 法律环境

国际工程中许多标准与国内不同甚至规定更为严格,要求承包商在管理制度、组织机构和资源配置等方面加强相关管理。国内大型水电 EPC 项目管理模式才刚刚起步,相关法律法规有待完善和匹配。

2. 政治环境

在国际大型水电 EPC 项目中,政府的办事效率低下和项目所在国政局不稳定是排名靠前的政治风险,政府财政、海关、审批机构、公安和质检等部门的行为会影响到项目立项、物资清关、征地移民、证件办理、劳务纠纷处理、工程款支付和工程验收等多方面。在国内大型水电 EPC 项目中,较为突出的风险是获得政府批文困难,需重点关注与项目可行性相关的法律法规要求。

3. 经济环境

在国际大型水电 EPC 项目中,当地存在通货膨胀、当地金融市场及利率不稳定、对外币有限制和项目支付涉及的货币汇率问题等,会带来所需材料设备价格上涨以及因汇率变动结算损失等经济金融风险。

国内大型水电 EPC 项目经济环境主要影响的是电力市场的需求,业主需严格控制项目开发成本,保证上网电价的竞争力。此外,通货膨胀也会影响材料和设备的价格,可以在合同中约定按公式进行调价,对物价风险进行防控。

4. 社会环境

在国内外大型水电 EPC 项目中,都需重点关注自然灾害、施工事故、劳务、移民以及环境保护等问题。此外,国际项目中还需解决当地疾病、文化差异冲突对工作人员产生的人身安全威胁等风险。

11.2.2.2 风险对比

1. 设计风险

国际大型水电 EPC 项目的主要设计风险是设计失误、缺陷和设计审批延误,这主要是因为国际项目中业主招标文件常常仅限于概念设计,缺乏相关基本资料,再加上设计方需要兼顾成本限额,设计难度由此大幅提升;另外国内设计院对国际标准不熟悉导致一次性审批通过率较低,也是造成设计审批容易发生延误的原因之一。

相比于国际项目,国内大型水电 EPC 项目涉及的设计风险较小,主要是因为同一标准使设计速度和准确度有所保障。

2. 施工风险

国际大型水电 EPC 项目中的施工问题主要集中在标准差异、HSE、劳务等方面；而国内大型水电 EPC 项目的施工风险主要是来源于施工质量、分包商不力、地质地貌条件不利和施工安全等。

3. 采购风险

国际大型水电 EPC 项目承包中当地没有充足的材料和设备来源、所需材料设备价格上涨、所需材料设备的市场缺失和供货能力不足是重要的采购风险，主要是因为市场不成熟、物资供应不足导致材料设备价格高昂，此外水电项目地处偏远地区，以及全球范围的采购，进一步加大了采购难度。国内大型水电 EPC 项目最突出的采购风险是材料和设施质量、供应商供货能力和物流管理能力等。

11.2.2.3　风险分担对比

1. 风险分担一般原则

合同风险分担是指通过合同签订对未来可能产生的工程项目风险在合同条款上明确承担主体、客体和分担方法的过程。风险分担的主体指的是承担项目风险的利益相关方，客体指的是工程项目履约过程中可能发生的引发利益相关方不确定性损失的风险事件，分担的方法指的是将风险分担到各主体之间的合同约定。

通过合同对风险进行合理分配有利于明确合同双方在工程项目履约过程中的权责利，并为合同索赔提供基础依据，降低合同风险，保障项目顺利实施。对于不同的项目管理模式以及不同的工程种类，具体的合同风险分配方法各不相同。但总体来说，国内大型水电 EPC 项目的风险分担原则，应同国际通行标准一致，主要有以下几个方面：

（1）风险与收益相匹配。工程项目风险与风险主体的收益应该相一致，对于承担风险的一方，应该享有对应的收益。在整个项目风险分担的过程中，应当形成必要的风险分担约束与激励机制。在 EPC 项目实施过程中，由于工程总承包商在项目中承担较多风险，应当建立风险管理费制度，保证工程总承包商的收益。对于不可抗力风险，工程总承包商可以通过协商或索赔的方式取得相应补偿。

（2）风险由具有管理能力的一方承担。从工程项目建设的全生命周期而言，各利益相关方对于不同风险的管理能力有所不同，这跟各利益相关方的项目实施经验和资源集成能力相关。把风险分担给最有能力的利益相关方管理，有助于提升风险应对的效率，保证项目顺利实施。施工方或者设计方较为擅长应对自然条件、地质状况、项目管理等风险，而业主在资源集成方面，对征地移民、不可抗力等风险有着更强的应对能力。

（3）单一利益相关方承担的风险要有上限。虽然 EPC 合同范本中将绝大多数风险都从传统项目模式下业主承担转移为工程总承包商承担，但这并不代表工程总承包商所承担的风险是没有上限的。我国水电承包企业的专长在于施工，缺乏对设计、采购的把控能力和经验。在国内大型水电 EPC 项目实施过程中，业主也需对自身提出合同要求以外的要求以及不可抗力风险等进行负责。同时，业主和监理方在项目实施过程中应不断对重大风险进行监控，积极同工程总承包商共同协调应对好能力范围外的风险，保证项目目标得以顺利实现。

2. 国内外 EPC 合同风险分担对比

（1）风险分担原则对比。国内 EPC 项目合同的制定以及对 EPC 项目风险具体分担方式的研究主要是以 FIDIC《设计采购施工（EPC）/交钥匙工程合同条件》和《建设项目工程总承包合同示范文本（试行）》为基础。这两种合同范本虽然有细节差异，但整体而言，业主只需提出对项目的预期目标、功能以及技术标准要求，工程总承包商负责并承担项目的设计责任，同时承担可能产生的工期延误、费用增加等造成的损失，也即由工程总承包商承担 EPC 项目的绝大多数风险。

《建设项目工程总承包合同示范文本（试行）》结合国际通用合同范本和国内工程实践，于 2011 年 11 月颁发实施。FIDIC 合同条款规定"承包商应被认为已确信合同价格的正确性和充分性，合同价格包括承包商根据合同所承担的全部义务以及为正确设计、实施和完成工程并修补任何缺陷所需的全部有关事项"。我国总承包合同范本在权责分配上继承了 FIDIC 合同条款的绝大多数准则，但一定程度上也采纳了"过错承担"原则，相比之下，业主承担风险较 FIDIC 合同多一些，风险分担更为公平合理。

总体来说，不论是我国总承包合同范本还是 FIDIC 合同，EPC 模式中工程总承包商都面临较大的不确定性，在工程实践中，工程总承包商有可能承担由不可预见的风险造成的损失。这要求工程总承包商在投标决策时要做好充分的调查分析，关注潜在风险对项目实施的影响，做好应对措施；同时，还需要通过合理优化项目方案提高抗风险能力。

（2）设计风险分担对比。《建设项目工程总承包合同示范文本（试行）》规定业主提供项目基础资料和现场障碍资料，并且对其负责，但是承包人也有义务对资料中的错误和疑问向业主反映，否则损失由承包人承担。国内在设计方案和施工工艺变更方面主张"谁提出、谁负责"。而 FIDIC 合同条款规定"现场数据应由承包商负责核实和解释所有此类资料，业主对这些资料的准确性、充分性和完整性不承担责任"。

（3）采购风险分担对比。国内外 EPC 模式下工程物资的采购由工程总承包商负责，工程总承包商基本承担了采购阶段的全部风险。为了加强工程物资质量的把控，《建设项目工程总承包合同示范文本（试行）》也特别规定质量监督部门以及消防、环保部门需参与检查，并且参检费用由业主承担。

11.2.3　协同风险管理

鉴于"缺乏协同管理知识和技能""缺乏共同管理风险机制"是制约风险管理最重要的因素，参建各方有必要建立协同风险管理流程，以帮助各方在项目不同阶段有效进行风险管理。

11.2.3.1　招投标及合同签订阶段协同风险管理

在 EPC 项目招投标及合同签订阶段，业主主要职能部门和建设管理局，应成立风险管理领导小组。同时应建立与设计方、施工方和材料设备供应商等主要利益相关方的沟通协调机制。

在招投标及合同签订阶段的风险管理过程中，首先，业主要提供标书，这是工程总承包商投标的重要依据，同时工程总承包商对于标书中不清楚、有歧义的地方要及时和业主沟通解决，充分了解业主的要求；设计方需与材料设备供应商就材料设备参数尽可能及时沟通，为报价决策提供支持，也是中标后管理机电物资风险的重要依据。

设计方所做的初步设计方案也是工程总承包商编写投标文件的重要依据，对此，业主风险管理领导小组需组织进行全面的风险评估，包括风险识别和对项目各项风险发生的可能性及后果进行分析。工程总承包商需将风险成本因素融入到投标文件的商务、技术、报价等各个方面。

业主与评标排名靠前的工程总承包商谈判后的合同内容如果能够被业主风险管理领导小组接受，则需将与合同内容相符合的风险评估结果汇总下发到工程总承包商项目执行团队，使团队能够严格履行该合同内容，并进行相应的风险管理；同时，业主建设管理和监理相关部门也要掌握相应风险评估信息，作为风险管控的依据。

11.2.3.2　项目实施阶段协同风险管理

当工程总承包商中标并签订合同后，EPC 项目进入关键实施阶段。EPC 具体管理风险的阶段涉及众多的利益相关方，包括业主、监理方、设计方、施工方、供应商、银行及财税部门、政府机构、当地居民等。

在风险辨识过程中，应尽可能从利益相关方获得全面的信息，包括业主、监理方的要求；设计方重要设计方案的设计意图；材料设备商的报价、技术参数和供货方案；银行及财税部门的融资支持和要求；政府机构各种文件的批复审批程序；当地居民对于环境、安全、健康和经济方面的诉求。

在风险分析过程中，风险管理领导小组需要引入来自各个领域的专家，采用定性、定量或者半定量分析等方法对风险清单内的风险源进行评估，从风险发生可能性、风险程度等方面区分各个风险源的风险等级，从而形成全面、专业的风险评估意见，为随后处理风险提供重要的决策依据。

在风险应对过程中，需要根据风险评估结果，制定相应的风险处置方案。由于风险处置过程涉及各方利益，因此在制订方案的过程中，需要与外部组织进行有效沟通，了解各方需求，从"利益共享、风险共担"的角度制定满足风险管理目标的合作风险处置方案。

在风险监控过程中，由于风险不断地变化，需要定期向风险管理领导小组递交风险动态报告，如风险动态周报、月报等，以使风险管理领导小组密切监控风险处置措施的实施情况，同时需要分析风险发生的趋势，并进行风险预警。

任何一个风险管理的完成过程都是项目的宝贵经验，应对风险管理过程涉及的材料进行总结与信息化管理，以便后期进行风险趋势分析和风险管理的后评价。

11.2.4　杨房沟项目风险管理创新

11.2.4.1　合同形式创新

杨房沟项目的总承包合同结合了 FIDIC 合同模式和我国具体国情，采用总价可调的合同形式，增加了 EPC 合同的灵活性，使业主在不利地质条件、设计变更和施工干扰等方面的风险和可能损失大大降低。相比于 DBB 模式，业主的直接安全责任风险有所降低；同时，工程总承包商在 EPC 模式下对于工程建设和资源配置有更多的自主权。

11.2.4.2　招投标阶段风险分配创新

合理确定合同风险分配是工程建设项目成功的前提之一。杨房沟项目在 EPC 总承包招标准备阶段，采用专家咨询和对外调研等方法专业集中地研究合同中的风险分配问题，结合杨房沟项目的特点确定总承包合同中合作双方的风险分配原则，具体风险划分情况见表 11.2 - 7。

表 11.2 - 7　　　　　　　　　杨房沟项目总承包合同的风险划分

风险项目	分配方式	合同约定的风险管理措施
地质风险	承包人风险	1. 保险转移； 2. 投标报价中考虑风险费用
不可抗力	共同风险	1. 保险转移； 2. 承包人风险保险不足部分在投标报价时考虑
设计风险	承包人风险	合同约定了业主和监理人员对设计产品审查的管理流程。承包人可开展优化设计，合同总价不作调整
进度风险	承包人风险	对主要工程节点设置按期完成奖励和对应的逾期违约金
安全风险	承包人风险	1. 约定承包人对合同范围内的安全生产和职业卫生负总责； 2. 设置安全管理相应违约处罚
质量风险	承包人风险	1. 合同明确工程建设的质量目标，对相应目标设置奖励； 2. 设置质量管理相应违约处罚
物价波动风险	共同风险	合同约定价格调整机制，按照"分类工程价格指数"对合同清单部分项目进行调差
法律和政策风险	共同风险	基准日后法律法规变化，承包人可向业主主张费用诉求
采购风险	承包人风险	1. 对于联合采购项目：承包人承担采购合同管理和执行风险，业主承担付款责任； 2. 对于承包人自购设备物资：承包人承担全部风险
建设征地移民风险	共同风险	1. 永久征地移民工作由业主负责； 2. 临时征地工作由承包人负责

11.2.4.3　信息化风险管理创新

工程建设项目中引发风险的一个常见因素是信息的不对称和传达效率低下，杨房沟项目通过信息化管理系统的开发运作，实现了信息化、数字化和智能化管理以及进度管理、设计管理、质量管理、投资管理、安全监测、视频监控各功能模块的集成开发，并根据不同用户需求和管理权限进行了系统的分配使用，大大降低了工程信息的共享和传达成本，大幅增强了各个对口部门信息沟通交流的及时性和真实性，从而降低了风险发生的概率，提升了风险监控和应对效率。

11.2.4.4　风险分担机制创新

1. 风险费范围

在 EPC 项目管理模式中，风险管理相关费用与损失均已包含在合同总价中，而风险费对应范围的明确界定可以有效对风险进行提前防控，也能避免不必要的风险分配纠纷，维护参与方之间的伙伴关系，推动项目工程的顺利进行。杨房沟项目工程总承包合同中风险费的应用范围主要包括设计变更、自然灾害预防、自然灾害所造成的损失中工程保险未能补偿部分、合同价格调整方式与联合采购材料合同规定价格调整方式差异而引起的风险、承包人协调工作以及合同约定由承包人承担的其他风险等。

2. 保险费设置

杨房沟项目工程总承包合同中设置有涵盖工程本身及相关的临建设施和参建人员的保险费用于应对并转移风险，工程总承包商必须投保建筑工程和安装工程一切险、财产险、第三者责任险和人身意外伤害险等。这些风险转移的举措，能够有效减小工程项目建设中的风险应对处理压力，保证项目建设的顺利成功。

3. 不可抗力损害责任分配

在工程项目中总有不可抗风险因素，针对此类风险的分担，杨房沟项目制定了一系列原则，将不可抗力导致的人员伤亡、财产损失、费用增加或工期延误等后果责任按照相应原则进行分配，以增强工程项目抵御和应对风险的能力。

11.2.4.5　风险管理体系创新

杨房沟项目业主有着一套独立的风险管理体系，并不断更新出台与项目管理现状动态相契合的全面风险管理导则和风险管理手册，对风险项目的识别、评估、监控和应对匹配好相应的措施和负责部门，量化程度高，可执行程度强。

11.3　小结

11.3.1　主要结论

通过理论分析与杨房沟项目实践，揭示了国内大型水电 EPC 项目主要风险、风险管理方式、风险管理体系以及风险管理制约因素现状，并与国际水电 EPC 项目风险管理进行了对比。主要结论如下：

（1）电力市场风险、材料设备质量问题、地质地貌条件不利、当地自然灾害影响、法律法规存在不匹配、水文气象条件恶劣、施工事故、供应商供货能力不足、获取政府批文困难、材料设备价格上涨、分包商不力、工程质量不达标、环保问题、合同变更影响、现场施工条件恶劣等，是国内大型水电 EPC 项目应着重关注的关键风险。

（2）在风险管理方法应用情况方面，各方使用各类方法的频率存在一定差异，这与各方工作性质有所不同相关。总体而言，各方均侧重于使用定性风险管理方法，表明大型水电 EPC 项目中各方的风险管理水平还存在一定提升空间。

（3）风险管理体系建设中应广泛收集国内外企业风险失控案例并加强分析、建立风险预警机制，针对典型风险建立相应风险评估制度。

（4）缺乏协同管理知识和技能、缺乏共同管理风险机制是制约风险管理最重要的两种因素，表明参建各方协同管理风险的必要性。

11.3.2　风险管理建议

基于国内外大型水电 EPC 项目在项目环境、主要风险和合同分担等方面的对比，国内大型水电 EPC 项目可采取以下风险应对策略：

（1）国内大型水电 EPC 项目需关注电力市场、法律法规不匹配、获取政府批文困难、设备材料质量、地质条件等风险，并可通过合同条款合理分配风险与收益。

（2）国内大型水电 EPC 项目风险分担应注重风险与收益相匹配、风险由更具管理能力的一方承担、单一利益相关方承担的风险应有合理上限。

（3）各利益相关方应基于相互信任，建立良好的伙伴关系，进行协同风险管理，以充分利用参建各方资源提升风险管理效果。

第 12 章

大型水电 EPC 项目
人力资源管理

12.1 EPC 项目人力资源管理理论

12.1.1 人力资源管理内容

人力资源是指特定的组织所拥有的可运用支配的人力的总和。人力资源是企业的资源之一，包括员工的培训、经验、判断、情报、关系和洞察力。人力资源管理是指为实现组织目标和成员发展，而采取招聘、培训、考核、报酬等方式对组织所需的人力资源进行有效管理的一系列活动。

人力资源管理主要包括规划、招聘、培训、考核、激励和劳动关系 6 个环节。这 6 个环节分工明确，同时又相互关联，具体管理内容见表 12.1-1。

表 12.1-1 人力资源管理内容

环节	管 理 内 容
规划	规划组织当前及长远的人力资源需求，既要合理安排现有的人力资源，又要为组织的战略发展储备人才
招聘	为组织找到能力素质与工作岗位相匹配且适应组织当前及长远发展需要的人才
培训	为更好地提高人员的能力素质、更有效地发掘人才的潜能和价值，要开展培训开发活动，主要包括入职培训、能力开发、高级进修等
考核	对组织内的人员进行科学合理的绩效考核，以掌握所有人员的工作表现情况，为执行奖惩措施等提供有效依据
激励	激励的方式主要有物质奖励与精神激励，例如，合法合理制定薪酬制度和奖惩措施。有效的激励机制能够吸引和保留人才，防止人才流失
劳动关系	劳动关系既包括组织内部的关系（如员工之间的关系），又包括组织外部的关系（如与其他组织之间的关系），如何营造和谐的内部关系、构建良好的外部关系，对实现组织目标和人员自身发展具有重要影响

12.1.2 EPC 项目人力资源管理特点

EPC 项目人力资源管理是指以优化人力资源配置、高质量完成项目任务为目标，对 EPC 项目团队人力资源进行计划、配置和发展的管理过程。

1. 复杂性

EPC 项目涉及政府机构、业主、监理、工程总承包商和供应商等利益相关方，各方在管理理念、制度、方法等方面区别较大，对项目管理人员在对接、沟通、协作和管理等方面的综合素质提出了更高要求。另外，EPC 项目强调设计、采购、施工业务一体化管理，使人员配置、培训、考核等人力资源管理活动更为复杂，对人员的管理能力、技术能力和建设经验等方面要求更高。

2. 双重性

EPC 项目人力资源具有双重身份，既要服从其所在企业总部的领导和考核，又要接受项目部的管理和约束，因而，需要承担双重责任，接受双重考核。图 12.1-1 所示为典型 EPC 项目矩阵型组织结构图，从中可以直观体现 EPC 项目人力资源的双重性特点。

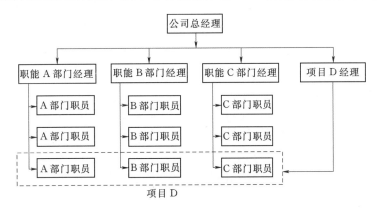

图 12.1-1　典型 EPC 项目矩阵型组织结构图

3. 流动性

EPC 项目人力资源的流动性与项目实施过程中设计、采购、施工业务同时进行的特点密切相关。项目不同阶段，工作重点会不断发生变化，人力资源的需求也会发生相应变化，致使人力资源流动性强。此外，EPC 项目实施对人力资源的综合能力要求较高，如果激励机制不够健全、组织氛围不够和谐也会导致留不住人才，出现人力资源的非良性流动。

4. 协作性

与 DBB 等传统建设管理模式相比，EPC 模式更加注重及时、准确的信息沟通，要求从设计角度提前考虑施工组织，从施工角度提出设计方案可施工性建议，并同时开展设备采购工作，以实现设计、采购、施工的深度交叉和高度融合。这种一体化管理特点充分体现出了 EPC 项目人力资源的协作性，对人员能力提出了更高的要求。

12.1.3　国内大型水电 EPC 项目人力资源管理面临的问题

水电 EPC 项目建设管理模式在我国起步较晚，发展得还不够完善，在人力资源管理中还存在一些制约 EPC 项目实施的问题。

（1）EPC 项目管理能力和经验不足。水电行业长期采用传统建设管理模式，国内企业熟悉 DBB 模式，参建各方长期以来只擅长自己的核心业务，对项目进行 EPC 总承包的管理和实施经验都有所欠缺，迫切需要项目管理人员具有与 EPC 项目实施相匹配的能力。

（2）人力资源双重考核目标存在不一致。EPC 项目人力资源具有双重性特点，各级人力资源往往受到双重考核，绩效目标存在不一致，增加了人力资源管理的难度。例如，国内 EPC 项目的工区由工程总承包商整体负责，施工人员的绩效考核、薪资和晋升等由工区决定。各工区不仅要保证工程质量安全，对工程总承包商负责，也要对工区负责，这导致目标不一致，从而影响人力资源的优化整合。

12.2　杨房沟项目人力资源管理

12.2.1　人力资源组织架构

12.2.1.1　业主

业主项目部负责履行项目建设管理职责，推进杨房沟水电站开发进程和项目建设。设局领导若干名，下设办公室、财务部、计划合同部、工程技术部、机电物资部、安全环保部、征地移民部。

12.2.1.2　工程总承包商

杨房沟项目是由设计方与施工方组成设计施工总承包联合体，共同履行合同义务，施工方为联合体责任方。这种联合体使设计施工一体化有效融合优势凸显，双方的人力资源实现交叉融合，设计技术人员与施工人员工作搭接、融合，互通、互助，有利于发挥设计技术优势和施工管理优势，可以有效激发工程总承包商的积极性，确保实现工程建设目标。

（1）董事会。联合体设立董事会，其是联合体的最高权力机构和最高决策机构。董事会对联合体履行合同中的重大事项做出决策，对工程总承包商领导班子实施监督、考核、奖惩。

（2）监事会。联合体设立监事会，执行内部监督和检查职能，监事会为非常设机构。

（3）工程技术委员会。联合体设立工程技术委员会，由联合体双方具备丰富经验、有突出贡献和一定声望的专家组成，为联合体工程总承包项目部提供咨询服务。

（4）工程总承包项目部（以下简称"总承包部"）。总承包部是联合体现场决策和执行机构，在董事会的领导下全面履行合同责任。总承包部领导班子成员包括项目经理、常务副经理、设计副经理、施工副经理、安全总监、总工程师、总经济师、总会计师。

（5）管理层设置。

1）高级管理人员。根据专业管理需要，现场决策层下设若干专业负责人和专业副总工程师，包括施工总工程师、副总工程师。

2）职能管理部门。总承包部设置8个职能管理部门，包括工程管理部、设计管理部、安全环保部、经营管理部、机电物资部、质量管理部、财务部、综合管理部。

（6）二级生产部门（工区）。总承包部下设10个工区，包括大坝工区、地厂工区、基础处理工区、机电金结安装工区、混凝土拌和工区、辅助工区、试验室（试验工区）、安全监测项目部（安全监测工区）、设计代表处、机械工区。

12.2.2　工作生活环境

杨房沟项目员工工作生活环境（包括自然环境、社会人文环境和工作氛围）情况见表12.2-1，其中1分代表很不赞同，5分代表非常赞同。

从表12.2-1可以看出，杨房沟项目员工对工作环境很满意，尤其是对组织内部的工作环境。"和同事们的关系很融洽""和同事们都在朝着项目共同目标努力""项目部内部

表 12.2－1　　　　　　　　　　杨房沟项目员工工作生活环境情况

外 部 环 境	得分	排名
和同事们的关系很融洽	4.34	1
和同事们都在朝着项目共同目标努力	4.33	2
项目部内部责权机制分明	4.33	
项目部的住宿条件令人满意	4.27	4
同事积极配合工作并及时反馈	4.24	5
同事的业务能力很强	4.23	6
项目的办公条件令人满意	4.21	7
和其他合作伙伴负责人的业务沟通很顺畅	4.21	
和我对接的其他合作伙伴负责人的业务能力很强	4.14	9
工作之余可以找到娱乐场所	4.08	10
项目的餐饮条件令人满意	4.08	
对项目所在地的文化习俗没有不适应	4.08	
项目所在地的治安条件很好	4.08	
项目所在地的气温和湿度很舒适	3.97	14
均　　值	4.19	

责权机制分明""同事积极配合工作并及时反馈"以及"同事的业务能力很强"分别排在第 1、并列第 2、第 5 和第 6 位，表明组织内部的工作氛围良好，员工们既有明确一致的工作目标，又可以做到友好互助，营造出良好的工作环境。同时，还反映出 EPC 模式下设计、采购和施工的一体化程度高，各方之间相互影响、相互依存关系更加紧密，尤其是工程总承包商被赋予了更大的责权，其工作责任感更强，更能发挥主观能动性，这使项目人员协作融合的优势明显，例如，设计方不仅要负责设计，还要充分考虑设计方案的可施工性。另外，DBB 模式下承包商会依据不利地质条件、设计变更和各合同标段间相互干扰等因素来追求索赔，EPC 模式下相应索赔问题大为减少，项目利益相关方之间的矛盾随之减少，形成良好的工作氛围，有利于促进项目的顺利实施。"工作之余可以找到娱乐场所""项目的餐饮条件令人满意""对项目所在地的文化习俗没有不适应""项目所在地的治安条件很好"和"项目所在地的气温和湿度很舒适"虽然排名靠后，但得分也在3.90 分以上，表明大型水电项目尽管地理位置比较偏远、交通欠发达，但通过生活基地文化建设，依然可以一定程度解决员工业余活动不便的问题。

12.2.3　激励满意度

杨房沟项目员工对激励措施的满意度见表 12.2－2，其中 1 分代表很不赞同，5 分代表非常赞同。

从表 12.2－2 可以看出，项目员工对项目部的激励措施总体满意度评分均值为 3.85分，表明员工较为认可项目部在人力资源管理方面采用的激励措施，但在措施的设置和运用方面还有提升空间。"领导对我或者我的工作抱有很高的期望""领导充分尊重我的意见

表 12.2 - 2 　　　　　　　　　杨房沟项目员工对激励措施的满意度

激 励 措 施	得 分	排 名
领导对我或者我的工作抱有很高的期望	4.14	1
领导充分尊重我的意见和建议	4.07	2
通过这项工作可以培养或增长我的才能	4.06	3
目前从事的工作可以发挥我的才能	3.98	4
我可以参与决策讨论并反映个人意见	3.93	5
这项工作给我带来了很强的个人成就感	3.85	6
我很看重项目部的荣誉表彰	3.84	7
项目部的福利奖金分配制度非常合理	3.77	8
项目部的员工福利让人满意	3.74	9
项目部的绩效考核机制公平、明确、合理	3.73	10
项目部的调薪机制公平、明确、合理	3.70	11
项目部的职位晋升机制公平、明确、合理	3.69	12
基本工资水平合理，并在行业内具有竞争力	3.68	13
绩效奖金的数额令人满意	3.66	14
均　　　值	3.85	

和建议""我可以参与决策讨论并反映个人意见"分别排在第1、第2和第5位，表明项目管理人员对员工很信任，并尊重员工的意见和建议。"通过这项工作可以培养或增长我的才能""目前从事的工作可以发挥我的才能"排在第3和第4位，表明项目员工认为当前工作可以充分发挥个人特长，并在工作过程中可提升从事EPC项目管理的业务能力。

对以上14项激励措施进行因子分析，KMO和Bartlett检验结果显示，KMO值为0.911，这说明适合进行因子分析。激励措施因子分析旋转成分矩阵见表12.2 - 3。

表 12.2 - 3 　　　　　　　　　激励措施因子分析旋转成分矩阵

激励措施	成分 1	成分 2	激励措施	成分 1	成分 2
工资水平	0.472	0.665	能力发挥	0.670	0.442
员工福利	0.345	0.794	能力培养	0.775	0.378
绩效奖金	0.437	0.771	领导尊重	0.880	0.261
晋升制度	0.267	0.885	领导期望	0.869	0.237
绩效考核制度	0.316	0.882	参与决策	0.835	0.337
分配制度	0.329	0.862	成就感	0.808	0.388
调薪机制	0.321	0.864	荣誉表彰	0.791	0.340

从表12.2 - 3可以看出，激励措施可以分为两类：第一类是物质激励措施，包括工资水平、员工福利、绩效奖金、晋升制度、绩效考核制度、分配制度和调薪机制；第二类是精神激励措施，包括能力发挥、能力培养、领导尊重、领导期望、参与决策、成就感和荣誉表彰。每类激励措施再运用聚类分析进行细分，如图12.2 - 1和图12.2 - 2所示。

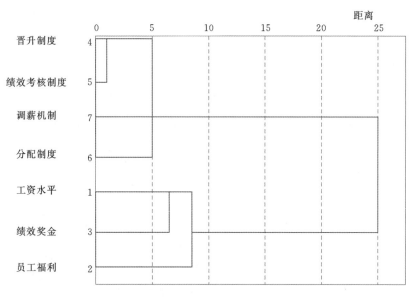

图 12.2-1　物质激励措施聚类分析图

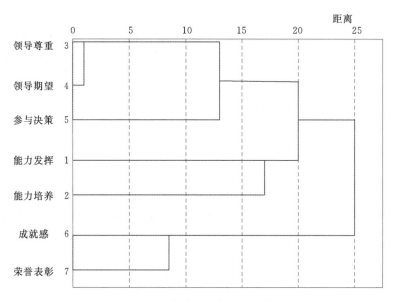

图 12.2-2　精神激励措施聚类分析图

　　根据聚类分析结果，将物质激励措施和精神激励措施分别进行分类，见表 12.2-4。

　　为探究不同年龄层、不同受教育程度和不同角色的项目员工对几类激励措施的反应，将项目员工按年龄划分为 4 组：20～29 岁、30～39 岁、40～49 岁、50 岁及以上。按受教育程度划分为 3 组：硕士、本科、大专。按角色划分为 4 组：业主、工程总承包商、监理方。反应结果见表 12.2-5～表 12.2-7。

表 12.2-4　　　　　　　　　　　　　激励措施分类表

一 级 指 标	二 级 指 标	三 级 指 标
物质激励	待遇激励	工资水平
		员工福利
		绩效奖金
	制度激励	晋升制度
		绩效考核制度
		调薪机制
		分配制度
精神激励	尊重激励	领导尊重
		领导期望
		参与决策
	能力激励	能力发挥
		能力培养
	荣誉激励	成就感
		荣誉表彰

表 12.2-5　　　　　　　　　　　　不同年龄层对激励措施的反应

年龄	待遇激励	制度激励	能力激励	尊重激励	荣誉激励
20～29 岁	3.87	3.78	4.06	4.11	3.79
30～39 岁	3.77	3.83	4.14	4.13	4.09
40～49 岁	3.33	3.46	3.84	3.87	3.72
50 岁及以上	3.46	3.47	3.61	3.70	3.33

　　从表 12.2-5 可以看出，激励效果与受激励对象年龄成反比，即随着员工年龄增长，激励的效果会打折扣。中青年员工对于激励措施的反应更强，这一年龄层（20～39 岁）的员工在高强度的激励措施作用下比较容易做出相应的业绩，可采取物质激励措施和精神激励措施相结合的方式。老员工（尤其是 50 岁及以上的员工）由于职业发展已趋于稳定，对精神激励措施和物质激励措施的反应相对较小。

表 12.2-6　　　　　　　　　　　不同受教育程度对激励措施的反应

受教育程度	待遇激励	制度激励	能力激励	尊重激励	荣誉激励
硕士	4.29	4.40	4.47	4.45	4.21
本科	3.54	3.60	3.95	4.00	3.80
大专	3.45	3.52	3.82	3.70	3.69

　　从表 12.2-6 可以看出，硕士学历的员工对于激励措施的反应最强。企业对于高学历人才较为重视，硕士学历的员工多处于重点岗位，激励措施与这些员工自身的职业发展追求较为匹配。

表 12.2 - 7　　　　　　　　　　不同角色对激励措施的反应

角色	待遇激励	制度激励	能力激励	尊重激励	荣誉激励
业主	4.09	4.02	4.14	4.19	3.98
工程总承包商	3.51	3.50	3.96	3.88	3.79
监理方	3.15	3.40	3.85	3.95	3.68

从表 12.2 - 7 可以看出，业主对激励措施的反应最强，其次为工程总承包商。监理方对激励措施的反应最低，很大程度归因于监理的业务在我国工程建设产业链中的份额很低，发展空间受到较大局限。对此，未来监理可以向咨询工程师的角色转变，在 EPC 项目管理中承担更多的职责。

12.2.4　工作投入

杨房沟项目员工工作态度和对工作的投入情况见表 12.2 - 8，其中 1 分代表很不赞同，5 分代表非常赞同。

表 12.2 - 8　　　　　　杨房沟项目员工工作态度和对工作的投入情况

工　作　状　态	得分	排名
可以正确应对工作带来的压力	4.29	1
工作进展不顺利时坚持不懈，直到问题得以解决	4.24	2
工作的时候总是很专注	4.22	3
认为所从事的工作十分有意义	4.21	4
工作的时候总是精力充沛	4.18	5
认为所从事的工作有一定的挑战性	4.17	6
可以一次持续工作很长时间	4.11	7
感到疲惫或倦怠的时候可以很快恢复	4.10	8
愿意承担更多工作	4.09	9
均　　　值	4.18	

从表 12.2 - 8 可以看出，项目员工总体的工作状态评分均值为 4.18 分，表明员工在日常的工作中保持了较高的专注度和精力，以保证个人的工作绩效。"可以正确应对工作带来的压力"和"工作进展不顺时坚持不懈，直到问题得以解决"得分分别为 4.29 分和 4.24 分，排在前两位，表明员工面对项目紧张的工作安排和繁重任务，能够有效处理工作压力，完成计划指标。"可以一次持续工作很长时间""感到疲惫或倦怠的时候可以很快恢复"以及"愿意承担更多工作"得分靠后，表明合理安排员工的工作和休息以保持员工的工作精力和健康值得重视。

12.2.5　人员能力

杨房沟项目员工能力需求情况见表 12.2 - 9，其中 1 分代表不需要，5 分代表很需要。

表 12.2 - 9　　　　　　　　　　杨房沟项目员工能力需求情况

能 力 需 求	得分	排名
执行力（如落实项目部指示、规章制度等）	4.62	1
具备实施水电工程项目相关专业能力	4.54	2
自我约束能力	4.54	
与项目参与人员沟通交流、团结协作能力	4.54	
适应和应变能力	4.51	5
团队建设能力	4.51	
熟悉 EPC 项目技术和管理特点	4.50	7
学习和分析能力	4.45	8
统筹整合资源能力	4.45	
创新能力	4.34	10
均　　值	4.50	

　　从表 12.2 - 9 可以看出，以上 10 种能力的需求评价分值都在 4 分以上，表明这些能力是大型水电 EPC 项目人员需要具备的基本能力。"执行力"排在第 1 位，反映出在 EPC 项目实施过程中执行力的重要性，良好的执行力能够保证各项工作落到实处。"具备实施水电工程项目相关专业能力"排在第 2 位，表明大型水电 EPC 项目人员具备相关专业能力非常重要，应选择知识和技能与工作要求相匹配的员工，并在工作过程中注重专业技能培训。"自我约束能力"排在并列第 2 位，体现了项目实施过程中自律管理的重要性，例如，施工过程中的自律可以保障项目的质量，并有效降低监管成本。"与项目参与人员沟通交流、团结协作能力"也排在并列第 2 位，体现了 EPC 项目参建各方建立伙伴关系以促进项目人员的交流与协作的重要性，这方面能力对于实现设计采购施工一体化管理非常有必要。

　　杨房沟项目员工能力表现情况见表 12.2 - 10，其中 1 分代表很不符合，5 分代表很符合。

表 12.2 - 10　　　　　　　　　杨房沟项目员工能力表现情况

能 力 表 现	得分	排名
执行力强（如落实项目部指示、规章制度等）	4.31	1
自我约束能力强	4.31	
适应和应变能力强	4.26	3
与项目参与人员沟通交流、团结协作能力强	4.10	4
实施水电工程项目相关专业能力强	4.07	5
学习和分析能力强	4.07	
团队建设能力强	4.01	7
统筹整合资源的能力强	3.94	8
熟悉 EPC 项目技术和管理特点	3.89	9
创新能力强	3.89	
均　　值	4.09	

从表 12.2－10 可以看出，项目员工的能力表现评分均值为 4.09 分，表明项目员工对自身能力表现较为认可，能够较好地履行岗位职责。"执行力强"和"自我约束能力强"得分均为 4.31 分，并列排在第 1 位，表明项目员工的执行力和自律性很强，各项规章制度能得到有效落实。"熟悉 EPC 项目技术和管理特点"得分为 3.89 分，排在末位，表明项目员工对大型水电 EPC 项目建设管理还缺乏相关经验，归因于项目员工所在项目是国内首个采用 EPC 模式建设管理的大型水电项目，没有先例可循。"创新能力强"得分为 3.89 分，并列排在末位，表明项目员工在创新方面还有提升空间，这与项目实施强调遵循既有流程和标准、缺乏创新文化和条件有关；EPC 模式下，项目员工无论在技术还是管理方面都需具备较好的创新意识和能力，参建各方应重视分享 EPC 项目相关知识、营造创新氛围和提供创新所需软硬件条件，以处理好诸如不利地质条件、设计优化、设计方案可施工性、设计采购施工一体化管理等事项。

12.2.6　工作绩效

杨房沟项目员工工作绩效见表 12.2－11，其中 1 分代表很不赞同，5 分代表非常赞同。

表 12.2－11　　　　　　　　　　杨房沟项目员工工作绩效

工　作　绩　效	得分	排名
工作严格遵守项目部的规范制度	4.42	1
完成的工作总是保质保量	4.33	2
总是在规定的时间内完成工作	4.28	3
总是能高效地完成工作	4.20	4
工作总是可以得到领导或者同事的肯定	4.10	5
均　　值	4.27	

从表 12.2－11 可以看出，项目员工的工作绩效评分均值为 4.27 分，表明项目整体绩效表现较好。"工作严格遵守项目部的规范制度"得分为 4.42 分，排在第 1 位，这与项目参与各方执行力强的能力评价结果相一致，见表 12.2－10。"完成的工作总是保质保量"得分为 4.33 分，排在第 2 位，表明项目员工能够在保障工作质量的前提下，满足进度要求。在杨房沟项目中，业主、监理方和总承包商高度重视工程质量，制定了一系列的规章制度，并严格实行奖罚措施，有效保证了工程质量；同时，项目工程款支付与项目形象节点相挂钩，确保了项目实施进度。

为了解不同要素对工作绩效的影响程度，分析了各要素之间的关系，结果如图 12.2－3 所示。

从图 12.2－3 可以看出：

（1）能力要素与工作绩效相关性显著，表明了员工的能力对于项目工作绩效的重要作用。为此，应配备技术和管理能力与工作要求相匹配的人员，并加强对员工知识和技能的培训；重视培养员工的自律管理能力，以确保各项规章制度得到有效执行；注重培育员工的创新能力，以解决 EPC 项目设计采购施工一体化管理过程中的重难点问题。

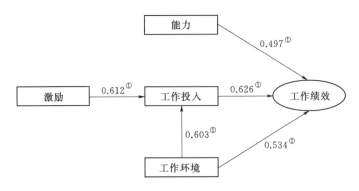

注：①表示相关显著性在 0.01 级别。

图 12.2-3　工作绩效影响机理

（2）激励措施直接影响员工对工作的投入程度，进而影响工作绩效。完善的激励机制能够调动项目员工的工作积极性，完成项目各项任务。参建各方需针对不同岗位、年龄和学历的员工，合理制定物质激励措施和精神激励措施，促进员工提升项目工作绩效。

（3）工作环境对员工的工作投入和工作绩效有显著作用。项目所处的自然环境（气候、海拔等）、社会环境（饮食、文化习俗等）、工作氛围（如同事关系、与其他参与方的关系等），直接影响员工的工作状态，并对工作绩效产生影响。参建各方需基于共赢理念营造良好的工作氛围，积极促进项目参与各方沟通交流和团结协作，并加强生活基地文化建设和后勤保障，提高员工业余生活质量，保证员工保持良好的身体和精神状态。

12.3　大型 EPC 项目人力资源管理体系构建

12.3.1　EPC 项目人力资源管理体系

EPC 项目人力资源管理体系构建应包括规划人力资源管理、组建 EPC 项目团队、建设 EPC 项目团队、管理 EPC 项目团队 4 个过程，如图 12.3-1 所示。

12.3.2　规划人力资源管理

由于 EPC 项目人力资源的流动性和协作性很强，项目各阶段对人力资源管理的要求较为复杂，难度也更大，因此需依据合同要求和项目实际，对人力资源管理工作进行合理规划。规划的主要内容包括编制项目组织架构、定义岗位职责、明确所需技能、编制人员配备管理计划等。例如，任职说明书是最为常见的规划文书之一。任职说明书主要用来说明不同岗位人员应当具备的各种条件，如学历、工作经验、资质等硬性要求，身体健康等生理要求，以及性格脾气、沟通交流能力、学习能力、兴趣爱好等心理要求。任职说明书可以明确每名项目成员的职责和分工，并能使项目成员更好地理解工作，提高工作效率。

人力资源管理规划中可运用胜任能力模型明确岗位所需的能力要求。由于 EPC 项目不同岗位的职责要求和能力需求各不相同，需对不同的岗位建立相应的胜任能力模型。以质量管理岗位为例，其胜任能力模型如图 12.3-2 所示。

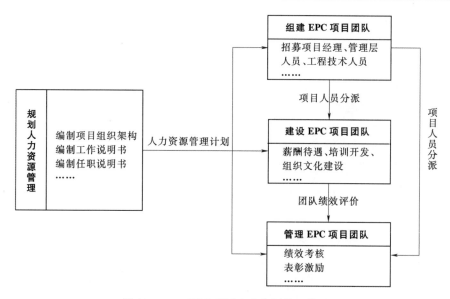

图 12.3-1　EPC 项目人力资源管理体系

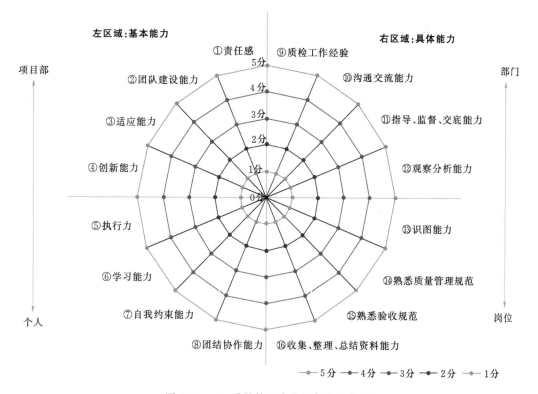

图 12.3-2　质量管理岗位胜任能力模型

（1）该模型划分为两大区域、4 个维度。两大区域是指左右两个区域，其中左区域主要是胜任项目所应具备的基本能力，右区域主要是胜任项目所应具备的具体能力。4 个维度，即项目部层面、部门层面、岗位层面和个人层面。其中，①、②、③、④项的能力是项目部层面要求具备的基本能力，⑤、⑥、⑦、⑧项的能力是个人自身需具备的基本能力，⑨、⑩、⑪、⑫项的能力是质量管理部这个部门要求具备的具体能力，⑬、⑭、⑮、⑯项的能力是质量管理部的具体岗位要求具备的具体能力。

（2）"雷达网"最外层代表能力值为 5 分，是最高的，向内依次为 4 分、3 分、2 分、1 分，表示能力值越来越低。

（3）胜任能力模型对项目人员的能力评估追求量化，最大化地实现精细化，因此，即使在同一个项目部中，不同部门、不同岗位的胜任能力模型是有所差异的，必须针对不同的工作岗位性质精细化设计模型。

（4）胜任能力模型中所列的每一项能力都应包含在绩效考核内容中，只有这样才能使模型更加充分地发挥作用，并持续进行升级完善。

12.3.3　组建 EPC 项目团队

在组建项目团队时，必须充分考虑 EPC 项目人力资源的流动性和双重性特点，以项目人力资源管理规划为依据，严格按照程序，招募项目所需人员。在组建项目团队时，应做到统筹安排，合理配置，资源共享，避免人力资源过度集中或严重不足。

1. 项目经理

针对大型水电 EPC 项目特点，对项目经理的选用更为严格，需综合衡量各方面的条件，如任职经历、水电项目建设经验、相关资质（如一级建造师等）以及组织领导和统筹协调等方面的能力。

2. 项目管理层人员

项目管理层人员直接负责 EPC 项目各项工作的管理，构成整个项目团队的中枢系统。对于大型水电 EPC 项目而言，设计、采购、施工、机电设备安装等部门负责人，均需具备水电项目建设管理经验和较高的工程技术水平。

3. 工程技术人员

工程技术人员，如试验检测人员、安全监测人员、质量工程师等，应持有国家或行业认证的职业资格证书，并具备相应的工程建设经验。

4. 一线施工人员

一线施工人员的基本要求包括：身体健康，无不良记录（如违规操作等），具备一定的施工技能和资质等。

12.3.4　建设 EPC 项目团队

1. 建立健全待遇保障制度

应结合行业特点和项目实际，建立健全待遇保障制度。员工的薪酬除了基本工资外，还应包括差旅费、通信费等，此外，要根据项目所在地区的艰苦程度以及社会发展等情况，合理确定津贴补贴的发放标准。

2. 人力资源培训

在 EPC 项目中，培训对象应当覆盖项目所有人员，培训内容应满足项目需要且符合员工需求。应及时制定培训计划，并根据项目进程需要，合理调整培训计划。在项目筹划阶段，项目管理层人员和高级技术人员可参加先进管理理念和技术培训；在项目建设初期，组织新员工集中培训，以使全体员工尽快融入团队；在项目建设期间，开展技术类培训以提高设计、施工等人员的业务技能，并辅以技能竞赛、学习观摩、岗位练兵等活动。此外，还应在项目各阶段开展安全培训，以确保工程建设安全。

3. 文化建设

大型水电 EPC 项目大都需要员工在较为单调的环境中长期工作，应尽可能满足员工精神文化层面的需求。一是经常组织各类文体活动，如羽毛球等球类比赛、书法绘画展、文艺晚会等。二是开展丰富多样的学习活动，如设立报刊图书室、开办微信公众号等。三是开展慰问帮扶工作，应利用传统节假日等时机，对工程建设现场人员进行慰问，并对家庭有困难的员工进行帮扶。四是保障员工的探亲休假权益。五是组织年度定期体检，确保员工身体健康。

12.3.5　管理 EPC 项目团队

1. 绩效考核

绩效考核是保证 EPC 项目人力资源质量、形成良性循环的有效手段，需贯穿于项目团队管理的全过程，例如，可按胜任能力模型各项指标进行考核。通过考核可以辨别员工能力差别，为员工的表彰激励、提拔晋升提供依据。此外，针对所有的考核结果，需形成工作绩效报告。工作绩效报告应提供项目当前状态（进度、成本、质量控制和范围确认等）与预期状态的比较，以便于下一步人力资源管理活动的实施，如预测人力资源需求、表彰激励、调整人员配置等。

2. 表彰激励

合理的表彰激励机制可以激发项目人员的工作干劲和士气。针对 EPC 项目人力资源流动性和双重性特点，项目部应制定实用可行的表彰激励制度。在物质奖励上，应结合绩效考核情况，通过发放奖金、提高薪酬等方式，大力奖励表现优异的员工。在精神奖励上，对于工作业绩十分突出的人员，不仅要在项目上提拔使用，还要纳入公司总部的优秀后备人才予以重用。同时，还可利用一些重要会议等时机，表彰对项目建设作出突出贡献的单位和个人，以激发团队执行力，构建积极向上的团队文化。

12.4　小结

12.4.1　主要结论

（1）相对于 DBB 项目，EPC 项目参建各方在管理理念和方式等方面都有差异，EPC 项目涉及的工程技术复杂，不确定性增大，加大了项目参建各方在对接、沟通、协作和管理等方面的难度，对人员的专业水平要求更加严格，这也对人力资源管理提出了更高要求。

（2）大型水电 EPC 项目涉及的工程技术复杂，管理要求高，项目人员需具备的能力有：EPC 项目技术和管理能力、水电工程专业能力、统筹能力、团队建设能力、沟通交流和团结协作能力、适应和应变能力、学习和分析能力、创新能力、执行力和自我约束能力。

（3）人力资源管理能力与工作绩效相关性显著，表明了员工的能力对于项目工作绩效的重要作用。为此，应配备技术和管理能力与工作要求相匹配的员工，加强对员工知识和技能的培训，重视培养员工的自律管理能力以确保各项规章制度得到有效执行，并培养员工的创新能力以解决 EPC 项目设计采购施工一体化管理过程中的重难点问题。

（4）激励措施可以分为两类：第一类是物质激励措施，包括工资水平、员工福利、绩效奖金、晋升制度、绩效考核制度、分配制度和调薪机制；第二类是精神激励措施，包括能力发挥、能力培养、领导尊重、领导期望、参与决策、成就感和荣誉表彰。

（5）激励措施直接影响员工对工作的投入程度，进而影响工作绩效。完善的激励机制能够调动项目员工的工作积极性，完成项目各项任务。需针对不同岗位、年龄和学历的员工，合理制定物质激励措施和精神激励措施，促进员工提升项目工作绩效。

（6）工作环境对员工的工作投入和工作绩效有显著作用。项目所处的自然环境（气候、海拔等）、社会环境（饮食、文化习俗等）、工作氛围（如同事关系、与其他参与方的关系等），直接影响员工的工作状态，并对工作绩效产生影响。需基于共赢理念营造良好的工作氛围，积极促进项目参与各方沟通交流和团结协作，并加强生活基地文化建设和后勤保障，提高员工业余生活质量，保证员工保持良好的身体和精神状态。

（7）针对国内大型水电 EPC 项目实际，应从规划人力资源管理、组建 EPC 项目团队、建设 EPC 项目团队、管理 EPC 项目团队 4 个方面研究构建人力资源管理体系。基于人员胜任能力评价结果，为人力资源的规划分析、人员招聘、绩效考核、培训开发、认可激励提供依据。

12.4.2　人力资源管理建议

（1）大型水电 EPC 项目人员需重点培养以下方面的能力：EPC 项目管理能力、水电工程专业能力、应变能力、学习与创新能力、执行力和自我约束能力等。

（2）在组建项目团队时，应充分考虑 EPC 项目人力资源的流动性和双重性特点，对人力资源管理工作进行合理规划，做到统筹安排，合理配置。

（3）制定培训计划，并根据项目进程需要，有效落实人力资源培训。

（4）应结合行业特点和项目实际，建立健全待遇保障制度。

（5）制定切实可行的绩效考核和激励制度，以保障项目实施过程中人员的执行力，形成积极向上的项目团队文化。

第 13 章

大型水电 EPC 项目
管理创新与展望

13.1　采用 EPC 模式的动力、条件及优势

1. 采用 EPC 模式的动力

从全球范围看，国际水电市场中 EPC 模式已占有较大份额，而我国水电行业在大型项目建设管理中采用 EPC 模式尚无先例。国有企业改革背景下，电网企业实施主辅分离，水电设计、咨询和施工企业一体化重组，电价由政府定价逐渐转变为市场竞价。此外，当前国内电力需求增长放缓，水电工程建设成本逐渐增高，采用 EPC 模式，可降低设计变更、施工协调以及地质条件变化等因素对项目总成本的影响，可有效控制水电工程建设成本。

2. 采用 EPC 模式的条件

国家法律法规和工程总承包合同范本的发展对 EPC 模式的推广应用有较大程度的支持，为 EPC 模式的实践和创新奠定了良好的基础。业主具备较强的资源配置能力、项目运作能力、技术管控能力和项目管理经验，承包商具备较强的大型水电项目设计、施工技术水平和管理能力；监理方在设计和施工监理方面具备较强的业务能力。各方经过长期实践，已具备综合管控 EPC 项目的实力，例如，雅砻江流域水电开发有限公司经过二滩、锦屏、官地和桐子林等水电工程的建设管理积累了较为丰富的项目管理经验，培养出了一批优秀的建设管理人才，为 EPC 模式的实践创新奠定了坚实基础。

3. 采用 EPC 模式的优势

（1）投资控制。EPC 模式下，项目总投资的可控程度相比 DBB 模式显著提高。一般情况下，EPC 项目采用总价合同，包含一定的风险预备金，有助于在总价范围内有效做好工程投资的控制。

（2）风险管理。EPC 模式下，一般采用总价合同形式，合同中关于不利地质条件、设计变更和施工干扰等方面的风险一般由工程总承包商承担，部分风险通过购买保险进行转移，业主风险相对较小。

（3）进度管理。EPC 模式下，工程价款支付与进度管理相结合，根据形象节点进行支付的方式能够激励工程总承包商主动控制项目进度，业主和监理方在做好进度管理的同时，可将更多精力放在工程安全和质量的管理上，从而进一步推动工程建设顺利进行。

（4）协调管理。EPC 模式下，由工程总承包商全面管理设计、采购和施工等各项工作，业主和监理方按照工程总承包合同约定，主要与工程总承包商开展日常管理、协调工作，管理链条相较于 DBB 模式变得单一，项目实施过程中信息交流、资源配置等方面管理接口进一步简化。

（5）争端与索赔。EPC 模式下，项目变更、索赔事项显著减少，主要涉及法规变化、标准更改、业主新增功能及要求等变更及索赔事项。

（6）设计采购施工一体化。EPC 模式下，工程总承包商在规划设计方案时，通常把技术可行性、经济合理性及施工便利性等统筹考虑，对于设计方案的重点、难点及可能出现的问题尽量做到提前预判和事前控制，尽量减少和避免实施过程中出现反复或返工，从而促进工程建设的效率；同时，EPC 模式有助于高效传递设计、施工与采购相关信息，以及时制定采购计划，选择供货商，保障设备的设计、制造与安装。

（7）业务流程管理。EPC 模式下，业务流程管理接口少，责任更清晰明确，合同商务处理相对简单，并可充分利用设计施工一体化的优势，提高协同工作效率，有助于解决工作流程交叉管理接口多等问题。

13.2　杨房沟项目建设管理创新

作为国内首个采用 EPC 模式建设管理的百万千瓦级水电工程，杨房沟项目对于我国水电行业建设管理模式的创新与实践具有重大理论和实践意义。在实践过程中，杨房沟项目体现了参建各方"合作共赢、利益对等、诚信履约"的管理理念，达到了"设计施工深度融合、项目资源优化配置、建设信息高度共享、质量进度投资可控"的效果。

1. 设计施工联合体

工程总承包商中国电建集团华东勘测设计研究院有限公司和中国水利水电第七工程局有限公司在投标前签订了联合体协议，就项目利益共享和风险共担进行了约定，实施过程中设计与施工深度融合，提升了项目实施绩效；EPC 模式下，项目由工程总承包商总体负责，整合资源，充分发挥规模效应，较好地解决了临建设施无序建设、施工设备重复配置、标段之间施工相互干扰等问题；业主与工程总承包商和监理方进行协调，项目实施过程中信息交流、资源配置等方面管理接口简化，协调工作任务大为减少。

2. 设计监理

增设了设计监理岗位，并对监理工作方式进行了创新。设计监理依照业主要求定期对工地现场进行工程技术安全巡视，设计图纸的审查与施工现场结合更紧密；设计监理运用信息技术进行监管审批，利用文件报审系统、BIM 系统、智能温控、智能灌浆、视频监控和检测等技术手段，提升了管理效率，取得了较好的设计监管效果。

3. 采购管理

关键的机电设备采用联合采购方式，其他机电设备由工程总承包商自购，发挥了业主流域统筹和采购经验丰富的优势，降低了机电设备采购费用，保障了设备质量，提高了工作效率。

物资方面，水泥、钢筋、粉煤灰采用联合采购方式，签订三方合同，其余物资由工程总承包商自购；工程总承包商负责管理采购供应链，业主、监理方进行监管，采购过程总体可控。

4. 招标文件

业主立足行业及项目特点，结合自身管理经验，在《中华人民共和国标准设计施工总承包招标文件》（2012 年版）的基础上，尊重其立约精神，综合考虑 FIDIC 合同范本和国内总承包合同的特点，在杨房沟项目中，合理地进行合同条款设置，形成了一套适合大型水电项目的设计施工总承包合同范本、一套成熟的招标控制价编制方法、一套规范的招标采购流程和一套较完整的工程总承包项目管理流程，具有较强的可复制性，可为后续开发项目采用 EPC 模式提供借鉴。

5. 合同管理

在合同中明确采用里程碑支付的方式，结合进度划分形象节点，制定相应支付计划，区别于 DBB 模式下按工程量支付，提高了成本管理效率；变更、索赔事项的发生频率和处理难度降低，参建各方的工作重心更倾向于质量和安全管理；物价波动风险采用调价公式进行调节，法律法规及标准变化导致的变更风险由业主承担。

6. 风险管理

建立了风险管理体系，不断更新风险管理手册，匹配相应措施应对风险；明确了风险费使用范围，如设计变更、自然灾害预防、自然灾害所造成的损失中工程保险未能补偿部分；购买工程保险以有效应对并转移风险，主要涉及实体工程、相关临建设施、设备以及全部参建人员；运用信息化、数字化和智能化管理手段，增强对口部门信息交流的及时性、真实性和建设环节的自动控制，以提升风险监控和应对效率。

7. 安全管理

参建各方按照"宁停工、不冒险"原则，落实创新提效、标准化创效；以 EPC 模式安全管理课题研究、标准化建设、班组建设为抓手，强化 EPC 模式全员安全管理，设计人员深度参与到现场安全管理中，安全风险预控能力得到有效提升。建立了危险性较大的分部分项工程等高风险作业活动的规范化、常态化、标准化监管体系，创建了国内水电工程首个"地下洞室群施工智能安全监控系统"和首个"安全培训体验厅""安全生产风险管理体系""安全风险在线监控系统"，利用"耆安系统"开展安全在线隐患排查管控等。科技兴安促安项目的建设和应用，丰富了安全管理手段，推进了用科技手段保障目标受控。

8. 环境保护管理

在建立健全管理机构的基础上，制定了环保水保框架性管理制度，完善了环保水保管理制度体系；通过建设鱼类增殖放流站和绿化开挖坡面等措施推动水陆生态的保护工作；按照各部位完工即绿化原则，实现了工程建设与环保要求相匹配的总体要求；设计施工一体化，促进环保"三同时"制度落实；通过设计优化减少水土保持扰动面积，提升环境保护效果；环保过程透明公开，现场督察常态化，确保环保工作合规。

9. 质量管理

参建各方不断探索并统一工程质量管理的思路、方法。发布了质量、安全标准化建设手册、执行卡等；建成质量展厅，全面做好对标管理与培训。工程总承包商制定了详细的自律管理细则，业主和监理方对重点工序、重点管理岗位进行检查。利用信息技术加强质量管理，建立了质量管理系统，通过移动终端 APP 及时处理质量相关问题和隐患，提升了工作效率。充分利用外部资源，邀请第三方专业机构协助开展质量过程控制、监督巡查和咨询评估等工作，有效提升了项目的质量管理水平。EPC 模式下工程总承包商主动控制施工质量，既能有效控制项目施工成本，又能较好控制质量效果。

10. 进度管理

通过设计采购施工一体化管理和信息技术的运用，提升了项目整体实施效率，保障了项目进度。设置了多项直接与进度挂钩的激励措施，包括形象节点支付、合同激励等，有效促进了工程总承包商重视进度管理、落实进度目标。对于不良地质条件等问题，参建各方及时进行研究，共同提出解决方案。高度重视安全与环保管理，以避免相关问题对项目进度的影响。

11. 投资管理

在杨房沟项目中，地质条件变化、设计变更、施工干扰等引起的投资增加情况相对减少，工程项目实施过程中的工程投资更为可控。将成本控制与进度管理相结合，有效地激励工程总承包商按时完成形象节点目标，有利于投资过程管理和融资成本控制。基于BIM 系统的全过程成本管理，实行招标工程量、投标工程量、施工图工程量、设计变更工程量、各分部完工工程量的及时统计对比，实现了项目实施全过程中投资相关工作的信息化和数据化管理，有效提高了项目投资管理的时效性、准确性和可靠性。

12. 智能建造

通过推行数字化、网络化、智能化关键技术研究与创新应用，立足实现全生命周期工程安全、质量、进度、施工、合同、投资、安全监测、地质、设计资料、组织协调等的可视化、智能化管理，打造业主、监理方、工程总承包商集约化管理；通过互联互通，实现加工、生产、监控等主要建设环节的智能化管理；充分打造在线设计管理、质量手持移动端及手机 APP 管理等有效管理措施；利用高清视频监控，全面实现智能灌浆、智能温控、智能工厂。

13.3　展望

13.3.1　大型水电 EPC 项目建设管理需重点关注的因素

1. 法律制度环境

我国颁布的《中华人民共和国建筑法》《中华人民共和国招标投标法》《中华人民共和国合同法》和《中华人民共和国安全生产法》等法律法规以及一些指导性文件如《中华人民共和国标准设计施工总承包招标文件》（2012 年版）等推动了我国工程总承包管理的发展进程，为 EPC 模式在我国水电行业的应用和推广提供了一定政策性支持。然而，现有法律法规和合同范本还不能完全满足 EPC 模式实践的需求，如业主、工程总承包商和监理方的职责、权利、风险还不够明确，设计监理的工作范围和深度、EPC 项目风险费用的设置等，仍需进一步探索 EPC 模式与相关法律法规的衔接，与工程总承包匹配的安全、质量、分包管理责任仍需进一步通过法律法规明确，同时，应针对 EPC 模式，加快水电工程总承包相关规程、规范和标准的修编进程，以强化 EPC 项目参建各方的责任。

2. 招投标管理

DBB 模式下，一般情况下在业主有了详细设计方案后进行施工招标，项目不确定性相对较低；EPC 模式下，在项目招标时不确定性相对较高，风险费率确定难度较大。此外，参建各方责、权、利的划分还需进一步明确，这些因素对招投标管理提出了更高的要求。

3. 地质风险

地质风险是EPC项目中最难以控制的因素之一，涉及投标报价（工程量和风险预备费等）、设计方案、施工与运营安全管理。不利地质条件的处置费用包含在工程总承包商报价中，报价一旦在合同中达成一致，就转化为业主的投资成本。如果不利地质条件所造成的处置成本超出预期，则工程总承包商要承担额外风险。此外，不利地质条件所导致的安全隐患需参建各方高度重视。

4. 监管力度

由于行业内仍存在项目履约自律问题，业主和监理方有时会加大监管力度，例如，通过加强对设计审批和采购检测数据的监控，以使工程质量和安全更加受控。需要关注如何充分发挥工程总承包商主观能动性，建立各方互信机制，提高设计和采购过程的审批效率，并减少业主和监理方的监管资源投入。

5. 设计管理

设计监理：设计监理是EPC项目相对DBB项目新增的工作内容。设计监理的资源投入、设计审核深度、工程总承包商设计方所提供资料的详细程度和设计审核流程都与设计监理工作密切相关，需在实践中重点关注设计监理的工作职责和范围以及取费标准。

设计审批：EPC项目设计图纸需要工程总承包商内部会签之后提交设计监理审批，必要时还需提交业主或邀请外部专家审核，需建立并严格实施合理的设计管理流程，明确图纸审查范围和深度，以提高设计图纸审批质量和效率。

设计优化：EPC模式下设计优化的效益归属于工程总承包商，但业主和监理方有时会担心工程总承包商过度优化导致安全裕度偏低，给项目运营带来不利影响。业主和监理方如何进行设计优化管控值得关注。

6. 供应链一体化高效管理

在EPC模式下，采购业务环节多，应注意有效管理采购与设计、施工的协调，降低因图纸延误、设备延误而影响施工进度的可能。当前机电设备供应链一体化管理效率的主要制约因素在于供应商的资金周转压力、设备制造（供应）商制造能力和所接订单情况等，应关注如何与关键供应商建立伙伴关系，以实现供应链一体化高效管理。

7. 安全管理

水电工程往往处于施工条件差、环境恶劣的区域，这给工程建设带来一系列的安全隐患，参建各方均需高度重视安全管理。业主提出安全管理要求、提供安全管理资源和条件，并进行监督。由于监理方要承担设计审查的任务，监理方的监管范围从施工向设计扩展。工程总承包商在EPC项目中则需全面注重安全管理的组织、实施和监控，确保安全责任的落实。

8. 环境保护管理

我国在法律层面对水电工程项目建设的环境保护与管理提出了严格的要求。参建各方需高度关注政策法规的变化，系统地研究法律法规及政策对环保水保所提出的要求，同时加强与政府相关环保部门的沟通与协调，及时调整工作思路与方法，以确保环保管理的合规性。EPC 模式下设计施工高度融合，工程总承包商在开展各项环保设施和方案设计时，需充分考虑其施工的可操作性和与主体工程的协调性，以促进环保"三同时"制度的落实。

9. 风险管理

EPC 项目需重点关注的风险如下：

（1）项目外部环境风险：电力市场风险、获取政府批文困难、现行法律法规与 EPC 模式实施仍不配套。

（2）自然条件风险：地质地形条件不利、当地自然灾害影响、水文气象条件恶劣、现场施工条件恶劣。

（3）项目质量安全环保风险：工程质量不达标、施工事故、环保问题。

（4）采购风险：材料设备质量问题、供应商供货能力不足、材料设备价格上涨。

（5）合同管理风险：合同变更影响等。

10. 业务流程与信息化管理

EPC 项目设计、采购、施工、安全和环保等众多业务流程需要高效的信息技术支撑，以帮助参建各方进行数据处理、信息共享和文档管理。需建立规范的设计、采购、施工业务流程，匹配以 BIM 系统等信息技术平台，进行信息标准化管理，使信息在各组织、专业、部门之间顺畅传递，以提升项目实施效率。

11. 人力资源管理

EPC 项目特别是大型水电项目，工程规模大、技术复杂，涉及诸多利益相关方，对项目管理人员在对接、沟通、协作和管理等方面的综合素质提出了更高要求。大型水电 EPC 项目人员需重点培养的能力有：EPC 项目管理能力、水电工程专业能力、应变能力、学习与创新能力、执行力和自我约束能力等。

12. 参建各方基于信任的伙伴关系

项目参建各方是不完全利益共同体，虽然总体项目目标一致，但具体目标的优先次序不尽相同，例如，业主更重视项目全生命周期整体目标，而工程总承包商更关注项目实施阶段进度、成本和质量等目标。工程总承包商自律性越强，参建各方互信程度就越高，业主和监理方就能降低监管投入、缩短管理链条，从而减少管理成本、提高项目实施效率。为此，一方面需建立激励机制，合理分配各方利益和风险，使参建各方目标更具一致性；另一方面需建立互信机制，建立基于信任的项目参与方伙伴关系，从而提升项目绩效。

13.3.2　大型水电 EPC 项目建设管理建议

1. 设计管理

大型水电 EPC 项目设计管理需做好以下工作：设计输入（设计基础资料、设计范围、设计标准）、设计过程、设计输出评审、设计优化、设计采购施工一体化管理以及信息技术支持。设计管理重点内容包括以下几个方面：

（1）设计审批。EPC 项目合同中明确设计的标准和要求，工程总承包商按此建立设计质量保证体系，作为设计管理的依据；设置设计审批流程，对设计方案进行质量审核、造价核算和进度分析，合理把握审批深度和范围，确保设计方案符合要求；重点审核设计优化方案的安全性及其与整体方案的协调性；引入外部咨询专家，审核关键技术方案，为项目设计管理提供技术支持。

（2）设计采购施工一体化管理。设计方及时准确提供技术要求，满足采购计划制定、供货商选择和设备制造、交付、安装与调试；设计方案需考虑资源可获得性和现场施工需求，具有可施工性，并需结合现场实际对设计方案进行优化；设计过程中及时集成安全环保移民信息，设计方案需满足 HSE 要求。

（3）基于信息技术的设计管理。运用 BIM 等信息化技术，将项目相关信息集成到设计过程中，有效实施设计与采购、施工的一体化管理。参建各方基于协同工作信息平台，优化设计审批流程，提高设计管理效率。

2. 技术创新

为实现总承包科学化、现代化管理，应进一步加快推动技术创新。

（1）BIM 技术拓展应用：①在项目实施前，利用三维设计技术建立全专业设计模型，解决"错、漏、碰、缺"问题和各专业不协调问题；②通过施工布置三维模拟，明确各阶段各部位、场地设备、人员配置，实现人、财、物优化配置和高效调度；③建立三维施工仿真，模拟施工方案，细化施工计划并拟定物资采购及进场计划、供图计划；④强化工程实际场景模拟和设计、施工、实施实效匹配，实现工程与环境协调。

（2）设计计算分析理念转变。EPC 模式下，设计、施工一体化程度较高，可实现监测法、试验法、理论分析法、数值方法的统一，推动工程总承包商转变传统设计理念，提升设计技术水平。

（3）数字化、网络化、智能化项目管理升级。大型水电工程采用 EPC 模式为工程全生命周期、全项目范围、全建设过程、全天候安全质量进度投资监控信息集成创造了先天优势，可充分利用"大数据""云计算""人工智能"等先进技术开展数字化、网络化、智能化项目管理。

3. 采购管理

EPC 项目采购工作应做好采购利益相关方管理、采购计划管理、供应商管理、采购合同管理、机电设备和物资质量管理、物流管理、仓储管理、机电设备交付管理、运营及售后服务和采购绩效评价等方面的工作。采购管理重点内容包括以下几个方面：

（1）综合考虑项目与市场特点，选择值得信任的合作伙伴。

（2）加强与设计、采购、施工的接口管理，为机电设备的采购和制造预留合理时间。

（3）建立规范的全过程管理流程，包括询价、招投标、合同签署、驻厂监造、检测、运输、验收、安装等。

（4）建立基于信息化技术的采购管理平台，保证相关信息的实时共享、高效决策和有效监控。

4. 质量管理

重视工程总承包商的 EPC 项目管理能力、EPC 项目质量管理经验以及诚信履约水平；重视设计方案审核，在施工图设计阶段要发挥专家优势进行把关；建立质量评价与激励机制；推进质量管理信息化，通过引入 BIM 系统、视频系统和质量管理 APP 等技术手段，实现质量管理全方位的数据化、信息化，提高质量管理效率。

5．安全与环保管理

（1）严格遵守法律规范，完善安全与环保管理体系。根据合同和法律法规要求，通过策划，明确资源配置和各级组织、人员的职责；注重对重大危险源的监控、安全检查，落实检查结果。

（2）保障安全与环保管理资源投入，注重绩效考核和激励。培养更加积极主动的安全与环保管理文化，化责任制为主动管理，变事后处理为事前预防；注重培训和宣传，保障相应的安全与环保管理资源投入。

（3）搭建更为开放的安全与环保沟通渠道和平台。构建更加通畅的安全及环保管理信息传递渠道，提升沟通效率和应急能力；注重组织间和组织内的信息共享和集成，提高安全及环保管理水平。

6．风险管理

参建各方应建立项目风险管理体系，主要包括：建立风险管理机构并匹配相应风险管理人员；建立风险预警机制、风险评价准则和对典型风险的评估制度，加强定量化风险分析；建立参建各方风险协同管理机制，风险与收益相匹配，充分利用工程参建各方的资源，提高项目风险管控能力。

7．业务流程管理

注重关键流程识别、职责划分、合同分析和项目结构分解；建立接口管理制度，如接口识别与分析、接口设计、接口记录、接口信息传递与沟通、接口实施、接口验证与关闭；加强业务流程和信息标准化管理，建立信息管理与跟踪系统；不断优化项目参建各方相关业务流程，促进各方的沟通交流，提高信息共享效率。

8．信息化管理

建立项目参与方之间基于信息技术的沟通渠道，传递设计、采购和施工多源信息，支持各方信息高效交流、决策和协同工作，促进各方知识融合与协同创新，以解决各种设计、采购和施工技术问题。

通过运用 BIM 等信息化技术，推进质量、成本、进度和 HSE 管理可视化、信息化，使业主、监理方、设计方和施工方及时了解项目实施现状，对项目各项业务做到线上线下监控的高效融合，助力项目主要管理人员基于信息化数据高效决策与执行。

9．人力资源优化配置

需充分发挥工程总承包商主观能动性，以更好地完成设计、采购和施工任务，这对设计、施工人员提出了更高的能力要求。工程总承包商应重视人力资源的能力建设以满足 EPC 项目管理的需求；在此前提下，业主可减少 EPC 项目现场监管人员配置，从而降低项目管理监控资源的投入。

10．发展 EPC 项目监理为全过程工程咨询

2019 年 3 月，国家发展和改革委员会、住房和城乡建设部联合印发《关于推进全过程工程咨询服务发展的指导意见》，提出推进全过程工程咨询。在此形势下，我国监理业务应匹配 EPC 项目建设管理创新，不仅增加设计监理职责，还应进一步向全过程工程咨询扩展，提供从项目前期论证与立项到项目实施的全过程咨询服务，管控范围涵盖工程设计、施工、采购、试运行等工程全生命周期，加强懂技术、会管理、精合同、能协调的高

综合素质人员培养，为项目业主提供高智能、高技术咨询的高附加值服务，从而提升整个建设行业项目管理水平。

11. 参建各方伙伴关系

（1）参建各方互信：明确参建各方的共同目标，注重公平的利益和风险分配，强化工程总承包商自律管理，提高参建各方相互信任程度。

（2）组织内外部资源优化配置：合理安排业主、监理监管资源投入，优化设计和施工资源配置。

（3）建立项目参与组织间协同工作流程，构建多视角、多层次项目绩效考核体系，确保项目实施过程与结果符合目标要求。

（4）重视项目参建各方伙伴关系组织平台与信息技术平台的耦合，建立基于信息技术支持的多方协同工作平台和基于大数据共享与分析的决策支持系统。

参 考 文 献

［1］　王继敏. 建设锦屏精品工程　促进流域水电开发［J］. 人民长江，2009，40（18）：1-4.

［2］　陈云华. 杨房沟水电站 EPC 建设管理［J］. 水电与抽水蓄能，2018，4（6）：30-34.

［3］　Du L，Tang W，Liu C，et al. Enhancing engineer-procure-construct project performance by part-nering in international markets：Perspective from Chinese construction companies［J］. International Journal of Project Management，2016，34（1）：30-43.

［4］　Qingzhen Z，Wenzhe T，Jersey L，et al. Improving Design Performance by Alliance between Con-tractors and Designers in International Hydropower EPC Projects from the Perspective of Chinese Construction Companies［J］. Sustainability，2018，10（4）：1171.

［5］　Love P E D，Lopez R，Kim J T，et al. Influence of Organizational and Project Practices on Design Error Costs［J］. Journal of Performance of Constructed Facilities，2014，28（2）：303-310.

［6］　Love P，Lopez R，Kim J，et al. Probabilistic Assessment of Design Error Costs［J］. Journal of Performance of Constructed Facilities，2013，28（2）：518-527.

［7］　Gransberg D D，Elizabeth Windel. Communicating Design Quality Requirements for Public Sector Design/Build Projects［J］. Journal of Management in Engineering，2008，24（2）：105-110.

［8］　Xia B，Molenaar K，Chan A，et al. Determining the Optimal Proportion of Design in Design-Build Request for Proposals［J］. Journal of Construction Engineering and Management，2013，139（6）：620-627.

［9］　Lei Z，Tang W，Duffield C，et al. The impact of technical standards on international project per-formance：Chinese contractors' experience［J］. International Journal of Project Management，2017，35（8）：1597-1607.

［10］　Lopez R，Love P E D. Design Error Costs in Construction Projects［J］. Journal of Construction En-gineering and Management，2012，138（5）：585-593.

［11］　Wang T，Tang W，Du L，et al. Relationships among Risk Management，Partnering，and Contrac-tor Capability in International EPC Project Delivery［J］. Journal of Management in Engineering，2016，32（6）：04016017.

［12］　Wang T，Tang W，Qi D，et al. Enhancing Design Management by Partnering in Delivery of Inter-national EPC Projects：Evidence from Chinese Construction Companies［J］. Journal of Construction Engineering and Management，2015，142（4）：04015099.

［13］　Chang A S，Shen F Y，Ibbs W. Design and construction coordination problems and planning for de-sign-build project new users［J］. Canadian Journal of Civil Engineering，2010，37（12）：1525-1534.

［14］　Shen W，Tang W，Yu W，et al. Causes of contractors' claims in international engineering-pro-curement-construction projects［J］. Journal of Civil Engineering and Management，2017，23（6）：727-739.

［15］　Pal R，Wang P，Liang X. The critical factors in managing relationships in international engineering，procurement，and construction（IEPC）projects of Chinese organizations［J］. International Journal of Project Management，2017，35（7）：1225-1237.

［16］　Tang W Z，Duffield C F，Young D M. Partnering mechanism in construction：An empirical study on the Chinese construction industry [J]. Journal of Construction Engineering and Management, 2006, 132 (3): 217 – 229.

[17] Anvuur A M, Kumaraswamy M M. Conceptual Model of Partnering and Alliancing [J]. Journal of Construction Engineering and Management, 2007, 133 (3): 225 – 234.

[18] Construction Industry Institute (CII). In search of partnering excellence [R]. Construction Industry Development Agency, 1991.

[19] Hauck A J, Walker D H T, Hampson K D, et al. Project Alliancing at National Museum of Australia—Collaborative Process [J]. Journal of Construction Engineering and Management, 2004, 130 (1): 143 – 152.

[20] Poppo L, Zenger T. Do Formal Contracts and Relational Governance Function As Substitutes or Complements? [J]. Strategic Management Journal, 2002, 23 (8): 707 – 725.

[21] Tang W, Qiang M, Duffield C F, et al. Incentives in the Chinese Construction Industry [J]. Journal of Construction Engineering and Management, 2008, 134 (7): 457 – 467.

[22] Contracts Working Party. Building and construction industry development [R]. Building Science Forum Seminar, 1991: 37 – 98.

[23] Cowan C. Partnering—A Concept forSuccess [M]. Master Builders, Australia, 1992.

[24] Construction Industry Board. Partnering in the team, Working Group 12 [M]. Thomas Telford Services Ltd, 1997.

[25] Stevens G C. Integrating the Supply Chain [J]. International Journal of Physical Distribution and Logistics Management, 1989, 19 (8): 3 – 8.

[26] Critchlow J. Making partnering work in the construction industry [M]. Oxford: Chandos Publishing (Oxford) Limited, 1998.

[27] Kubal M T. Engineered Quality in Construction: Partnering and TQM [R]. McGraw – Hill, New York, 1994.

[28] Ng S, Rose T, Mak M, et al. Problematic issues associated with project partnering—the contractor perspective [J]. International Journal of Project Management, 2002, 20 (6): 437 – 449.

[29] Crane T G, Felder J P, Thompson P J, et al. Partnering Process Model [J]. Journal of Management in Engineering, 1997, 13 (3): 57 – 63.

[30] Tang W, Qiang M, Duffield C F, et al. Enhancing total quality management by partnering in construction [J]. Journal of Professional Issues in Engineering Education and Practice, 2009, 135 (4): 129 – 141.

[31] Rahman M M, Kumaraswamy M M. Contracting Relationship Trends and Transitions [J]. Journal of Management in Engineering, 2004, 20 (4): 147 – 161.

[32] Gransberg D D, W Reynolds, Boyd J. Quantitative analysis of partnered project performance [J]. Constr. Eng. Manage., 1999, 25 (3): 161 – 166.

[33] Scott B. Partnering In Europe: Incentive Based Alliancing for Projects [M]. London: Thomas Telford, 2001.

[34] Voordijk H. Project alliances: Crossing company boundaries in the building industry [M]. Tilberg University Press, Netherlands, 2000.

[35] 唐文哲, 强茂山, 陆佑楣, 等. 建设业伙伴关系管理模式研究 [J]. 水力发电, 2008, 34 (3): 9 – 13.

[36] Grau D, Back W E, Prince J R. Benefits of On – Site Design to Project Performance Measures [J]. Journal of Management in Engineering, 2012, 28 (3): 232 – 242.

[37] 王腾飞, 唐文哲, 漆大山. 国际 EPC 水电项目设计管理中伙伴关系的应用 [J]. 项目管理技术,

2015，13（5）：9 – 12.

[38] 唐文哲，王腾飞，孙洪昕，等. 国际 EPC 水电项目设计激励机理 [J]. 清华大学学报（自然科学版），2016，56（4）：354 – 359.

[39] 王运宏，唐文哲，沈文欣，等. 国际工程 EPC 水电项目设计管理案例研究 [J]. 项目管理技术，2016，14（12）：65 – 68.

[40] Georgy M E，Chang L M，Zhang L. Utility – Function for engineering performance assessment [J]. Constr. Eng. Manage.，2005，131（5）：558 – 568.

[41] 王佳音，张清振，唐文哲，等. 国际工程 EPC 项目设计管理 [J]. 项目管理技术，2017，15（6）：30 – 34.

[42] Michael D R. Conditions of Contract for EPC Turnkey Projects（EPCT）— 'The Silver Book' [M]. First Edition，Lausanne，1999.

[43] 谢坤，唐文哲，漆大山，等. 基于供应链一体化的国际工程 EPC 项目采购管理研究 [J]. 项目管理技术，2013，11（8）：17 – 23.

[44] Yeo K T，Ning J H. Managing uncertainty in major equipment procurement in engineering projects [J]. European Journal of Operational Research，2006，171（1）：123 – 34.

[45] 曹灵芝. 4Rs 营销理论在供应链下的实施 [J]. 理论学刊，2006（12）：55 – 56.

[46] Vrijhoef R，Koskela L. Roles of supply chain management in construction [C]// Proceedings of the Proceedings IGLC，1999.

[47] 张亚坤，张清振，唐文哲. 国际水电 EPC 项目采购管理案例研究 [J]. 项目管理技术，2017，15（10）：88 – 92.

[48] 贺祝. 探究国际工程 EPC 项目的合同管理 [J]. 中华民居，2013（4）：221 – 222.

[49] Bunni N G. The FIDIC Forms of Contract [M]. John Wileyand Sons，2013.

[50] 冯违. EPC 工程总承包项目的合同管理研究 [D]. 广州：华南理工大学，2012.

[51] Zachary H. The Owner's Role in Construction Safety [R]. Michigan Safety Conference – Construction Division，2016.

[52] 吴世勇. 二滩水电站的建设管理和工程效益 [C]// 中国水电 100 年（1910—2010），2010.

[53] 吴世勇，王红梅. 加速雅砻江流域水电开发促进地区环境与经济协调发展 [J]. 水力发电，2011，37（4）：5 – 8.

[54] Yeo K T，Ning J H. Integrating supply chain and critical chain concepts in engineer – procure – construct（EPC）projects [J]. International Journal of Project Management，2002，20（4）：253 – 262.

[55] Shen W，Tang W，Wang S，et al. Enhancing Trust – Based Interface Management in International Engineering – Procurement – Construction Projects [J]. Journal of Construction Engineering and Management，2017，143（9）：04017061.

[56] 沈文欣，唐文哲，昂奇，等. 国际工程 EPC 项目接口管理研究 [J]. 项目管理技术，2016，14（12）：59 – 64.

[57] Construction Industry Institute（CII）. Interface management implementation guide（imIGe）[M]. implementation Resource（IR 302 – 2），Univ. of Texas at Austin，Austin，TX，2014.

[58] Pavitt T C，Gibb A G F. Interface Management within Construction：In Particular，Building Facade [J]. Journal of Construction Engineering and Management，2003，129（1）：8 – 15.

[59] 樊陵姣. EPC 工程总承包项目接口管理研究 [D]. 长沙：中南大学，2013.

[60] 杜蕾，唐文哲，柳春娜，等. 基于伙伴关系的国际 EPC 项目风险管理研究 [J]. 项目管理技术，2012，10（10）：41 – 45.

索　引

Contents

of China.

As same as most developing countries in the world, China is faced with the challenges of the population growth and the unbalanced and inadequate economic and social development on the way of pursuing a better life. The influence of global climate change and extreme weather will further aggravate water shortage, natural disasters and the demand & supply gap. Under such circumstances, the dam and reservoir construction and hydropower development are necessary for both China and the world. It is an indispensable step for economic and social sustainable development.

The hydropower engineering technology is a treasure to both China and the world. I believe the publication of the *Series* will open a door to the experts and professionals of both China and the world to navigate deeper into the hydropower engineering technology of China. With the technology and management achievements shared in the *Series*, emerging countries can learn from the experience, avoid mistakes, and therefore accelerate hydropower development process with fewer risks and realize strategic advancement. The *Series*, hence, provides valuable reference not only to the current and future hydropower development in China but also world developing countries in their exploration of rivers.

As one of the participants in the cause of hydropower development in China, I have witnessed the vigorous development of hydropower industry and the remarkable progress of hydropower technology, and therefore I am truly delighted to see the publication of the *Series*. I hope that the *Series* will play an active role in the international exchanges and cooperation of hydropower engineering technology and contribute to the infrastructure construction of B&R countries. I hope the *Series* will further promote the progress of hydropower engineering and management technology. I would also like to express my sincere gratitude to the professionals dedicated to the development of Chinese hydropower technological development and the writers, reviewers and editors of the *Series*.

Ma Hongqi
Academician of Chinese Academy of Engineering
October, 2019

river cascades and water resources and hydropower potential. 3) To develop complete hydropower investment and construction management system with the aim of speeding up project development. 4) To persist in achieving technological breakthroughs and resolutions to construction challenges and project risks. 5) To involve and listen to the voices of different parties and balance their benefits by adequate resettlement and ecological protection.

With the support of H. E. Mr. Wang Shucheng and H. E. Mr. Zhang Jiyao, the former leaders of the Ministry of Water Resources, China Society for Hydropower Engineering, Chinese National Committee on Large Dams, China Renewable Energy Engineering Institute, and China Water & Power Press in 2016 jointly initiated preparation and publication of *China Hydropower Engineering Technology Series* (hereinafter referred to as "the *Series*"). This work was warmly supported by hundreds of experienced hydropower practitioners, discipline leaders, and directors in charge of technologies, dedicated their precious research and practice experience and completed the mission with great passion and unrelenting efforts. With meticulous topic selection, elaborate compilation, and careful reviews, the volumes of the *Series* was finally published one after another.

Entering 21st century, China continues to lead in world hydropower development. The hydropower engineering technology with Chinese characteristics will hold an outstanding position in the world. This is the reason for the preparation of the *Series*. The *Series* illustrates the achievements of hydropower development in China in the past 30 years and a large number of R&D results and projects practices, covering the latest technological progress. The *Series* has following characteristics. 1) It makes a complete and systematic summary of the technologies, providing not only historical comparisons but also international analysis. 2) It is concrete and practical, incorporating diverse disciplines and rich content from the theories, methods, and technical roadmaps and engineering measures. 3) It focuses on innovations, elaborating the key technological difficulties in an in-depth manner based on the specific project conditions and background and distinguishing the optimal technical options. 4) It lists out a number of hydropower project cases in China and relevant technical parameters, providing a remarkable reference. 5) It has distinctive Chinese characteristics, implementing scientific development outlook and offering most recent up-to-date development concepts and practices of hydropower technology

China has witnessed remarkable development and world-known achievements in hydropower development over the past 70 years, especially the 4 decades after Reform and Opening-up. There were a number of high dams and large reservoirs put into operation, showcasing the new breakthroughs and progress of hydropower engineering technology. Many nations worldwide played important roles in the development of hydropower engineering technology, while China, emerging after Europe, America, and other developed western countries, has risen to become the leader of world hydropower engineering technology in the 21st century.

By the end of 2018, there were about 98,000 reservoirs in China, with a total storage volume of 900 billion m³ and a total installed hydropower capacity of 350GW. China has the largest number of dams and also of high dams in the world. There are nearly 1000 dams with the height above 60m, 223 high dams above 100m, and 23 ultra high dams above 200m. There are also 4 mega-scale hydropower stations with an individual installed capacity above 10GW, such as Three Gorges Hydropower Station, which has an installed capacity of 22.5 GW, the largest in the world. Hydropower development in China has been endeavoring to support national economic development and social demand. It is guided by strategic planning and technological innovation and aims to promote project construction with the application of R&D achievements. A number of tough challenges have been conquered in project construction and management, realizing safe and green development. Hydropower projects in China have played an irreplaceable role in the governance of major rivers and flood control. They have brought tremendous social benefits and played an important role in energy security and eco-environmental protection.

Referring to the successful hydropower development experience of China, I think the following aspects are particularly worth mentioning. 1) To constantly co-ordinate the demand and the market with the view to serve the national and re-gional economic and social development. 2) To make sound planning of the

Informative Abstract

This book is one of *China Hydropower Engineering Technology Series*, which is sponsored by the National Publication Foundation. Based on the characteristics of hydropower projects, this book combines project management theories in EPC project and practice in Yangfanggou hydropower project, systematically analyses the advantages and management innovation of using EPC project delivery approach in Yangfanggou project from the perspectives of design, procurement, contract, risk, safety, environmental conservation, quality, progress, investment, business process and human resource management. This book highlights the significance of Yangfanggou project in the hydropower development of China as the first large – scale hydropower project adopting EPC project delivery approach. The practice of Yangfanggou project can play a leading and exemplary role for subsequent large – scale hydropower projects in adopting EPC method.

This book can be usedas a reference by the owners, consultants, designers, contractors, suppliers, governmental agencies, academics and students who involve in EPC hydropower project development.

China Hydropower Engineering Technology Series

Construction Management Innovation and Practice of Large-scale EPC Hydropower Projects

Chen Yunhua Tang Wenzhe Wang Jimin et al.

中国水利水电出版社
China Water & Power Press
· Beijing ·